機械学習による
実用アプリケーション構築

事例を通じて学ぶ、設計から本番稼働までのプロセス

Emmanuel Ameisen　著

菊池 彰　訳

オライリー・ジャパン

Building Machine Learning Powered Applications

Going from Idea to Product

Emmanuel Ameisen

Beijing · Boston · Farnham · Sebastopol · Tokyo

日本語版の内容について、株式会社オライリー・ジャパンは最大限の努力をもって正確を期していますが、本書の内容に基づく運用結果については責任を負いかねますので、ご了承ください

訳者まえがき

　本書は、『*Building Machine Learning Powered Applications*』の邦訳です。

　「Powered」と言うと、私の世代ではアイルトン・セナが初のF1ドライバーズタイトルを獲得した、マクラーレンMP4/4の横に描かれていたエンジンサプライヤーの「Powered by HONDA」ロゴを思い出す人が多いのではないでしょうか。

　エンジンはF1マシンの構成要素としてもちろん重要なパーツではありますが、F1がレースカーの最高速度を争うものではないように、エンジンがいかに高性能であってもレースに勝つことはできません。シャシー、タイヤ、サスペンションなどF1マシンを構成しているものだけでなく、ドライバー、ピットクルーなども含めて総合力で戦い、決められたコースの決められた周回数を最も速く走行するという目標に対して各チームが争うからです。予選の成績が優秀でポールポジションが取れたとしても、勝ったとは言えません。最終的に本戦を1位でゴールした者が勝者です。

　機械学習のアプリケーションも同様に、モデルの性能がどれだけ高くても、アプリケーションの目標達成に寄与しないのであれば成功したモデルとは言えません。テストデータや検証データに対する性能が高くても、本番のデータでうまく機能しなければ意味がありません。本書は、機械学習が現実の課題を解決し、本番稼働で価値を提供するための総合力を高めるためにはどうすれば良いのかを説明します。別の言い方をするなら、本書は機械学習のアルゴリズムを解説するものではありません。F1レースに例えると、これまでの機械学習に関する書籍の多くは内燃機関の種類や仕組みを解説するものでしたが、本書はレースに勝つためにレースカーをどのように構成し、予選、本戦をどのように戦うかを説明します。そこが本書のユニークな点です。

　入力から直接解答を出力するような高度な機械学習モデルによるアプリケーションを構想したけれども、必要な性能が得られないため機械学習の採用に踏み切れないのであれば、必要なものを補いながら堅実に目標に向かう本書のアプローチは、機械学習を活用するための参考になるはずです。

　また、本書は機械学習を利用したアプリケーションを作成するエンジニアを想定読者としていますが、ぜひアプリケーションの導入を決定する立場である管理職の方にも読んでいただきたいです。機械学習は魔法のように何か特別な能力を持つ全く新しいアプリケーションをもたらすものではなく、既存のソフトウェアエンジニアリングの枠の中で少しずつ能力を高め、必要な機能を確実

に提供する1つのパーツであることが本書の事例を通して理解できるものと思います。機械学習により利便性を高めたアプリケーションが、1つでも多くリリースされることを願っています。

　最後になりましたが、オライリー・ジャパンの赤池涼子氏には、今回も的確なアドバイスと翻訳作業全体への手厚いサポートをいただきました、深く感謝いたします。また、大橋真也氏と鈴木駿氏には翻訳のレビューを通して本書が読みやすく正確であるための手助けをしていただきました。この場を借りてお礼申し上げます。

2021年4月

菊池 彰

まえがき

機械学習を利用したアプリケーションの目的

この 10 年ほどで、機械学習（ML）は、自動支援システム、翻訳サービス、リコメンドエンジン、不正検知モデルなど、さまざまな製品を強化するために活用されてきました。

驚くべきことに、そのような製品を構築する方法をエンジニアや科学者に教えるためのリソースはそれほど多くありません。ML モデルの学習方法を学べる書籍や、ソフトウェアプロジェクトの構築方法を学べる教育コースはそれぞれに多数存在しますが、ML を使った実用的なアプリケーションの構築方法を学ぶために、両方の世界を融合させたものはほとんどありません。

ML を組み込んだアプリケーションをデプロイするには、創造性、強力なエンジニアリング手法、分析的な考え方を組み合わせることが必要です。ML 製品は、単にデータセット上でモデルを学習するだけでは不十分であるため、構築が難しいと言われています。特定の機能に対して適切な ML アプローチを選択すること、モデルのエラーやデータ品質の問題を分析しモデルの結果を検証して製品の品質を保証することは、ML 構築プロセスの中核をなす難しい問題です。

このプロセスすべてのステップに対して、メソッド、コード例、筆者や経験豊富なプロフェッショナルからのアドバイスを組み合わせ、共有することで、それぞれのステップを達成できるようにすることが本書の狙いです。ML を利用したアプリケーションの設計、構築、デプロイに必要な実践的なスキルを取り上げました。本書の目的は、ML プロセスのあらゆる部分での成功を支援することです。

機械学習を使用した実用アプリケーションの構築

普段から ML の論文や企業のエンジニアリング系ブログを読んでいると、線形方程式と工学用語の組み合わせに圧倒されているかもしれません。この分野のハイブリッドな性質のため、多様な専門知識を提供できるエンジニアや科学者であっても、ML に恐れをなしているのではないでしょうか。同様に、起業家やプロダクトリーダーは、ビジネスのアイデアを今日の ML で可能なこと（そして明日の ML で可能になるかもしれないこと）と結び付けるのに苦労しています。

本書では、筆者の教訓を網羅しました。それは、筆者が複数の企業のデータチームで働き、

Insight Data Science [†] の AI プログラムを通して何百人ものデータサイエンティスト、ソフトウェアエンジニア、プロダクトマネージャーが応用 ML プロジェクトを構築するのを支援してきた経験から得られたものです。

本書の目的は、ML を利用したアプリケーションを構築するための段階的で実践的な手引きを共有することです。モデルのプロトタイプ、反復処理、デプロイに役立つ実用的かつ具体的なヒントとその手段に焦点を当てています。トピックの範囲が広いため、各ステップで必要とされる情報のみを詳細に提供します。必要に応じて、カバーされているトピックをより深く掘り下げるのに役立つリソースを可能な限り提供します。

重要な概念は、アイデアからモデルのデプロイへと進むケーススタディを含めて、実践的な例を用いて説明しました。ほとんどの例に図を添え、多くの例にはコードを加えています。本書で使用するコードはすべて、本書の GitHub リポジトリ（https://github.com/hundredblocks/ml-powered-applications）で提供しています。

本書は、ML のプロセスを説明することに重点を置いているため、各章はそれ以前の章で定義された概念に基づいています。そのため、各ステップがどのようにして全体のプロセスの中に組み込まれているのかを理解できるよう、前から順番に読むことをお勧めします。もし ML プロセスの一部を深掘りしたいのであれば、より専門的な情報が役立ちます。そのための推奨リソースをいくつか紹介します。

推奨リソース

- 独自のアルゴリズムをゼロから作成するのに十分な ML の知識を得たいのであれば、Joel Grus 著の『*Data Science from Scratch*』[‡] をお勧めします。ディープラーニングの理論を知りたいのであれば、Ian Goodfellow、Yoshua Bengio、Aaron Courville による『*Deep Learning*』（MIT Press）[§] という教科書が総合的な資料になります。
- 特定のデータセットでモデルを効率的かつ正確に学習させる方法を知りたい場合は、Kaggle（https://www.kaggle.com/）と fast.ai（https://fast.ai）が最適です。
- 大量のデータを処理する必要があるスケーラブルなアプリケーションの構築方法を学びたい場合は、Martin Kleppmann 著の『*Designing Data-Intensive Applications*』（O'Reilly）[††] をお勧めします。

コーディングの経験と基本的な ML の知識があり、ML を活用した製品を作りたいと考えている読者に対して、本書は製品のアイデアから出荷されるプロトタイプまでのプロセス全体を支援します。すでにデータサイエンティストや ML エンジニアとして働いているなら、本書は ML 開発ツー

---

† 訳注：米国の企業 Insight が提供している、博士課程修了者（データ分野に限らない）に対するデータサイエンス分野での短期（7 週間）集中研修プログラムのこと。https://insightfellows.com/data-science

‡ 訳注：邦題『ゼロからはじめるデータサイエンス第 2 版─Python で学ぶ基本と実践』オライリー・ジャパン、2020

§ 訳注：邦題『深層学習』が KADOKAWA より出版されている。原著はオンラインでも公開されている。https://www.deeplearningbook.org

†† 訳注：邦題『データ指向アプリケーションデザイン』オライリー・ジャパン、2019

ルに新たなテクニックを追加します。コーディング方法はわからないが、データサイエンティスト
と共同で仕事をしている場合は、詳細なコード例をいくつかスキップして ML のプロセスを理解
するのに集中できます。

それでは、実用的な ML の意味を深く掘り下げてみましょう。

実用的なML

ここでは、データのパターンを利用してアルゴリズムを自動的に調整するプロセスが ML であ
ると考えてください。これは一般的な定義であり、多くのアプリケーションやツール、サービスが
ML を機能の中核に据えて統合していることは、驚くに値しません。

このタスクの中には、直接ユーザに対するものもあります。例えば、検索エンジンやソーシャル
プラットフォームの推薦、翻訳サービス、写真の中の見慣れた顔を自動的に検出したり、音声コマ
ンドの指示に従ったり、電子メールの文章を仕上げるために有用な提案を提供するシステムなどで
す。

スパムメールや詐欺アカウントをフィルタリングしたり、広告を表示したり、将来の利用パター
ンを予測して効率的にリソースを配分したり、（実験的に）ユーザごとに Web サイトの体験をパー
ソナライズしたりと、目に見えないところで働いているものもあります。

現在、多くの製品で ML が使われていますが、さらに多くの製品で ML を活用できる可能性が
あります。実用的な ML とは、ML の恩恵を受けることができる実用的な問題を特定し、その問
題に対してうまく働くような解決策を提供することを意味します。ハイレベルの製品目標から ML
を活用した結果を出すことは挑戦的な作業であり、本書はその達成を支援することを目的としてい
ます。

ML の教育コースの中には、データセットを提供し、その上でモデルを学習させることで ML の
手法を教えるものもありますが、データセットでアルゴリズムを学習することは、ML プロセスの
一部でしかありません。魅力的な ML ベースの製品は、精度スコア以上のものに依存しており、
長いプロセスの結果です。本書では、アイデアから本番稼働に至るまでのすべてのステップを、ア
プリケーションの例を用いて説明します。この種のシステムを毎日デプロイしている経験を積んだ
チームとの作業から学んだツール、ベストプラクティス、および一般的な落とし穴を共有します。

本書の内容

ML を利用したアプリケーションの構築というトピックを網羅するために、本書では具体的かつ
実用的な内容を中心に解説しています。特に、ML を用いたアプリケーション構築の全過程を説明
するところに本書の特徴があります。

そのためには、まず、プロセスの各ステップに取り組む方法を説明します。次に、これらの手法
をケーススタディとしてプロジェクトの例を用いてその方法を説明します。また、産業界での ML
の実践例を多数紹介し、製品として稼働する ML モデルを構築・維持管理しているプロフェッショ
ナルへのインタビューも行いました。

機械学習の全プロセス

ML 製品をユーザに提供するためには、単にモデルを学習させるだけでは不十分です。製品の必要性を考慮して ML の問題に**変換**し、適切なデータを**収集**し、モデル間で効率的に反復処理を行い、結果を**検証**し、堅牢な方法で**デプロイ**する必要があります。

多くの場合、モデルの構築が ML プロジェクトの総作業量に占める割合は 10 ％ 程度です。MLの工程全体を習得することは、プロジェクト構築の成功、ML エキスパートとしての採用面接の成功、そして ML チーム内で最高の貢献をするために非常に重要な要素です。

技術的、実践的な事例

C 言語でゼロからアルゴリズムを再実装することはありませんが、より高いレベルの抽象化を提供するライブラリやツールを使用することで、実用的かつ技術的な開発が可能です。本書では、最初のアイデアから製品の開発まで、例となる ML アプリケーションを構築していきます。

本書では図を用いてアプリケーションを説明すると共に、必要に応じて、コードの断片を使用して主要な概念を説明します。機械学習を学ぶための最良の方法は、それを実践することです。そのために、事例の実行を通して独自の ML アプリケーションを構築するような書籍を一読することをお勧めします。

実際のビジネスアプリケーション

本書では、Stitch Fix、Jawbone、Figure Eight などのテクノロジー企業でデータチームを率いてきた ML リーダーたちへのインタビューやアドバイスを掲載しています。こうしたディスカッションでは、数百万人ものユーザに対する ML アプリケーションを構築したことで得られた実践的なアドバイスを取り上げ、何がデータサイエンティストやデータサイエンスチームを成功に導くのかについての一般的な誤解を正します。

前提条件

本書は、プログラミングに関するある程度の知識を前提としています。また、技術的な例を示すために Python を使用し、読者がその構文に精通していることを前提としています。Python の知識を再度確認したい場合には、Kenneth Reitz と Tanya Schlusser による『*The Hitchhiker's Guide to Python*』（O'Reilly）[†] をお勧めします。

さらに、本書では言及したほとんどの ML 概念を説明していますが、使用するすべての ML アルゴリズムの内部的な仕組みについては説明しません。こうしたアルゴリズムのほとんどは、「**推奨リソース**」で紹介したような、入門レベルの書籍で取り上げられています。

---

† 訳注：原著（https://docs.python-guide.org）と日本語訳（https://python-guideja.readthedocs.io/ja/latest/）がオンラインで公開されている。

ケーススタディ: ML支援ライティング（MLエディタの実装）

この考え方を具体的に説明するために、MLアプリケーションを構築します。

事例として、MLモデルの反復処理とデプロイの複雑さを的確に説明できるアプリケーションを選択しました。また、価値を生み出せる製品を取り上げる必要がありました。これが、MLを利用するライティング支援アプリケーションであるMLエディタを実装する理由です。

このアプリケーションの目標は、ユーザがより良い文章を書けるようなシステムを構築することです。特に、良い質問の作成に集中します。非常に漠然とした目標のように見えるかもしれませんが、プロジェクトの範囲を広げていく中で、定義を明確にします。

遍在するテキストデータ

テキストデータは、思いつく限りのあらゆるユースケースで利用可能であり、多くの実用的なMLアプリケーションの核となっています。製品のレビューをより良く理解する場合でも、サポートリクエストを正確に分類する場合でも、潜在的な対象者に向けてプロモーションメッセージを調整する場合でも、テキストデータは消費され、テキストデータが生成されます。

有益なライティング支援

Gmailの Smart Compose から Grammarly のスマートスペルチェッカーまで、MLを使った編集機能は、さまざまな方法でユーザに価値を提供できることが実証されています。そのため、どのようにしてゼロからMLの編集機能を構築していくのかを探ることは、特に興味深いことです。

自立型の機械学習支援ライティング

ライドシェアリングサービスの到着時刻予測システム、オンライン小売業者の検索・推薦システム、広告入札モデルなどのように、多くのMLアプリケーションは広いエコシステムに緊密に統合されて初めて機能します。テキストエディタは、文書編集のエコシステムに統合されることで利益を得られますし、それ自体が価値のあるものとして簡単なWebサイトを通じて公開できます。

このプロジェクトにより、MLを活用したアプリケーションを構築するために持ち上がる課題と、関連する解決策を説明できるようになります。

MLのプロセス

アイデアから、MLアプリケーションをデプロイするまでは、長く険しい道のりとなります。多くの企業や個人によるそうしたプロジェクトを見てきた結果、筆者は4つの重要かつ連続した段階を特定しました。それぞれの段階について、本書の各セクションで説明します。

1. **適切な ML アプローチの特定**：MLの分野は幅広く、多くの場合、特定の製品目標に取り組むための多数の方法が提案されています。最適なアプローチは、成功基準、データの利用可能性、タスクの複雑さなど多くの要因に依存します。この段階の目標は、適切な成功基準を

設定し、適切な初期データセットとモデルを選択することです。

2. **初期プロトタイプの作成**：モデルに取り組む前に、エンドツーエンドのプロトタイプを構築することから始めます。このプロトタイプは、ML を使わずに製品の目標に取り組むことを目的とし、ML を最適に適用する方法を決定できるようにします。プロトタイプが構築されると、ML の必要性の有無が判明し、モデルを学習させるためのデータセットの収集を開始できるはずです。

3. **モデルの反復**：データセットが用意できたら、モデルの学習を行い、その欠点を評価します。この段階の目的は、エラー分析と実装を交互に繰り返すことです。この反復ループの速度を上げることが、ML の開発速度を上げる最良の方法です。

4. **デプロイと監視**：モデルが良好なパフォーマンスを示したら、適切なデプロイオプションを選択する必要があります。デプロイされたモデルは、思わぬエラーに遭遇することがよくあります。10 章と 11 章では、モデルエラーの軽減と監視を行う方法について説明します。

説明すべきことはたくさんあります、早速第 1 章から始めましょう！

本書の表記法

本書では次の表記法を使います。

ゴシック（**sample**）

新出用語や強調を表します。

等幅（sample）

プログラムリストのほか、本文中で変数や関数名、データベース、データ型、環境変数、ステートメント、キーワードなどのプログラム要素を表すのに使います。また、ファイル名やファイル拡張子も表します。

等幅ボールド（**sample**）

ユーザが文字の通りに入力すべきコマンドやその他のテキストを表します。

等幅イタリック（*sample*）

ユーザが指定する値やコンテキストによって決まる値に置き換えるべきテキストを表します。

一般的なメモを表します。

サンプルコードの使用

サンプルコードなどの付属データは https://github.com/hundredblocks/ml-powered-applications からダウンロードできます。

技術的な質問やサンプルコードを使う上で問題があれば、bookquestions@oreilly.com 宛にメールを送ってください。

本書は、読者の仕事を助けるためのものです。全般的に、本書のサンプルコードは、読者のプログラムやドキュメントで使っていただいて構いません。コードの大部分を複製するわけではない限り、許可を求める必要はありません。O'Reilly の書籍に掲載されたサンプルの CD-ROM を売ったり配布したりする場合には許可が必要です。例えば、本書の複数のコードチャンクを使ったプログラムを書くときには、許可は必要ありません。本書の文言を使い、サンプルコードを引用して質問に答えるときにも、許可は必要ありません。しかし、本書のサンプルコードの大部分を自分の製品のドキュメントに組み込む場合には、許可を求めてください。

引用の際には出典を表記していただけるとありがたいですが、必須ではありません。出典を示す際は、通常、題名、著者、出版社、ISBN を記述してください。例えば、『*Building Machine Learning Powered Applications*』（Emmanuel Ameisen 著、O'Reilly、Copyright 2020 Emmanuel Ameisen、ISBN978-1-492-04511-3）、日本語版『機械学習による実用アプリケーション構築』（オライリー・ジャパン、ISBN978-4-87311-950-2）のようになります。

コード例の使用方法が公正な用途からは外れていないか、あるいは上記の規約に違反していないか確認したい場合には、是非 permissions@oreilly.com 宛にメールを出してください。

連絡先

本書に関するコメントや質問については下記に送ってください。

株式会社オライリー・ジャパン
電子メール　japan@oreilly.co.jp

本書には、正誤表、サンプルコード、追加情報を掲載した Web ページが用意されています。

https://www.oreilly.com/library/view/building-machine-learning/9781492045106/（原書）
https://www.oreilly.co.jp/books/9784873119502/（日本語）

本書についてのコメントや、技術的な質問については、bookquestions@oreilly.com に電子メールを送信してください。

本、コース、カンファレンス、ニュースの詳細については、当社の Web サイト（https://www.oreilly.com）を参照してください。

Facebook は以下の通りです。

https://facebook.com/oreilly

Twitter は以下でフォローできます。

https://twitter.com/oreillymedia

YouTube で見るには、以下にアクセスしてください。

https://www.youtube.com/oreillymedia

謝辞

　本書の執筆は、筆者が Insight Data Science の機械学習プロジェクトを指導、監督したことがきっかけでした。執筆の機会を与え、プロジェクトから学んだ教訓について書くように勧めてくれた Jake Klamka と Jeremy Karnowski に感謝します。また、ML プロジェクトをさらに改善するための手助けをしてくれた、多くの Insight の同僚たちにも感謝したいと思います。

　書籍の執筆は大変な作業ですが、O'Reilly のスタッフはあらゆる段階で本書をより良くする手助けをしてくれました。特に、執筆という長い旅の間中、根気強く助言や提案を行い、精神的にもサポートしてくれた編集者である Melissa Potter に感謝します。そして、執筆とは、熱意を持って挑戦すべき価値のある作業であることを私に納得させてくれた Mike Loukides に感謝します。

　初期の草稿を徹底的に調べ、誤りを指摘し、改善のための提案をしてくれた技術レビュアーに感謝します。Alex Gude、Jon Krohn、Kristen McIntyre、Douwe Osinga に感謝します。彼らは忙しいスケジュールの中でも、本書を最高のものにするために時間を割いてくれました。実践的な ML の課題に対して、最も注意を払うべき点についてインタビューした専門家の方々には、貴重な時間と洞察を提供していただきました。本書がそれらの課題を的確に十分に拾い上げられていることを願っています。

　最後に、本書を執筆することで、週末も深夜もずっと忙しくなりましたが、本書が出版できたのは、私の揺るぎないパートナーである Mari、皮肉な相棒の Eliotto、賢く忍耐強い私の家族、たとえ連絡が途絶えようとも友情を保ってくれた友人たちのおかげです。

目　次

第 I 部
適切な機械学習アプローチの特定

　ほとんどの個人や企業は、どのような問題を解決したいのかを十分に理解しています。例えば、どの顧客がオンラインサービスの利用を停止するかを予測したり、スキーヤーを追跡するドローンを作ることができます。同様に、与えられたデータセットから顧客を分類したり、適切な精度で物体を検出するモデルの学習方法を、誰でもすぐに学べます。

　しかし、問題を取り上げ、それを解決するための最善の方法を推定し、ML を使ってそれに取り組むための計画を立て、それを自信を持って実行できる能力は、モデルの学習よりもずっと貴重です。これは、野心的なプロジェクトに何度も参加し、厳しい締切に奮闘するような経験を通じてしか学べないスキルです。

　とある製品に対して、潜在的な解決策が多数存在します。**図 I -1** では、左側にライティング支援ツールの実行例を示していますが、ここでは提案とフィードバックの機能を示しています。右側では、そうした提案を提供するための ML アプローチ例を示しています。

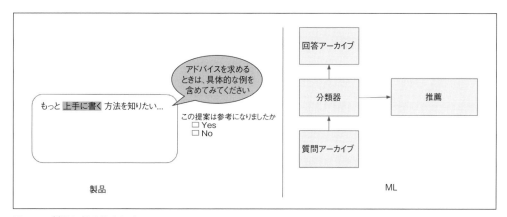

図 I -1　製品に組み込まれる ML

　このセクションでは、この潜在的なアプローチと他のアプローチとを比較して、どちらを選択するか決定する方法について説明します。次に、モデルのパフォーマンスメトリクスと製品要件とを一致させる方法について説明します。

そのために、2 つの連続したテーマに取り組みます。

1 章　製品目標から ML の枠組みへ

この章の終わりまでには、アプリケーションのアイデアを取り上げ、それが実現できるかを推定し、そのために ML が必要か否かを判断し、どのようなモデルから始めるのが最も理にかなっているかを考えられるようになります。

2 章　計画の作成

この章では、アプリケーションの目標に添った形でモデルのパフォーマンスを正確に評価する方法と、定期的に進捗を確認するためにその指標を使用する方法について説明します。

1章
製品目標からMLの枠組みへ

　データから学習し、与えられた目標に合わせて最適化を行うことで問題を解決するため、ML は確率的に振る舞います。プログラマーが問題を解く手順を記述する従来のプログラミングとは対照的です。このため、ヒューリスティックな解法を定義できないようなシステムを構築するのに特に役立ちます。

　図1-1 では、猫を検知するシステムを作成する 2 つの方法を示しています。左側のプログラムは手動で書き下した手順で構成されています。右側は、猫や犬の写真にラベルを付けたデータセットを利用して、画像からカテゴリへの対応付けをモデルに学習させる ML アプローチです。ML アプローチでは、どのようにして結果が得られるかは指定されておらず、入力と出力の例が示されているだけです。

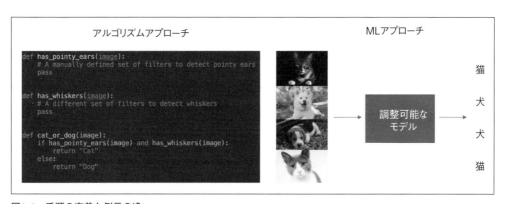

図1-1　手順の定義と例示の違い

　ML は強力であり、まったく新しい製品を生み出すことができます。しかし、それはパターン認識に基づいているため、ある程度の不確実性が伴います。製品のどの部分が ML の恩恵を受けるのかを見極めることが重要であり、ユーザエクスペリエンスが悪くならないように配慮しつつ、学習の目標をどのように設定するかが重要になります。

　例えば、ピクセル値に基づいて画像中の動物を自動的に検出する手順を人手で書くことは、ほぼ不可能です（おそらく、作り上げるのに大変な時間がかかります）。しかし、さまざまな動物の何

千もの画像を畳み込みニューラルネットワーク（CNN：Convolutional Neural Network）に与えることで、この分類を人間よりも正確に行うモデルを構築できます。これは、ML を使って取り組むべき魅力的な問題です。

　一方、税金を自動的に計算するアプリケーションは、政府が提供するガイドラインに準拠しなければなりません。申告書の誤りは一般的に認められません。そのため、確定申告書の自動作成に ML を使用できるかは疑問です。

　管理可能な一連の決定論的ルールで解決できる問題に、ML を使いたいとは思わないはずです[†]。ここで言う管理可能なルールとは、確定的な記述が可能で、維持の手間が複雑になりすぎないルールの集合を意味します。

　そのため、ML はさまざまなアプリケーションの世界を切り開きますが、ML で解決できる問題と解決すべき問題について考えることが重要です。製品を構築するときには、具体的なビジネス上の課題から始め、それが ML を必要とするかどうかを判断し、できるだけ迅速に反復できるような ML アプローチを見つけることに努めなければなりません。

　この章では、どのような問題が ML で解決できるのか、どのような製品目標に対してどのような ML のアプローチが適切なのか、データ要件にどのようにアプローチすればよいのかを推定する方法から説明します。「まえがき」の「**ケーススタディ：ML 支援ライティング（ML エディタの実装）**」で紹介した ML エディタと、ML 専門家の 1 人である Monica Rogati へのインタビューを通して、この手法を説明します。

1.1　何が可能であるかを考える

　ML モデルは人間がステップバイステップの手順を与えなくても作業を行うことができるので、人間の専門家よりも優れた作業（例えば、放射線画像から腫瘍を検出する、囲碁を打つなど）や、人手ではまったく対応できないような作業（例えば、数百万の記事の中から推薦するものを選び出す、話し手の声を他人のものに変えるなど）ですら行えます。

　データから直接学習する ML の能力は、幅広い応用分野で有用ですが、どの問題が ML で解決可能なのかを人間が正確に見分けることは困難です。研究論文や企業のブログで発表されている成功事例それぞれに対して、合理的であるけれども完全に失敗に終わった何百ものアイデアが存在します。

　今のところ、ML の成功を予測する確実な方法はありませんが、ML プロジェクトに取り組む際のリスクを軽減するためのガイドラインはあります。最も重要なことは、常に製品の目標から始めて、それを解決するための最善の方法を決定することです。この段階では、ML を必要とするかどうかに関わらず、あらゆるアプローチを受け入れます。ML のアプローチを検討する際には、単にその手法がどれだけ興味深いかではなく、そのアプローチが製品にどれだけ適しているかということに基づいて評価してください。

　これを行う最良の方法は、次の 2 つのステップに従うことです。1. 製品の目標を ML の構造に

[†]　訳注：まえがきの推奨リソースで紹介されている『*Data Science from Scratch*』（邦題『ゼロからはじめるデータサイエンス第 2 版—Python で学ぶ基本と実践』オライリー・ジャパン、2020）には、FizzBuzz 問題を ML アプローチを使って解く例が示されている。

当てはめる。2. その ML による解決策の実現可能性を評価する。評価に応じて、満足できるまで構造を再調整できます。これらのステップが実際に何を意味するのかを探ってみましょう。

1. **製品の目標を ML の構造に当てはめる**

   製品を作る際、ユーザに提供したいサービスを考えることから始めます。冒頭で述べたように、本書では、ユーザがより良い質問の作成を支援するエディタのケーススタディを用いて、その概念を説明します。この製品の目的は明確です。つまり、ユーザが作成したコンテンツに対して、実行可能で有用なアドバイスを与えることです。しかし、ML の問題は、まったく異なる方法で組み立てられます。ML の問題は、データから学習できる機能に関係しています。例えば学習により、ある言語の文章を取り込み、それを別の言語で出力します。1 つの製品目標に対して、通常は多くの異なる ML の手法が存在し、実装の難易度もさまざまです。

2. **ML の実現可能性を評価する**

   ML の問題はすべて同じではありません。ML の理解が進むにつれ、犬や猫の写真を正しく分類するモデルを構築するといった問題は数時間で解けるようになりましたが、会話を行うシステムにはいまだ実現するための課題が存在しています。ML アプリケーションを効率的に構築するためには、複数の潜在的な ML の手法を検討し、最も簡単だと判断したものから始めることが重要です。ML 問題の難易度を評価する最も良い方法の 1 つは、問題が必要とするデータの種類と、データを活用できる前例の存在、この両方を調べることです。

さまざまな手法を検討し、その実現可能性を評価するためには、データとモデルという ML 問題における 2 つの核について考える必要があります。

まず、モデルから始めましょう。

1.1.1 モデル

ML には多数のモデルが存在しますが、ここではそれらすべてを説明することは控えます。より詳細な内容については、「まえがき」の「**推奨リソース**」に挙げた書籍を参考にしてください。また、一般的なモデルに加えて、多くのバリエーションや斬新なアーキテクチャ、最適化戦略などが毎週のように多数公開されています。2019 年 5 月だけでも、13,000 を超える論文が arXiv[†] に投稿されました。これは、新しいモデルに関する論文が頻繁に投稿される、人気のある電子アーカイブです。

しかし、モデルの概要と、どのような問題に適用できるかを理解しておくことは有用です。そこで、問題に対するアプローチに基づいた、モデルの簡単な分類法を提案します。ML の問題に取り組む際に、どのようなアプローチを選択するかのガイドとして利用してください。なお、ML ではモデルとデータは密接に結び付いているため、このセクションと「**1.1.2.1　データの種類**」との間には重複する内容があることに留意してください。

---

† 　訳注：arXiv（アーカイブと読む）は、物理学、数学、コンピュータサイエンスなど、各種学問分野の査読前論文を投稿および共有するサイト。https://arxiv.org

　ML アルゴリズムは、ラベルが必要かどうかに基づいて分類されます。ここでラベルとは、モデルが生成すべき理想的な出力を指します。教師ありアルゴリズムは、ラベルを含むデータセットを入力し、入力からラベルへの写像を学習することを目的としています。一方、教師なしアルゴリズムはラベルを必要としません。また、弱教師ありアルゴリズムは、正確には理想的な出力ではないものの、それに似たラベルを利用します。

　製品目標の多くは、教師ありアルゴリズムと教師なしアルゴリズムのどちらでも解決できます。例えば不正検出システムは、標準的な取引とは異なる取引を検出するために、モデルの学習を行います。この場合、ラベルは必要ありません。また、手動で取引を不正か正当かをラベル付けし、そのラベルからモデルを学習させることでも構築できます。

　ほとんどのアプリケーションでは、モデルの品質を評価するためのラベルが使えるので、教師ありアプローチの方が検証は容易です。また、必要な出力があるため、モデルの学習も容易です。ラベル付きのデータセットを作成するのは、最初は時間がかかることもありますが、モデルの構築と検証は格段に簡単になります。このような理由から、本書では主に教師ありアプローチを取り上げます。

　とは言え、モデルがどのような種類の入力を受け取り、どのような出力を生成するかを決定することで、潜在的なアプローチを大幅に絞り込むことが可能です。この種類に基づいて、ML アプローチは次の分類のいずれかに属すことになります。

- 分類と回帰（classification and regression）
- 知識抽出（knowledge extraction）
- カタログ編成（catalog organization）
- 生成モデル（generative models）

　これらについては、次のセクションで詳しく説明します。このさまざまなモデリングアプローチを検討する際には、どのような種類のデータが利用可能なのか、あるいは収集できるのかを考えることが必要です。多くの場合、データの入手可能性がモデル選択を制限することがあります。

1.1.1.1　分類と回帰（classification and regression）

　一部のプロジェクトでは、データポイントをいくつかのカテゴリに分類したり、連続的なスケールで値を与える（これは分類ではなく回帰と呼ばれます）ことに焦点を当てています。回帰と分類は技術的には異なるものですが、多くの場合その手段は非常に似ているため、ここではまとめて扱います。

　分類と回帰が似ている理由の1つは、ほとんどの分類モデルにおいて、モデルがカテゴリに属する確率スコアを出力することが原因です。分類とは一言で言うと、そのスコアに基づいてオブジェクトをどのカテゴリに帰属させるかを決定することです。したがって広義には、分類モデルを確率値の回帰とみなすことができます。

　有効な電子メールか迷惑メールかを分類するスパムフィルタ、不正ユーザか正当なユーザかを分類する不正検知システム、骨折しているか否かを判別する放射線画像診断などは、分類を行うかスコアを与えるかのどちらかを行います。

　図 1-2 では、与えられた文章を、感想とメディアの種類で分類した例を示しています。

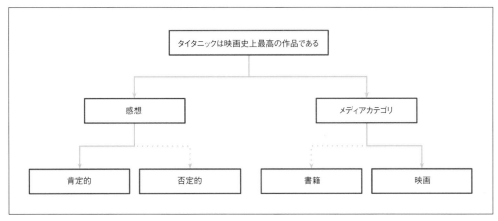

図1-2　文章を複数のカテゴリに分類

　回帰プロジェクトでは、各サンプルをクラスに分類するのではなく、値を与えます。部屋の数や場所などの属性に基づいて住宅の販売価格を予測するのは、回帰問題の例です。

　場合によっては、将来のイベントを予測するために、（1つのデータポイントではなく）過去の一連のデータポイントを用いることもあります。この種のデータは**時系列**（time series）と呼ばれ、一連のデータポイントから予想することを**予測**（forecasting）と呼びます。時系列データを使用すると、患者の病歴や国立公園への一連の入場者数を表すことができます。こうしたプロジェクトでは、時間的な次元を利用できるモデルや特徴がよく利用されます。

　他の例として、データセットからの異常なイベントの検出が挙げられます。これは、**異常検出**（anomaly detection）と呼ばれます。通常は存在しない稀なイベントを探すため、正確な検出が難しく、別の手段が必要になることがあります。まさに、干し草の中から針を探すようなものです。

　多くの場合、分類と回帰の作業は、特徴量選択や特徴量エンジニアリングを必要とします。特徴量選択では、予測性が最も高くなるような特徴量のサブセットを特定します。特徴量生成は、データセットの既存の特徴量を修正したり組み合わせたりすることで、優れた予測値を特定し、生成する作業です。「**Ⅲ部　モデルの反復**」で、両者をより詳しく説明します。

　最近では、画像、テキスト、音声からディープラーニングを使って有用な特徴量を自動的に生成する能力が注目されています。将来的には、特徴量の生成と選択を簡略化する上で大きな役割を果たす可能性がありますが、今のところは ML のワークフローに組み込まなければならない作業です。

　有用なアドバイスを提供するために、前述の分類やスコアに基づいた構築を行うことも少なくありません。これには、解釈可能な分類モデルを構築し、その特徴量を使用して実行可能なアドバイスを生成する必要があります。これについては後で詳しく説明します。

　すべての問題が、サンプルをカテゴリに分類したり、値を与えることを目的としているわけではありません。場合によっては、より詳細なレベルの操作を行う場合もあります。画像のどこにオブジェクトが位置しているかを判別するなど、入力の一部から情報を抽出する場合などがその一例です。

1.1.1.2　非構造化データからの知識抽出

　構造化データとは、表形式で保存されたデータセットのことです。データベースのテーブルや Excel シートは、構造化データの良い例です。**非構造化データ**とは、表形式ではないデータセットのことです。これには、テキスト（記事、レビュー、ウィキペディアなど）、音楽、ビデオなどが含まれます。

　図 1-3 では、左側が構造化データ、右側が非構造化データを表しています。知識抽出モデルは、構造化されていないデータを受け取り、ML を使って構造を抽出することを目的としています。

図1-3　構造化データと非構造化データの例

　テキストを使った知識抽出の例として、レビュー文章への構造の付与が挙げられます。モデルを学習させて、レビューから清潔さ、サービスの質、価格などの情報を抽出します。そうすれば、ユーザは関心のある内容に言及しているレビューを簡単に見つけることができます。

　医療分野では、論文で説明されている疾患や、関連する診断とその性能などの情報を、知識抽出モデルを使用して医学論文のテキストから抽出できます。**図 1-4** では、文章を入力とし、どの単語がメディアの種類を参照しているか、どの単語がメディアのタイトルを参照しているかを抽出しています。例えばオンライン掲示板のコメントにこのようなモデルを適用することで、どの映画がよく議論されているかの要約を生成できます。

　画像に対しては、知識抽出を使って画像の中から関心のある領域を見つけ出し分類する作業がよく行われます。**図 1-5** では、2 つの一般的なアプローチを示しています。**オブジェクト検出**（object detection）は、関心のある領域の周りに長方形（境界ボックスと呼ばれる）を描くという大まかなアプローチであり、**セグメンテーション**（segmentation）は、画像の各ピクセルを特定のカテゴリに正確に関連付けします。

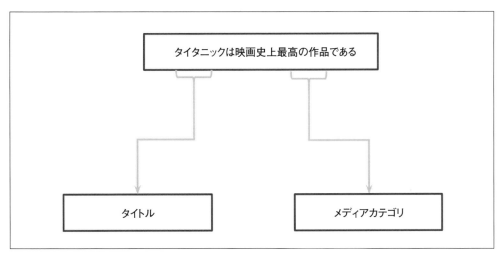

図1-4 文章からメディアの種類とタイトルを抽出

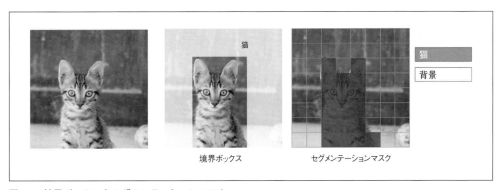

図1-5 境界ボックスとセグメンテーションマスク

　場合によっては、この抽出された情報を別のモデルへの入力として使用することができます。例えば、ポーズ検出モデルを使ってヨガのビデオからキーとなるポイントを抽出し、ラベル付けされたデータに基づいてこのポーズが正しいかどうかを分類する2番目のモデルに送ります。**図1-6**は、これを行う2つのモデルの例を示しています。1つ目のモデルは非構造化データ（写真）から構造化された情報（関節の座標）を抽出し、2つ目のモデルはこの座標を使ってヨガのポーズとして分類しています。

　これまで見てきたモデルは、与えられた入力を条件とする出力を生成します。検索エンジンや推薦システムのような場合、製品の目的は関連するアイテムの表示です。これは次のカテゴリで説明します。

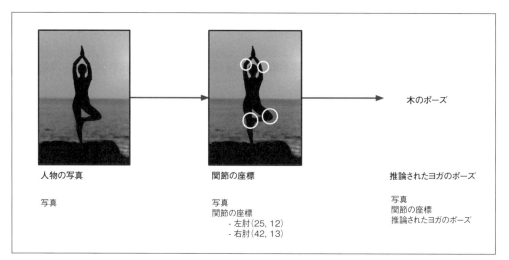

人物の写真

写真

関節の座標

写真
関節の座標
　- 左肘(25, 12)
　- 右肘(42, 13)

木のポーズ

推論されたヨガのポーズ

写真
関節の座標
推論されたヨガのポーズ

図1-6　ヨガのポーズ検出

1.1.1.3　カタログ編成

　カタログ編成モデルは、ほとんどの場合、ユーザに提示する一連の結果を生成します。この結果は、検索バーに入力された入力文字列、アップロードされた画像、またはスマートスピーカーに話しかけられたフレーズを条件とすることができます。ストリーミングサービスのようなケースでは、この結果は、ユーザがまったくリクエストをしなくても必要なコンテンツとして積極的にユーザに提示されます。

　図1-7 には、ユーザが検索をしなくても、視聴したばかりの映画をもとに、次に見る候補を表示するシステムの一例を示しています。

　このモデルは、ユーザがすでに興味を示したアイテム（類似した記事や Amazon の商品）に関連したアイテムを**推薦**するか、カタログから**検索**するための便利な方法（ユーザがテキストを入力したり、送信したアイテムの写真から検索できる）を提供します。

　推薦される内容は、ほとんどの場合、以前のユーザパターンからの学習に基づいています。その場合、**協調推薦システム**と呼ばれます。また、アイテムの特定の属性に基づいている場合は、**コンテンツベース推薦システム**と呼ばれます。一部のシステムでは、協調的アプローチとコンテンツベースのアプローチの両方を活用しています。

　最後に、ML は創造的な目的にも利用できます。モデルは、美しい画像や美しい音声、さらには面白いテキストの生成を学習します。このようなモデルを、生成モデルと呼びます。

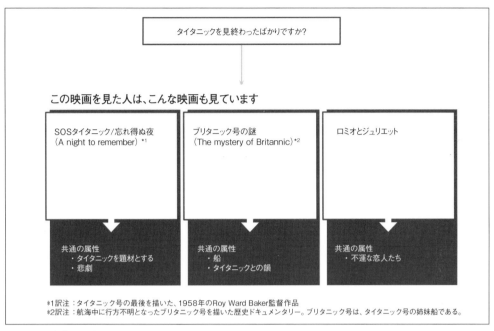

図1-7 おすすめの映画

1.1.1.4 生成モデル

　生成モデルは、ユーザ入力に依存するデータの生成に焦点を当てています。このモデルは、データをカテゴリに分類したり、スコアリングしたり、情報を抽出したり、整理したりするのではなく、データの生成に焦点を当てているため、通常、幅広い出力を持ち得ます。これは、生成モデルが翻訳のような非常に多様な出力を行う作業に適していることを意味します。

　一方、生成モデルは実験的に使われることが多く、出力の制約が大きい本番のシステムではリスクの高い選択となります。そのため、目的を達成するために必要な場合を除き、最初は他のモデルから始めることをお勧めします。生成モデルについて詳しく知りたい場合には、David Foster 著の『*Generative Deep Learning*』[†]をお勧めします。

　実用的な例としては、ある言語の文章を別の言語に変換する翻訳、要約、ビデオやオーディオトラックの文字起こしを行う字幕生成、画像を別のスタイルに変換する画風変換（Gatys らによる「A Neural Algorithm of Artistic Style（https://arxiv.org/abs/1508.06576）」を参照）などがあります。

　図1-8 は、左側の写真を右側に示されている風景画に似たスタイルに変換する生成モデルの例を示しています。

　すでに理解していると思いますが、学習を行うにはモデルの種類ごとに異なる種類のデータが必要です。一般的に、データの入手可能性はモデルの選択を左右することがあります。

　ここからは、いくつかの一般的なデータシナリオと関連モデルについて説明します。

---

†　訳注：邦題『生成 Deep Learning』オライリー・ジャパン、2020

図1-8　画風変換の例（Gatysらによる「A Neural Algorithm of Artistic Style」（https://arxiv.org/abs/1508.06576）より）

1.1.2　データ

　教師あり ML モデルは、データのパターンを利用して入力と出力の間の有用なマッピングを学習します。データセットに目標とする出力を予測する特徴量が含まれていれば、適切なモデルがそのデータから学習できるはずです。しかし、多くの場合、最初から製品のユースケースをエンドツーエンドで解決できるような適切なデータは存在しません。

　例えば、ユーザのリクエストを聞き取り、その意図を理解し、その意図に応じたアクションを行う**音声認識**システムの学習を行っているとします。このプロジェクトに取り組む際には、「テレビで映画を再生して」などの、理解すべき一連の意図を定義しておきます。

　この処理を行うために ML モデルの学習を行うには、さまざまな背景を持つユーザが、自分の言葉で映画を再生するように依頼した音声クリップなどのデータセットが必要になります。どのようなモデルでも与えたデータからしか学習できないため、代表的な入力セットを持つことが非常に重要です。母集団の一部のサンプルしかデータセットに含まれていない場合、製品はそのサブセットに対してしか働きません。このことを念頭に置けば、選択した分野が専門的であるほど、そうしたデータセットの存在を期待できません。

　我々が取り組むほとんどのアプリケーションでは、追加のデータを検索し、選別し、収集する必要があります。データ収集プロセスは、プロジェクトの特殊性に応じてスコープや複雑さが大きく変化する可能性があり、成功するためには事前に課題を予測することが重要です。

　まず、データセットを検索するときに、いくつかの異なる状況を定義しましょう。この最初の状況が、どのように進めるかを決める上で重要な要素となるはずです。

1.1.2.1　データの種類

　入力から出力へのマッピングとして問題を定義できたら、このマッピングに従ったデータソースを検索できます。

　不正検出の例でいうと、それは不正ユーザと一般ユーザであり、彼らの行動を予測するために使用できるアカウントの特徴量も含まれます。翻訳の例では、ソース言語とターゲット言語における

文のコーパスになります。Web コンテンツの編成や検索については、過去の検索やクリックの履歴です。

　必要とする正確なマッピングが見つかることはほとんどありません。そのため、いくつかの異なるケースを検討することは有益です。これをデータに対するニーズの階層と考えてください。

1.1.2.2　データの入手可能性

　データの可用性には、最良のシナリオから最も困難なものまで、大まかに 3 つのレベルがあります。残念ながら、他のほとんどの作業と同様に、一般的には最も有用な種類のデータを見つけるのが最も難しいと考えられます。では、それらを順に見ていきましょう。

ラベル付けされたデータ

　これは**図 1-9** の一番左のカテゴリです。教師ありモデルで作業をする場合、ラベル付きのデータセットを見つけることは、すべてのエンジニアの理想です。ここでラベル付けされているとは、多くのデータポイントに、モデルが予測しようとしている正解の値が含まれていることを意味します。求められる答えをラベルが提供するため、学習やモデル品質の判定が非常に簡単になります。ニーズに適合したラベル付きデータセットが Web 上で自由に入手できることは、実際にはほとんどありません。しかし、見つけたデータセットを自分が必要としているデータセットと間違えてしまうことはよくあります。

弱いラベル付けされたデータ

　これは**図 1-9** の中央のカテゴリです。データセットの中には、正確にはモデリングの対象ではないが、ある程度相関のあるラベルが含まれています。音楽ストリーミングサービスの再生とスキップの履歴は、その曲がリスナーの好みであるかどうかを予測するための弱いラベル付けされたデータセットの例です。リスナーは嫌いな曲としてマークしていないかもしれませんが、再生中にスキップした場合は、その曲が好きではなかった可能性を示しています。弱いラベルは、定義上あまり正確ではないものの、完全なラベルよりも見つけやすいことが多くあります。

ラベルのないデータ

　これは**図 1-9** の右側のカテゴリです。いくつかのケースでは、必要な入力を出力にマッピングするラベル付きのデータセットがなくても、少なくとも関連する例を含むデータセットが存在している場合があります。テキスト翻訳の例では、両方の言語のテキストの大規模なコレクションが存在していますが、それらの間の直接のマッピングはありません。つまり、データセットにラベルを付けるか、ラベルの付いていないデータから学習できるモデルを見つけるか、あるいはその両方を少しずつ行う必要があります。

データ取得の必要性

　場合によっては、最初にデータを取得する必要があり、ラベルのないデータよりもさらに一歩後退している状況です。多くの場合、必要なデータセットを持っていないため、そのようなデータを取得する方法を見つける必要があります。これは乗り越えられない作業とみなされる

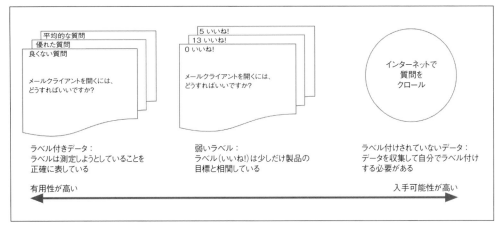

図1-9 データの入手可能性とデータの有用性

こともありますが、データを迅速に収集してラベルを付けを行う多くの方法が存在しています。これは「**4章 初期データセットの取得**」で説明します。

我々のケーススタディでは、理想的なデータセットはユーザが入力した質問の集合と、より適切な言葉で書かれた質問の集合です。一方、弱いラベル付けされたデータセットの例は、「いいね！」や「賛成」などの品質を示すラベルを持った質問のデータセットです。これはモデルが良い質問と良くない質問の特徴量を学習するのに役立ちますが、同じ質問の例を並べて表示することはできません。これらの例は**図1-9**で確認できます。

一般的に ML では、弱いラベル付けされたデータセットとは、モデルの学習に役立つ情報が含まれているけれども、それが当を得た正解ではないデータセットを指します。実際のところ、収集できるほとんどのデータセットは弱いラベル付けされたものです。

データセットが不完全であってもまったく問題ありません。ML のプロセスは反復的なものなので、データの質に関わらず手持ちのデータセットから始めて、とりあえず最初の結果を得ることが最善の方法です。

1.1.2.3 反復的データセット

多くの場合、入力から出力への直接のマッピングを含むデータセットをすぐに見つけることができないので、問題の定式化の方法を徐々に反復していくことをお勧めします。これにより、最初に使用すべきデータセットが見つけやすくなります。それぞれのデータセットは、次のバージョンのデータセット作成やモデルに有用な特徴量を生成するための貴重な情報を提供します。

これまで学んだことを使って、どのように異なるモデルやデータセットを特定し、最も適切なものを選択できるかをケーススタディを通して見てみましょう。

1.2　MLエディタの構造

　製品のユースケースを反復して、適切な ML の構造を見つける方法を調べます。製品の目標（ユーザがより良い質問を書くための支援）から ML へと進む方法を概説することで、このプロセスを理解することができます。

　ユーザからの質問を受け入れ、より良い記述に改善するエディタを作りたいと考えていますが、この場合の「より良い」とは何を意味するのでしょうか？　まずは、文章作成支援の製品目標をもう少し明確に定義することから始めましょう。

　多くの人は、オンライン掲示板やソーシャルネットワーク、Stack Overflow（https://stackoverflow.com/）のような Web サイトを利用して疑問の答えを探しています。しかし、質問の書き方によって、有益な回答を得られるかどうかが大きく左右されます。これは、自分の質問に答えてもらいたいユーザにとっても、同じ問題を抱えるかもしれない未来のユーザにとっても、その答えが役に立つかもしれないのに、残念なことです。そのために、我々の目標は、**ユーザがより良い質問を書くのに役立つアシスタントを構築すること**とします。

　製品の目標が決まったので、使用するモデリングアプローチを決定する必要があります。この決定を行うために、前述のモデル選択とデータ検証の反復ループを実行します。

1.2.1　すべてを行うML：エンドツーエンドのフレームワーク

　エンドツーエンドとは、単一のモデルを用いて、中間的なステップなしで入力から出力まで行うことを意味します。ほとんどの製品の目標は非常に具体的であるため、ユースケース全体をエンドツーエンドで学習して解決しようとすると、多くの場合、最先端の ML モデルを独自に作成する必要があります。これは、そのようなモデルを開発・保守するリソースを持つチームにとっては適切な解決策かもしれませんが、最初はよく知られたモデルから始める方が適しています。

　我々の場合、定式化が不十分な質問のデータセットと、それらを専門的に編集したバージョンの収集を試みることになります。次に生成モデルを使用して、1 つのテキストから他のテキストに直接変換できます。

　図1-10 は、これが実際にどのように見えるかを示しています。左側にユーザ入力、右側に目的の出力、その間にモデルがある単純な図を示しています。

図1-10　エンドツーエンドアプローチ

　以下に示すように、このアプローチには大きな課題があります。

データ

　このようなデータセットを取得するためには、意図が同じで表現の質が異なる質問のペアを見つける必要があります。そうしたデータセットを見つけるのは非常に困難です。また、この

データセットを自分たちで生成するには専門の編集者の支援が必要になるため、自分で作成するのにもコストがかかります。

モデル

生成モデルのカテゴリで触れたように、あるテキストのシーケンスから別のシーケンスを生成するモデルは、ここ数年で飛躍的に進歩しました。Sequence-to-Sequence モデル（I. Sutskever らの論文「Sequence to Sequence Learning with Neural Networks」（https://arxiv.org/abs/1409.3215）に記載）は、もともと翻訳のために 2014 年に提案されたもので、機械翻訳と人手による翻訳のギャップを埋めようとしています。しかし、このモデルがうまく働くのは、ほとんどが文レベルの処理であり、段落よりも長いテキストの処理にはあまり使われていません。これまでのところ、ある段落から別の段落への長期的な文脈を捉えることができなかったためです。さらに、このモデルは通常、多数のパラメータを持つため、学習に最も時間がかかるモデルの 1 つです。モデルの学習が 1 度だけの場合、これは必ずしも問題ではありませんが、モデルの学習を 1 時間ごとまたは毎日行う必要がある場合は、学習時間が重要な要素になる可能性があります。

レイテンシー

Sequence-to-Sequence モデルは多くの場合**自己回帰モデル**であり、次のモデルの作業を開始するためには前の単語のモデル出力を必要とします。これにより、隣接する単語の情報を活用することができますが、より単純なモデルと比較して学習が遅く、推論の実行時間も長くなります。単純なモデルのレイテンシーが 1 秒未満であるのに対し、推論を生成するのに数秒かかることがあります。モデルを最適化して十分な速度で実行することは可能ですが、追加のエンジニアリング作業が必要になります。

実装の容易さ

多くの可動部分があるため、複雑なエンドツーエンドモデルの学習は非常にデリケートでエラーが発生しやすいプロセスです。つまり、モデルの潜在的なパフォーマンスとパイプラインに追加される複雑さとの間でトレードオフを考慮する必要があります。この複雑さにより、パイプラインを構築する際の速度が低下するだけでなく、保守負担も上昇します。別のチームがモデルを反復して改良する必要があると考えられる場合には、よりシンプルで理解度の高いモデルを選択する価値があります。

このエンドツーエンドのアプローチは機能するかもしれませんが、成功を保証するものではなく、データ収集やエンジニアリングに多くの先行投資が必要になるため、次に紹介する別の選択肢を検討する価値があります。

1.2.2　最も単純なアプローチ：人手のアルゴリズム

この章最後のインタビューにもあるように、アルゴリズムを実装する前に、データサイエンティストがそのアルゴリズム自体になることは、多くの場合で素晴らしいアイデアです。言い換えれば、問題を最適に自動化する方法を理解するためには、まず手動で問題を解決することから始めま

す。では、可読性と回答を得られる確率を向上させるために、自分で質問を編集するとしたら、どのようにしたらよいのでしょうか？

　最初のアプローチは、データをまったく使用せずに、先行技術を活用して、質問またはテキストの本文を適切に作成するものを定義することです。一般的な文章作成のヒントについては、専門の編集者に相談したり、新聞記事のスタイルガイドを調べて詳細を確認できます。

　さらに、データセットを詳しく調べて個々の例や傾向を把握し、それらをモデル化戦略に反映させる必要があります。この方法については、「**4 章　初期データセットの取得**」で詳しく説明するので、ここでは割愛します。

　手始めに、既存の研究（https://www.ncbi.nlm.nih.gov/pmc/articles/PMC4775724/)[†]を参照し、明確な文章のために役立つと思われる、属性をいくつか特定することができます。これらの特徴量には、以下のような要素が含まれます。

文章の簡潔さ

　　経験の浅いライターには、よりシンプルな単語や文型を使うようにアドバイスをすることがよくあります。そのため、適切な文章と単語の長さに関する基準を確立し、必要に応じて変更を推奨することができます。

文章の調子

　　テキストの調子を測定するために、副詞、最上級、句読点の使用頻度を測ります。状況によっては、意見が多い質問ほど回答が少なくなる場合があります。

構造的特徴量

　　最後に、挨拶や疑問符の使用など、重要な構造属性を抽出できます。

　有用な特徴量を特定したら、それらを使用して提案を提供するシンプルなアプリケーションを構築できます。ここに ML は関与していませんが、この段階は 2 つの意味で重要です。実装が非常に速く、モデルを測定するための基準として機能するベースラインを提供します。

　良い文章を検出する方法についての直感を検証するために、「良い」文章と「良くない」文章のデータセットを集めて、これらの特徴量から文章の良し悪しを見分けられるかどうかを確認できます。

1.2.3　折衷案：経験から学ぶ

　特徴量のベースライン・セットができたので、それを使って**データから文体のモデルを学習**できます。そのためには、データセットを収集し、そこから前述した特徴量を抽出し、良い例と良くない例を分けるために分類器を学習させます。

　テキストを分類できるモデルができたら、どの特徴量が予測性の高いものであるかを検査し、提案として使用します。実際にこれを行う方法を「**7 章　分類器を使用した提案の生成**」で説明し

[†]　訳注：ソーシャルメディアにおけるユーザの評判を推定するための文体特徴量に基づく分類法の比較（Comparing writing style feature-based classification methods for estimating user reputations in social media）

ます。

図1-11 はこのアプローチを説明しています。左側では、質問の良し悪しを分類するためにモデルの学習を行います。右側では、学習済みのモデルに質問が与えられ、その質問がより良いスコアを獲得できるように、質問の修正案候補をスコア化し、最も高いスコアを持つ案がユーザに推奨されます。

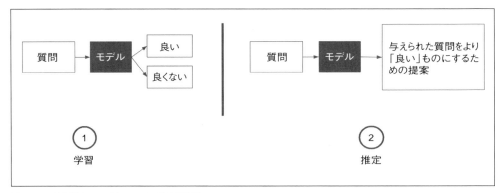

図1-11　手作業とエンドツーエンドの折衷案

「**1.3.1　すべてを行う ML：エンドツーエンドのフレームワーク**」の課題を検証し、分類器のアプローチがそれを解決できているかを見てみましょう。

データ

オンライン掲示板から参照回数や「いいね！」の数と共に質問を収集して、良い例と良くない例のデータセットを得ることができます。エンドツーエンドのアプローチとは対照的に、同じ質問の異なる表現を必要としません。特徴量を学習するための良い例と良くない例の集合が必要なだけであり、そうしたデータセットは見つけるのが簡単です。

モデル

ここでは2つのことを考慮する必要があります。モデルがどれだけ予測可能か（良い質問と良くない質問を効率的に分類できるか）、モデルから簡単に特徴量を抽出できるか（サンプルの分類に使用した属性を確認できるか）です。ここで使用できる可能性のあるモデルは数多く存在し、説明が簡単になるようなさまざまな特徴量をテキストから抽出できます。

レイテンシー

ほとんどのテキスト分類器は非常に高速に動作します。通常のハードウェアなら 10 分の 1 秒未満で結果を返すことができるランダムフォレストなどの単純なモデルを最初に使用し、必要に応じてより複雑なアーキテクチャに移行できます。

実装の容易さ

テキスト生成と比較して、テキスト分類は比較的よく理解されており、そうしたモデルの構築は比較的迅速に行えます。実用的なテキスト分類パイプラインの多くの例がオンライン上に存

在しており、そのようなモデルの多くはすでに本番環境にデプロイされています。

　人間のヒューリスティックから始めて、このシンプルなモデルを構築すれば、最初のベースラインと解決策への第一歩を踏み出すことができるでしょう。さらに、初期モデルは次に何を構築するかを知るための優れた道標となります（これについては「Ⅲ部　モデルの反復」で詳しく説明します）。

　シンプルなベースラインから始めることの重要性について、Monica Rogati にインタビューを行いました。彼女は、データチームの製品作成を支援したことから学んだ教訓について語っています。

1.3　Monica Rogatiインタビュー：
　　　どのようにMLプロジェクトを選択し、優先順位を付けるか

　Monica Rogati はコンピュータサイエンスの博士号を取得した後、LinkedIn でキャリアをスタートさせました。「もしかして知り合い？」アルゴリズムに ML を統合するなどのコア製品に取り組み、求人と求職者マッチングの最初のバージョンを構築しました。その後、Jawbone[†]でデータ担当副社長としてデータチームを作り指揮を執りました。現在は、従業員数 5 ～ 8,000 人の企業のアドバイザーを努めています。彼女は、ML 製品の設計と実行に関して、頻繁にアドバイスしている内容を共有してくれました。

Q　ML製品の範囲をどのように決めるのですか？

A　問題を解決するために最適なツールを使い、それが理にかなっている場合にのみMLを使うということを肝に銘じておかなければなりません。
　アプリケーションのユーザが求めていることを予測して、それを提案として提示したいとしましょう。モデリングと製品を組み合わせた考えから始めるべきです。特に、MLが起こした障害を、それとは気付かれないように処理するような製品としての設計も含まれます。
　モデルの予測に対する信頼度を考慮に入れることも最初に考えなければなりません。そうすることで、信頼度スコアに基づいて、提案の見せ方を変更できます。信頼度が90 ％以上であれば、提案を目立つように表示します。信頼度が50 ％を超えていれば、表示はしますが強調は行わず、信頼度がこのスコア以下であれば、表示すらしません。

Q　MLプロジェクトで何に焦点を当てるかを、どのようにして決めますか？

A　インパクトボトルネック、つまりパイプラインの中で改善することにより最も高い価値が得られる部分を見つけなければなりません。企業の仕事をしていると、そもそも適切な問題に

---

†　訳注：Jawbone は、ハンズフリーヘッドセットからスタートして、ワイヤレススピーカー JAWBOX を経てウェアラブル活動量計 Jawbone Up を大ヒットさせた米国企業。2017 年には精算され、ヘルスケア関連の事業は Jawbone Health Hub へ移管された。

取り組んでいないか、この件を適切に検討できるような段階にいないことがよくあります。多くの場合、モデル周りに問題があります。これを見つける最良の方法は、モデルを簡単なものに置き換えて、パイプライン全体をデバッグすることです。多くの場合、問題はモデルの精度ではありません。モデルがうまく機能していても、製品としては価値を出せていないことがよくあります。

Q なぜシンプルなモデルから始めることを推奨しているのでしょう?

A 目標は、何らかの方法でモデルのリスクを軽減することです。これを行う最良の方法は、最悪ケースのパフォーマンスを評価するための「叩き台のベースライン（strawman baseline）」から始めることです。先ほどの例では、ユーザが以前に取ったアクションのいずれかを単純に提案するだけのものです。

この場合、予測はどれくらいの頻度で正しいのでしょうか? また、予測が間違っていた場合、モデルはユーザにとってどの程度煩わしいものとなるでしょうか? そして、モデルがこのベースラインよりもあまり良くなかったと仮定した場合、我々の製品には価値があると考えられるでしょうか?

　これは、チャットボット、翻訳、Q&A、要約などの自然言語理解と生成の例によく当てはまります。例えば、要約では、記事に含まれる上位のキーワードとカテゴリを抽出するだけで、ほとんどのユーザのニーズを満たすことができます。

Q パイプライン全体が完成したら、インパクトボトルネックをどのように特定するのですか?

A 最初に、インパクトボトルネックが解消されると想像して、見積もった労力に見合うだけの価値があるかを自問するべきです。プロジェクトを始める前の段階で、データサイエンティストにはプロジェクトについてのツイートを、企業にはプレスリリースを書くことを勧めています。そうすることで、クールだという理由だけで何かに取り組むことを避けられますし、結果のインパクトを労力と関連付けて考えられるようになります。

　理想的なのは、結果に関係なく製品を市場に出せるような場合です。最良の結果が得られなくても依然としてインパクトがあるのか? 何かを学んだり、あるいはいくつかの仮説を検証したか? これを支援する方法は、デプロイに必要な労力を軽減するためのインフラストラクチャーを構築することです。

　LinkedIn では、数行のテキストとハイパーリンクで構成された小さなウィンドウという、非常に便利な設計要素が用意されており、データを与えることでカスタマイズできました。設計はすでに承認されていたため、求人の推薦プロジェクトなどの実験を簡単に立ち上げることが可能でした。リソースへの投資が少ないため、インパクトはそれほど大きくならず、反復サイクルを高速化できました。この後、倫理、公平性、ブランド戦略など、エンジニアリング以外の懸念事項が障壁となります。

使用するモデリング手法をどのように決定するのですか？

第一の防御策は、データを自分で見ることです。LinkedInユーザに対してグループを推奨するモデルを構築する場合、単純な方法は、グループのタイトルに会社名を含み、その中でも人気のあるグループを推奨することです。いくつかの例を検討してみた結果、Oracle社に対する人気グループの1つは「オラクル最低（Oracle sucks!）」であることがわかりましたが、これはOracle社の従業員に勧めるべきグループではありません。

手作業でモデルの入力と出力を確認することは常に価値があります。たくさんの例をスクロールして、何か奇妙に見えるものがないかを確認してください。IBM時代、筆者が所属する部門のリーダーは、作業をする前には必ず1時間かけて何かを手作業で行うという独自のルールを持っていました。

データの確認は、優れたヒューリスティック、モデル、および製品を再構築する方法を考えるのに役立ちます。データセット中の事例を頻度別にランク付けすれば、ユースケースの80%を素早く識別してラベル付けできるかもしれません。

例えばJawboneでは、食事の内容を記録するために単語ではなく「フレーズ」を入力します。上位100のデータを手作業でラベル付けするうちに、フレーズの80%を網羅できるようになると共に、さまざまなテキストエンコーディングや言語など、処理する必要のある主要な問題点に対する強力なアイデアを持つようになりました。

最後の防衛線は、結果を見る多様な人材を揃えることです。これにより、モデルが誤って友人の写真にゴリラのタグを付ける†ような差別的な行動や、「去年の今頃」を振り返った結果、思い出したくない過去の出来事を表面化させるといった無神経な結果を把握できるようになります。

1.4　まとめ

これまで見てきたように、MLを利用したアプリケーションの構築は、実現可能性を判断し、アプローチを選ぶことから始まります。多くの場合、教師あり学習アプローチを選ぶのが最も簡単です。その中でも、分類、知識抽出、カタログ編成、生成モデルが最も一般的です。

アプローチを選択する際には、強いラベル付けされたデータか、弱いラベル付けされたデータ、あるいはラベル付けされていないデータをどれだけ簡単に利用できるかを特定する必要があります。次に、製品の目標を定義し、その目標を達成するために最適なモデリングアプローチを選択し、どういったモデルとデータセットが必要になるのかを考えます。

我々はMLエディタに対するこうした手順を特定し、簡単なヒューリスティックと分類ベースのアプローチから始めることを選択しました。最後に、Monica Rogatiのようなこの分野における専門家が、どのようにMLモデルを製品の一部としてユーザに提供しているのかを説明しました。

最初のアプローチを選択できたので、次に成功基準を定義し、定常的に前進するための行動計画を作成します。これには、最低限のパフォーマンス要件を設定し、利用可能なモデリングとデータ

---

† 訳注：Googleフォトの画像認識アルゴリズムが、黒人の写真を「ゴリラ」として分類した事例がある。https://www.theverge.com/2018/1/12/16882408/googleracist-gorillas-photo-recognition-algorithm-aiを参照。

リソースを深く掘り下げ、シンプルなプロトタイプを構築することが含まれます。

　これらはすべて「**2章　計画の作成**」で扱います。

2章
計画の作成

　前の章では、MLが必要かどうかを推定し、MLが最も適切に利用できる場所を見つけ、製品目標を最も適切なMLのフレームワークに変換する方法について説明しました。この章では、MLと製品の進捗状況を追跡し、異なるMLの実装を比較するためのメトリクスについて説明します。そして、ベースラインを構築する方法を特定し、モデリングの反復を計画します。

　残念なことに、多くのMLプロジェクトでは製品メトリクスとモデルメトリクスが整合していないことにより、初めから失敗に追い込まれていくのを、筆者は何度も目の当たりにしてきました。モデリングの難しさが原因というよりも、うまく機能するけれども製品にとって役に立たないモデルを作成することで、多くのプロジェクトは失敗しています。これが、メトリクスと計画のための章を用意した理由です。

　既存のリソースや問題の制約条件を活用して、実行可能な計画を構築するためのヒントを取り上げます。これにより、MLプロジェクトが大幅に簡素化されます。

　まず、パフォーマンスメトリクスの定義から始めましょう。

2.1　成功度合いの測定

　MLの場合、最初に構築するモデルは、製品の要求に対応できるものの中で最もシンプルなモデルでなければなりません。結果を生成して分析することが、MLを進歩させる最も早い方法だからです。前の章では、MLエディタに対して複雑さの異なる3つのアプローチを取り上げました。

ベースラインモデル：ドメイン知識に基づくヒューリスティック設計

　　まず、適切に記述されたコンテンツを作成するための事前知識に基づき、自分で定義したルールから始めます。このルールをテストして、良い質問と良くない質問を区別するのに役立つかどうかを確認します。

良い質問と良くない質問を分類し、分類器を使用して提案を生成

　　次に、単純なモデルを学習させて、良い質問と良くない質問を区別します。モデルのパフォーマンスが良好であれば、モデルを検査して、良い質問であると判断した特徴量について調べ、その特徴量を提案として提示します。

複雑なモデル：良くないテキストから良いテキストを変換するエンドツーエンドモデルを学習

　　これはモデルとデータの両面で最も複雑なアプローチですが、学習データを集めて複雑なモデルを構築して維持するリソースがあれば、製品の要求を直接解決することができます。

　これらのアプローチはすべて異なるものであり、プロトタイプから多くのことを学ぶにつれて、進化する可能性があります。ML に取り組む際には、モデリングパイプラインの成功度合いを比較するために、共通のメトリクスを定義する必要があります。

> **常に ML が必要なわけではない**
> ベースラインのアプローチがまったく ML に依存していないことに気付いたかもしれません。「**1章　製品目標から ML の枠組みへ**」で説明したように、一部の機能は ML を必要としません。また、ML の恩恵を受ける可能性のある機能でさえ、最初のバージョンではヒューリスティックを使うだけでよいことを理解することも重要です。一度ヒューリスティックを使うと、まったく ML を必要としないことに気付くかもしれません。
> 多くの場合、ヒューリスティックは特徴量を構築する最も速い方法です。特徴量が使用できるようになると、ユーザのニーズをより明確に把握できるようになります。これにより、ML が必要かどうかを評価し、モデリングアプローチを選択することができます。
> ほとんどの場合、ML を使わずに始めることが、ML 製品を構築する最も速い方法です。

　そこで、ML 製品の有用性に大きな影響を与えるパフォーマンスのカテゴリ、ビジネスメトリクス、モデルメトリクス、鮮度、スピードについて説明します。これらのメトリクスを明確に定義することで、各反復のパフォーマンスを正確に測定することができます。

2.1.1　製品メトリクス

　明確な製品または機能の目標から始めることの重要性については、すでに説明しました。目標が明確になれば、その成功を判断するためのメトリクスを定義しなければなりません。これは、モデルメトリクスとは別に、製品の成功を反映するものでなければなりません。製品メトリクスは、その機能のユーザ数のような単純なものから、提供した推薦内容のクリックスルー率（CTR：Click-Through Rate）[†]のような微妙なものまであります。

　製品や機能の目標を表すものであるため、最終的に重要なのは製品メトリクスだけです。他のすべてのメトリクスは、製品メトリクスを改善するためのツールとして使用します。製品メトリクスは、独自のものである必要はありません。ほとんどのプロジェクトは、1 つの製品メトリクスの改善に重点を置く傾向がありますが、その影響は、ガードレールメトリクス（あるポイント以下に低下してはならないメトリクス）を含む、複数のメトリクスで測定されることが多いのです。例えば、CTR のような特定のメトリクスを向上させつつ、他のメトリクス（例えば、平均ユーザセッション時間など）を安定的に維持することを目標とする場合があります。

　ML エディタでは、提案の有用性を測るメトリクスを選びます。例えば、ユーザが提案に従った回数の割合などが考えられます。このようなメトリクスを計算するために、ML エディタのインタフェースは、例えば提案の文字列をクリックできるようにして、ユーザが提案を承認したかどうか

[†]　訳注：クリックスルー率は、リンクがクリックされた回数を、表示した回数で割ったもの。Web サイト広告の効果を図る指標の 1 つ。

を確認する手段が必要になります。

　製品に適した潜在的 ML アプローチそれぞれの有効性を測定するには、そのモデルのパフォーマンスを確認する必要があります。

2.1.2　モデルメトリクス

　ほとんどのオンライン製品の場合、モデルの成功を決定する究極の製品メトリクスは、モデルの出力を使用したすべてのユーザのうち、利益を得たユーザの割合です。例えば、推薦システムの場合、推薦された商品をクリックした人の数を測定することで判断できます（このアプローチの潜在的な落とし穴については「**8 章　モデルデプロイ時の考慮点**」を参照）。

　製品が構築中で、まだデプロイされていない場合、製品メトリクスを測定することはできません。それでも進捗状況を測定するためには、**オフラインメトリクス**または**モデルメトリクス**と呼ばれる別の成功指標を定義することが重要です。良いオフラインメトリクスは、モデルをユーザに公開することなく評価でき、製品メトリクスや目標と可能な限り相関するものでなければなりません。

　モデリングアプローチが異なれば、使用するモデルメトリクスも異なります。アプローチを変更することで、製品目標を達成するのに十分なモデルパフォーマンスが、はるかに簡単に得られる場合もあります。

　例えば、オンラインストアの Web サイトで、ユーザが検索条件を入力する際に何か役立つ提案を提供することを考えます。この機能の成功度合いを測定するには、CTR、つまりユーザが提案をクリックする比率を測定します。

　提案を生成するには、ユーザが入力する単語を推測し、ユーザが入力するであろう文をユーザに提示するモデルを構築します。このモデルのパフォーマンスは、単語レベルの精度を計算して、次に来る単語の正しい集合を予測できた頻度を計算することで測定できます。たった 1 つの単語を誤って表示しただけで、役に立たない提案だと思われてしまいます。そのため、製品の CTR を向上させるためには、モデルの精度を非常に高くする必要があります。このアプローチは、**図 2-1**の左側に示されています。

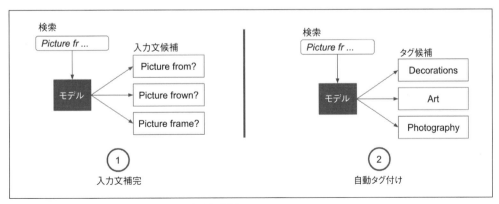

図2-1　**モデリングを容易にするための、小さな変更**

別のアプローチとして、ユーザの入力をカタログ内のカテゴリに分類し、予測される可能性の高い3つのカテゴリを提案するモデルが考えられます。すべての英単語の精度ではなく、すべてのカテゴリの精度を使ってモデルのパフォーマンスを測定します。カタログ内のカテゴリ数は英単語よりもずっと少ないので、これは最適化するのが非常に簡単なモデルメトリクスとなります。さらに言うと、ユーザにクリックしてもらうために、モデルはカテゴリを1つ正しく予測すれば良いのです。このモデルの方が、商品のCTRを向上させるのがはるかに簡単です。このアプローチが実際にどのように機能するか、**図2-1**の右側で示しています。

このように、モデルと製品の間の相互作用を少し変えるだけで、よりわかりやすいモデリングアプローチで結果を確実に提供できるようになります。モデリング作業を容易にするために、アプリケーションを更新する他の例をいくつか紹介します。

- **モデルの結果が信頼度のしきい値以下の場合に表示を省略できるようにインタフェースを変更する。**例えば、ユーザが入力した文を自動補完するモデルを構築する場合、モデルは一部の文のサブセットに対してのみ良好なパフォーマンスを発揮することがあります。モデルの信頼度が90％を超えた場合にのみ、ユーザに提案を表示するロジックを実装します。
- **最上位の予測に加えて、他のいくつかの予測またはヒューリスティックを提示する。**例えば、ほとんどのWebサイトでは、モデルが提案した複数のおすすめを表示します。1つだけではなく5つの候補を表示することで、同じモデルであっても提案がユーザにとって有益なものとなる可能性が高くなります。
- **モデルがまだ実験段階であることをユーザに伝え、フィードバックを提供する機会を与える。**例えば、ユーザの母国語ではない言語を自動的に検出して翻訳するWebサイトでは、翻訳が正確で有用だったかどうかをフィードバックするためのボタンを追加することがよくあります。

モデリングアプローチが問題に適している場合でも、製品パフォーマンスとの相関性が高い追加のモデルメトリクスを生成することには価値があります。

以前、シンプルな手描きのスケッチからHTMLを生成するモデルを構築したデータサイエンティストと一緒に仕事をしたことがあります（彼のブログ「ディープラーニングを使ったフロントエンド開発の自動化」（Automated Front-End Development Using Deep Learning、https://oreil.ly/SdYQj）を参照してください）。このモデルの最適化メトリクスは、交差エントロピー損失を使用して、予測された各HTMLトークンを正しいものと比較します。しかし、この製品の目標は、トークンの順序に関係なく、生成されたHTMLが入力スケッチのように見えるWebサイトを生成することです。

交差エントロピーは位置合わせを考慮しません。モデルが最初の1つの余計なトークンを除いて正しいHTMLシーケンスを生成したとしましょう。すべてのトークンは理想的な出力と比較して1つずれてしまいます。このような出力は、ほぼ理想的な結果が得られるにも関わらず、非常に高い損失値をもたらします。つまり、モデルの有用性を評価するときには、その最適化メトリクスを超えたところに目を向ける必要があります。この例では、BLEUスコア（https://en.wikipedia.org/wiki/BLEU）を使用すると、生成されたHTMLと理想的な出力の類似性をより適切に測定できます。

最後に、製品はモデルパフォーマンスの妥当な想定を置いて設計しなければなりません。有用な

製品であるためにはモデルが完璧でなければならないのであれば、それは不正確な結果か、あるいは危険な結果をもたらす可能性が非常に高くなります。

例えば、錠剤の画像から、その種類と投与量を患者に示すモデルを構築している場合、精度が悪くてもどの程度ならモデルが有用とみなされるでしょうか。この精度要件を達成するのが難しい場合、ユーザに十分なサービスを提供し、予測エラーがあっても危険とならないように、製品を再設計することはできるでしょうか。

MLエディタは文章作成の支援を行います。そして、たいていのMLモデルには、得意な入力とそうでない入力があります。製品の観点から、支援ができないのであれば、害を及ぼさないようにする必要があります。改善に結び付かない出力しかできないのであれば、そのための処理を抑制したいと考えています。これをモデルメトリクスで表現するにはどうすればよいのでしょうか？

ある質問が良い質問かどうかを、受け取った賛意の数で予測する分類モデルを構築したとします。分類器の適合率は、良いと予測した質問のうち、本当に良い質問の割合として定義されます。一方再現率は、データセット内のすべての良い質問のうち、良いと予測される質問の割合です。

常に関連性のある提案を提供したいのであれば、モデルの**適合率**を優先させる必要があります。なぜなら、適合率の高いモデルが質問を良いものとして分類した（つまり提案を行う）場合、実際に良い質問である可能性が高いからです。適合率が高いということは、提案を行う際に正しい傾向にあることを意味します。なぜ高い適合率のモデルが提案を作るのに役立つかについては、「**8.3 Chris Harland インタビュー：リリース実験**」を参照してください。

このようなメトリクスは、代表的な検証セットを使用したモデルの出力から測定します。この意味については「**5.2　モデルの評価：正解率の向こう側**」で詳しく説明しますが、今のところ検証セットとは、学習用データから取り出したデータであり、学習に使用しなかったデータに対してモデルがどのように動作するかを推定するために使用されるものと考えてください。

初期のモデルパフォーマンスは重要ですが、ユーザの行動が変化しても有用なモデルであり続けるかどうかも重要です。特定のデータセットを学習したモデルは、類似したデータでは良好なパフォーマンスを発揮しますが、データセットを更新する必要があるかどうかを、知るにはどうすれば良いでしょう？

2.1.3　データの鮮度と分布の変化

教師ありモデルの予測力は、入力の特徴と予測対象の間の相関関係を学習することで得られます。これは、ほとんどのモデルが、学習したデータと同等のデータでなければうまく機能しないことを意味します。男性の写真だけを使ってユーザの年齢を予測するように学習したモデルは、女性の写真ではうまく機能しません。しかし、モデルが適切なデータセットを学習したとしても、多くの問題では、データの分布は時間の経過と共に変化します。データの分布が**変化**すると、同じレベルのパフォーマンスを維持するために、モデルも変化させる必要が生じます。

サンフランシスコの交通量が雨に影響を受けると気付いたので、過去1週間の雨の量に基づいて交通状況を予測するモデルを作成したとします。10月に過去3ヶ月のデータを使ってモデルを構築した場合、モデルは1日の降水量が1インチ以下のデータで学習された可能性があります。その様子は**図2-2**を参照してください。冬が近づくと、平均降水量は3インチに近づきます。こ

れは**図 2-2**で見られるように、モデルが学習で使用したデータよりも多い降水量です。もしモデルが最近のデータを学習していなければ、良いパフォーマンスを維持するのが難しくなります。

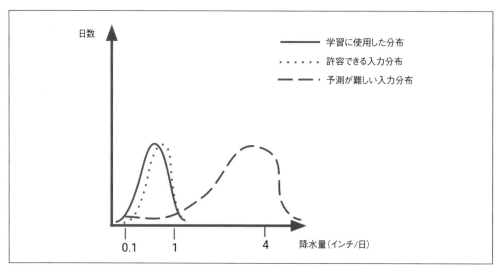

図2-2　分布の変化

　モデルは一般的に、学習で使用したデータに十分に類似している限り、これまでに見たことのないデータに対しても適切に動作します。

　すべての問題が、同じ鮮度要件を持つわけではありません。古代の言語を翻訳するサービスは、対象データが比較的一定であることを期待できますが、検索エンジンは、ユーザが検索時に行う振る舞いの変化に合わせて、素早く進化する必要があることを前提に構築する必要があります。

　どれくらいの頻度でモデルの再学習が必要となるのか。そして、その都度どれくらいの費用がかかるのか。ビジネス上の問題に応じて、モデルを**最新の状態**に保つことがどれだけ難しいかを検討しておく必要があります。

　ML エディタの例では、「定式化された英語の散文」の定義が変化する頻度は比較的低く、おそらく 1 年程度であろうと考えています。しかし、特定のドメインを対象とした場合には、鮮度の要件は変化します。例えば、数学についての正しい質問方法は、音楽の流行に関する質問の最適な言い回しよりもずっとゆっくり変化します。毎年モデルの再学習を行う必要があると考えたので、毎年新しいデータが必要になります。

　我々のベースラインモデルとシンプルなモデルは、どちらも対のデータを必要としないので、データ収集プロセスがよりシンプルになります（今年の新しい質問を見つける必要があるだけです）。複雑なモデルでは、対のデータが必要になります。つまり、「良い」書き方と「良くない」書き方をした、同じ内容の文例を毎年見つけなければなりません。これは、対のデータを必要とするモデルでは新しいデータセットを取得するのに時間がかかるため、定義した新鮮さの要件を満たすことがはるかに難しくなることを意味します。

　ほとんどのアプリケーションでは、人気があればデータ収集の要件を緩和することができます。

我々の質問支援サービスが流行すれば、出力の品質を評価するボタンを追加することで、ユーザが過去に行った入力に対するモデルの予測と、それに対するユーザの評価を収集し、学習セットとして使用できます。

しかし、アプリケーションが普及するためには有用でなければなりません。多くの場合、これはユーザの要求にタイムリーに対応することを必要とします。したがって、モデルが予測を行うスピードは、考慮すべき重要な要素です。

2.1.4 スピード

理想的には、予測を素早く行う必要があります。これにより、ユーザはモデルとの対話が簡単になり、多くのユーザに同時に機能を提供することができます。では、モデルはどの程度のスピードが必要なのでしょうか？ 短い文章を翻訳するユースケースでは、すぐに答えが得られることが期待されます。医療診断などの場合、最も正確な結果が得られるのであれば、おそらく24時間かかっても構いません。

我々のケースでは、提案を提供するための方法を2つ検討します。それは、ユーザが書き込み、「送信」をクリックして結果を取得する送信ボックス方式と、ユーザが新しい文字を入力するたびに動的に更新する方法です。ツールをインタラクティブにできるので、後者の方が良いかもしれませんが、モデルの実行速度を大幅に向上させる必要があります。

ユーザが送信ボタンをクリックした後、結果が出るまで数秒待つこともあり得ます。ユーザがテキストを編集する間にモデルを実行するには、1秒未満で実行する必要があります。最も強力なモデルでは、データの処理に時間がかかるので、モデルの反復処理を行うのであれば、この要件を考慮しておく必要があります。我々のモデルは、そのパイプライン全体を通して2秒未満で処理できなければなりません。

モデル推論の実行時間は、モデルが複雑になるにつれて増加します。自然言語処理のように個々のデータポイントが比較的小さなデータとなる分野では（ライブのビデオ処理とは対照的に）、違いは顕著となります。例えば、我々のケーススタディで使用するテキストデータでは、LSTM（Long Short-Term Memory）はランダムフォレストよりも約3倍遅くなります（LSTMでは約22ミリ秒、ランダムフォレストでは7ミリ秒）。個々のデータポイントでは、この差はわずかですが、一度に数万ものサンプルに対して推論を実行する必要がある場合、この差は積み上がります。

推論の実行が複数のネットワーク呼び出しやデータベースクエリに関連付けられている複雑なアプリケーションでは、モデルの実行時間がその他のロジックと比較して短くなることがあります。このような場合、モデルの速度はあまり問題になりません。

問題によっては、ハードウェアの制約、開発時間、保守性など、他にも考慮すべき要件があります。十分な情報に基づいてモデルを選択できるように、要求されているのは何かを理解しておくことが重要です。

要件と関連するメトリクスを特定したら、計画の作成を開始します。そのためには、今後生じるであろう課題を予測しなければなりません。次のセクションでは、過去の成果を活用し、次に何を構築するかを決定するためにデータセットを探索する方法について説明します。

2.2　スコープと課題の推定

　これまで見てきたように、ML のパフォーマンスは多くの場合モデルメトリクスで報告されます。このメトリクスは有用ですが、改善のためには実際に解決する問題を表す製品メトリクスを使用すべきです。パイプラインを反復処理する際には、製品メトリクスを念頭に置き、改善を目指します。

　これまでに説明したツールは、そのプロジェクトが取り組む価値のあるプロジェクトなのかを判断し、現在の進捗状況を測定するのに役立ちます。論理的な次のステップは、プロジェクトのスコープと期間を推定し、潜在的な障害を予測するための計画を概観することです。

　通常 ML で成功するには、問題の内容をよく理解し、良いデータセットを取得し、適切なモデルを構築する必要があります。

　これらの各カテゴリについては、以降のセクションで説明します。

2.2.1　ドメインの専門知識を活用する

　問題とデータの知識に基づく大まかな経験則であるヒューリスティックが、最初に使用できる最も単純なモデルです。ヒューリスティックを考案する最善の方法は、専門家が現在何をしているかを確認することです。実用的なアプリケーションの大半は、まったく目新しいものではありません。これから解決しようとしている問題は、現在どのように解決されているのでしょうか。

　ヒューリスティックを考案する次善の方法は、データを調べることです。データセットに基づいて、手動でこの作業を行うとしたら、どのように実行するでしょうか。

　優れたヒューリスティックを見極めるには、その分野の専門家から学ぶか、データに精通することをお勧めします。次に、その両方についてもう少し詳しく説明します。

2.2.1.1　専門家から学ぶ

　多くのドメインでは、そのドメインの専門家から学ぶことで、何十時間もの作業時間を節約することができます。例えば、工場設備の予防保全システムを構築する場合、工場の管理者に連絡を取り、合理的な仮定を理解することから始めます。これには、現在どのくらいの頻度で保守作業が行われているのか、機械がすぐに保守作業を必要とするのはどのような症状なのか、保守に関する法的要件は何か、などを理解することが含まれます。

　もちろん、独自の Web サイト機能の利用状況を予測するような新しいユースケースのための独自データなど、ドメインの専門家を見つけることが困難な例もあります。しかし、そのような場合でも、類似した問題に直面した経験を持つ専門家を見つけることができれば、彼らの経験から学ぶことができます。

　こうして、活用できる便利な機能について学び、避けるべき落とし穴を見つけることができます。最も重要なのは、多くのデータサイエンティストの評判を落としてしまうような、車輪の再発明を防ぐことです。

2.2.1.2　データの調査

「1.4　Monica Rogati インタビュー：どのように ML プロジェクトを選択し、優先順位を付けるか」の Monica Rogati と「4.5　Robert Munro インタビュー：データをどのように検索し、ラベルを付け、活用するのか」の Robert Munro の両者が言及しているように、モデリングを開始する前にデータを調査することは重要です。

探索的データ分析（EDA：Exploratory Data Analysis）とは、データセットを可視化および探索するプロセスであり、多くの場合、特定のビジネス上の問題を直感的に理解するために行われます。EDAは、あらゆるデータ製品を構築する上で重要な部分です。EDAに加えて、モデルが期待するような方法でデータにラベル付けすることも非常に重要です。そうすることで、仮定を検証し、データセットを適切に活用できるモデルを選択できたかどうかを確認できます。

EDA プロセスでは、データの傾向を理解することができます。手作業でラベルを付けると、問題を解決する一連のヒューリスティックを構築することができます。これらの手順を実行した後なら、どのようなモデルが最も適しているのか、さらに追加で必要となるデータ収集とラベル付けの戦略について、より明確なアイデアを持つことができるはずです。

次の論理的なステップは、同様のモデリング問題に取り組んだ事例を確認することです。

2.2.2　巨人の肩に立つ

誰かが同じような問題をすでに解決しているのなら、ML プロジェクトを始める最良の方法は、既存の結果を理解して再現することです。公開された類似のモデル、類似のデータセット、またはその両方を使った実装を探してください。

理想的には、オープンソースのコードや利用可能なデータセットがあればよいのですが、特殊な製品の場合、いつでも簡単に入手できるとは限りません。とは言うものの、既存の結果を再現し、その上に構築することが、ML プロジェクトを始めるための最も速い方法です。

MLのように多くの可動部分がある分野では、巨人の肩に立つことが重要です。

> オープンソースのコードやデータセットを仕事で使う場合は、その商用の利用が許可されていることを確認してください。ほとんどのリポジトリやデータセットには、許容される使用法を定義したライセンスが含まれています。さらに、理想的にはオリジナルの成果物への参照と共に、最終的に使用するすべてのソースにクレジットを付けます。

多くの場合、プロジェクトに多大なリソースを投入する前に、説得力のある概念実証（PoC：Proof of Concept）の実行をお勧めします。例えば、時間と予算を使ってデータのラベル付けを行う前に、そのデータから学習するモデルが実際に構築できることを示す必要があります。

では、どのようにして効率的な開始方法を見つければよいのでしょうか？ 本書で扱うほとんどのトピックと同様に、これにはデータとコードという主要な2つの側面があります。

2.2.2.1　オープンデータ

必要とするデータセットを見つけられるとは限りませんが、役立つ類似したデータセットを見つけられることがよくあります。ここで、類似したデータセットとは何を意味するのでしょうか？

MLモデルを入力から出力へのマッピングとして考えるとわかりやすくなります。つまり、類似したデータセットとは、（必ずしも同じドメインではないが）入力と出力の種類が似ているデータセットを意味します。

似たような入力と出力を使うモデルは、まったく異なる問題にも適用できることがあります。**図2-3**の左側には、入力画像からテキストシーケンスを予測する2つのモデルがあります。1つは画像の説明、もう1つはWebサイトのスクリーンショットからWebサイトのHTMLコードを生成します。同様に、右側には、英語のテキストから食品の種類を予測するモデルと、楽譜の書き起こしから音楽のジャンルを予測するモデルを示しています。

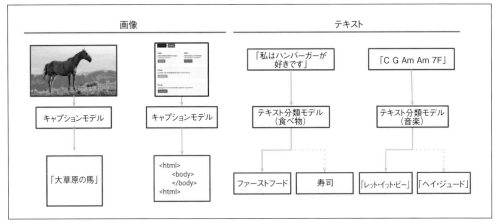

図2-3 類似した入出力を持つ異なるモデル

例えば、ニュース記事の閲覧数を予測するモデルの構築で、ニュース記事のデータセットと関連する閲覧数のデータセットが見つけられないとします。公開されているWikipediaのページトラフィック統計のデータセット（https://oreil.ly/PdwgN）から始めて、予測モデルの学習が行えます。そのパフォーマンスに満足できるなら、ニュース記事閲覧のデータセットが与えられれば、我々のモデルがそれなりに良いパフォーマンスを発揮できるであろうと考えられます。類似したデータセットを見つけることは、アプローチの妥当性を証明するのに役立ち、データを取得するための時間と労力に合理性を与えます。

この方法は、専有されたデータを扱う場合にも有効です。多くの場合、予測に必要なデータセットには簡単にアクセスできないことがあります。場合によっては、必要なデータが現在収集されていないこともあります。そうした場合には、類似したデータセットで優れたパフォーマンスを発揮するモデルを構築することが、新しいデータ収集パイプラインを構築したり、既存のデータセットへのアクセスができるよう利害関係者を説得するための最良の方法です。

一般に公開されているデータに関して、新しいデータソースやコレクションが定期的に登場します。筆者が便利だと感じたものを以下に示します。

- Web サイトのデータ、ビデオ、書籍などのデータセットを管理しているインターネットアーカイブ（https://archive.org/details/datasets）
- データセットの共有に特化した Reddit のコミュニティ r/datasets（http://reddit.com/r/datasets）
- さまざまなドメイン向けの幅広いデータセットを提供する Kaggle データセットページ（https://www.kaggle.com/datasets）
- ML 向けデータセットの膨大なリソース UCI 機械学習リポジトリ（https://archive.ics.uci.edu/ml/index.php）
- アクセス可能なデータセットの大規模なインデックスを網羅する、Google のデータセット検索（https://datasetsearch.research.google.com/）
- Web 上のデータをクロールしてアーカイブ化し、その結果を公開する Common Crawl（https://commoncrawl.org）
- Wikipedia の記事 ML 研究データセットのリスト（list of ML research datasets、https://en.wikipedia.org/wiki/List_of_datasets_for_machine-learning_research）

たいていのユースケースでは、これらのいずれかが、必要なデータセットに対する十分に類似したデータセットを提供します。

無関係なデータセットでモデルを学習させることで、プロトタイプの作成とその結果の検証を迅速に行うことができます。場合によっては、このデータセットでモデルの学習を行い、その内容の一部を最終的なデータセットで利用することもできます（これについては「**4 章　初期データセットの取得**」で詳しく説明しています）。

どのデータセットから始めるかが決まったら、次はモデルに目を向けます。ゼロから独自のパイプラインを構築したいという誘惑に駆られるかもしれませんが、少なくとも誰かがすでに行ったことを観察することには価値があります。

2.2.2.2　オープンソースコード

既存のコードを検索することで、2 つのハイレベル目標を達成することができます。1 つは、誰かが同じようなモデリングを行う際に直面した課題を理解できること、もう 1 つは、与えられたデータセットの潜在的な問題を表面化させることです。この理由から、製品の目標に取り組むパイプラインと、選択したデータセットを操作するコードの両方を探すことをお勧めします。それらを見つけたら最初に行うべきステップは、その結果を自分で再現することです。

データサイエンティストがオンラインで見つけた ML コードを利用しようとしても、作者が主張しているような精度でモデルを学習できないことがあります。新しいアプローチには、十分に文書化され機能するコードが常に付属しているわけではないため、ML の結果は再現が難しいことが多く、常に検証する必要があります。

データの検索と同様に、類似したコードベースを見つけるための良い方法は、問題を入力と出力の種類で抽象化して、類似した問題に取り組むコードを見つけることです。

例えば、Web サイトのスクリーンショットから HTML コードを生成する問題で、論文「pix2code：グラフィカルユーザインタフェースのスクリーンショットからコード生成」（Generating

Code from a Graphical User Interface Screenshot、https://arxiv.org/abs/1705.07962）の著者で
ある Tony Beltramelli は、自分の問題は結局のところ画像をシーケンスに変換することであると気
付き、より成熟した分野の既存のアーキテクチャとベストプラクティスを活用して画像からシーケ
ンスを生成することができました。これにより、まったく新しい問題に対する優れた結果を得ると
共に、関連するアプリケーションで行った長年の成果を活用することができたのです。

　データとコードについて確認できたので、次に進めます。理想通りに作業を開始するためのヒン
トをいくつか得て、問題についてより微妙な視点を身につけることができました。先行事例を見つ
けた後の対応を見てみましょう。

2.2.2.3　両者をまとめる

　すでに説明したように、既存のオープンコードやデータセットを活用することで、迅速な実装が
可能となります。既存のモデルがオープンデータセットで十分に機能しない場合、そのプロジェク
トではモデリングやデータ収集の作業が必要になることがわかります。

　同様の問題を解決する既存のモデルが見つかり、付随するデータセットでそのモデルが学習でき
たなら、後は自分のドメインに適応させるだけです。そのために、次の手順の実行をお勧めしま
す。

1. 同様のオープンソースモデルを見つけて、そのモデルが学習したデータセットと組み合わせ
   て、学習結果を再現する
2. 結果を再現できたら、ユースケースに近いデータセットを見つけて、そのデータセットでモ
   デルを学習させる
3. データセットを学習コードに統合したら、定義したメトリクスを使ってモデルのパフォーマ
   ンスを測定し、反復を開始する

　これらのステップのそれぞれの落とし穴と、それを克服する方法については、「**Ⅱ部　機能する
パイプラインの構築**」で説明します。とりあえず、ケーススタディに戻って、今説明したプロセス
を確認してみましょう。

2.3　MLエディタの計画

　一般的な書き方のアドバイスを吟味して、MLエディタのための候補となるデータセットやモデ
ルを探してみましょう。

2.3.1　エディタの初期計画

　まず、一般的な文章作成ガイドラインに基づいてヒューリスティックを実装することから始めま
す。「**1.3.2　最も単純なアプローチ：人手のアルゴリズム**」で説明するように、既存のガイドを検
索して、こうしたルールを集めます。

　完璧なデータセットは、質問とそれに関連する品質で構成されています。まず、類似したデータ
セットの中から、より簡単に入手できるものを素早く見つけます。このデータセットで観測された
パフォーマンスに基づいて、必要に応じて探索を拡張し、深化させます。

ソーシャルメディアの投稿やオンライン掲示板は、品質メトリクスに関連付けられたテキストの良い例です。これらのメトリクスのほとんどは有用なコンテンツを支持するために存在するため、「いいね！」や「賛成」のような品質メトリクスが含まれていることがよくあります。

Stack Exchange（https://stackexchange.com/）は、Q&A コミュニティのネットワークであり、質問と回答が集まる人気のサイトです。先に紹介したデータソースの1つであるインターネットアーカイブ（https://archive.org/details/stackexchange）には、Stack Exchange の匿名化された全体のデータダンプもあります。これは、手始めに利用するには最適なデータセットです。

Stack Exchange の質問を使用して初期モデルを構築し、質問の内容から質問の賛成スコアを予測することができます。また、この機会にデータセットを調べて、ラベル付けのパターンを見つけます。

我々が構築するモデルは、テキストの品質を正確に分類してから提案を提供するものです。テキスト分類のための多くのオープンソースモデルが存在します。このトピックに関して人気のあるPython ML ライブラリ scikit-learn のチュートリアル（https://oreil.ly/y6Qdp）を確認してください。

分類器が動作するようになったら、それを活用して提案を行う方法を「**7章　分類器を使用した提案の生成**」で説明します。

初期データセットの候補が用意できたので、モデルについて何から始めるかを決めましょう。

2.3.2　常にシンプルなモデルから始める

初期モデルとデータセットを構築する目的は、より有用な製品に向けたさらなるモデリングとデータ収集作業の指針となる有益な結果を生み出すことです。

シンプルなモデルから始めて、Stack Overflow で回答が得られた質問の傾向を抽出することでパフォーマンスを素早く測定し、それを反復できます。

完璧なモデルをゼロから構築しようとする逆のアプローチは、実際にはうまくいきません。なぜなら、ML は反復プロセスであり、モデルがどのように失敗したかを見ること最もが速く進歩する方法だからです。モデルが失敗するのが速ければ速いほど、より多くの進歩が得られます。この反復プロセスについては、「**Ⅲ部　モデルの反復**」で詳しく説明します。

しかし、それぞれのアプローチの注意点に留意する必要もあります。例えば、質問が当を得た回答を受け取れるかどうかは、その表現の質だけではなく、多くの要因に依存します。投稿の文脈、投稿されたコミュニティ、投稿者の人気度、投稿された時間など、最初のモデルでは無視するその他多くの詳細も非常に重要です。このような要因を考慮するために、データセットをコミュニティのサブセットに限定します。最初のモデルでは、投稿に関連するメタデータはすべて無視しますが、必要に応じて組み込みを検討します。

そのため、このモデルは、しばしば**弱いラベル**と呼ばれる目的の出力とわずかに相関しているだけのラベルを使用します。モデルがどのように実行されるかを分析する際に、このラベルに役立つ情報が含まれているかどうかを判断します。

出発する準備が整ったので、これからどのように進めていくかを決めることができます。ML の定常的な進歩は、モデルの予測不能な側面のために、しばしば困難に思えるかもしれません。特定

のモデリングアプローチがどの程度成功するかを事前に知ることは困難なので、ここでは、着実に前進するためのヒントをいくつか紹介したいと思います。

2.4　定常的な進歩のために：シンプルに始める

　MLにおける課題の多くはソフトウェアにおける最大の課題と類似しています。それは、まだ必要のない部分を作成したくなる衝動に抵抗することです。多くのMLプロジェクトが失敗するのは、初期のデータ収集とモデル構築の計画に依存しており、定期的な評価と更新が行われないからです。MLの確率的性質のため、特定のデータセットやモデルがどこまで機能するかを予測するのは非常に困難です。

　そのため、要件に対応できる最もシンプルなモデルから始め、このモデルを含むエンドツーエンドのプロトタイプを構築し、最適化メトリクスだけでなく、製品目標の観点からそのパフォーマンスを判断することが**重要**です。

2.4.1　シンプルなパイプラインから始める

　たいていの場合、最初のデータセットで単純なモデルのパフォーマンスを確認することが、次に取り組むべき作業を決定するための最良の方法です。目標は、一度に完璧なモデルを構築するのではなく、各ステップでこのアプローチを繰り返し、追跡が容易になるよう少しずつ改善していくことです。

　そのためには、データを取り込んで結果を返すパイプラインを構築する必要があります。ほとんどのML問題では、実際には2つの独立したパイプラインが存在します。

2.4.1.1　学習

　モデルが正確な予測を行うためには、まずそれを学習させる必要があります。

　学習パイプラインは、学習したいラベル付けされたデータをすべて取り込み（問題によっては、単一のマシンに収まりきらないほど大きなデータセットになることもあります）、それをモデルに渡します。次に、十分なパフォーマンスが得られるまでデータセット上でこのモデルの学習を行います。多くの場合、学習パイプラインは、複数のモデルを学習し、検証用に分けておいたデータセットでパフォーマンスを比較します。

2.4.1.2　推論

　これは本番環境で使用するパイプラインです。学習済みモデルの結果をユーザに提供します。

　簡単に言うと、推論パイプラインは入力データを受け入れ、それを前処理することから始まります。通常、前処理は複数のステップで構成されます。最も一般的には、入力データのクリーニングと検証、モデルが必要とする特徴量の生成、MLモデルに適した数値表現へのデータ変換などが含まれます。より複雑なシステムのパイプラインでは、データベースに格納されているユーザの特徴など、モデルが必要とする付加的な情報を取得する必要があります。パイプラインは、モデルを実行し、後処理ロジックを適用して結果を返します。

　図 2-4 は、典型的な推論および学習パイプラインにおける処理の流れを示しています。理想的

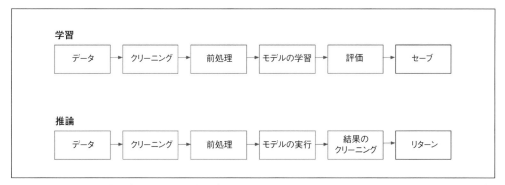

図2-4　補完的な学習パイプラインと推論パイプライン

には、学習と推論の両パイプラインでクリーニングと前処理のステップを同じにして、学習済みモデルが推論時に同じ形式と特性のデータを受け取るようにする必要があります。

　さまざまなモデルのパイプラインはさまざまな懸念事項を念頭に置いて構築されますが、一般的には全体的な構造にあまり違いが生じません。そのため、「**1.4　Monica Rogati インタビュー：どのように ML プロジェクトを選択し、優先順位を付けるか**」で Monica Rogati が言及したインパクトボトルネックを素早く評価するために、学習パイプラインと推論パイプラインの両方をエンドツーエンドで構築することから始めるのに価値があるのは、このためです。

　大まかに言うと、ほとんどのパイプラインは同じような構造を持ちますが、データセット構造の違いから、機能自体には共通点がないことがよくあります。ML エディタ用のパイプラインで、これを説明しましょう。

2.4.2　MLエディタのパイプライン

　ML エディタでは、ML の実装でよく使用される Python を使い、学習と推論両方のパイプラインを構築します。この最初のプロトタイプの目標は、その完成度ではなく、エンドツーエンドのパイプラインを構築すること自体です。

　時間のかかる作業であればどのような作業でもそうであるように、改善のため部分的に見直すこともできますし、またそうする**予定**です。学習パイプラインとして、多くの ML 問題に広く適用可能で、いくつかの機能を持つ、標準的なパイプラインを作ることにします。

- データのレコードを読み込む
- 不完全なレコードを削除してデータを消去し、必要に応じて欠損値を補う
- データを前処理し、モデルが理解できる形式に変換する
- 学習には使用せず、モデルの結果を検証するために使用するデータセット（検証セット）を削除する
- 与えられたデータのサブセットでモデルの学習を行い、学習済みのモデルと要約統計量を返す

　推論のために、学習パイプラインの一部の機能を利用し、いくつかのカスタム機能を作成します。理想的には、以下のような機能が必要です。

- 学習済みモデルを読み込み、（より速い結果を提供するため）メモリに保持する
- （学習パイプラインと同様に）前処理を行う
- 関連する外部情報を収集する
- 1つのサンプルをモデル（推論関数）に渡す
- 結果をユーザに提供する前にクリーンアップする後処理を行う

　図 **2-5** のように、パイプラインをフローチャートとして可視化すると、最も簡単に全体を把握できます。

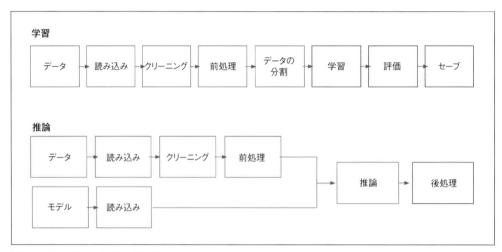

図2-5　MLエディタのパイプライン

　また、問題点を診断するために、次のような解析・探索機能を作成します。

- モデルの最高、最低のパフォーマンスを示すサンプルを可視化する機能
- データを探索する機能
- モデルの結果を探る機能

　多くのパイプラインには、モデルへの入力を検証し、最終的な出力をチェックするステップが含まれます。「**10 章　モデルの保護手段の構築**」で説明するように、こうしたチェックはデバッグに役立ち、役に立たない結果をユーザに表示する前に排除することで、アプリケーションの標準的な品質を保証します。

　ML を使用する場合、見たことのないデータに対するモデル出力は予測できないことが多く、必ずしも満足できるものではないことに注意してください。この理由から、モデルが常に機能するとは限らないことを認識し、何らかの誤りが生じる可能性を考慮してシステムを構築することが重要です。

2.5 まとめ

まったく異なるモデルを比較し、各モデル間のトレードオフを理解するための核となるメトリクスを定義する方法を見てきました。最初のいくつかのパイプラインの構築プロセスを迅速化するために使用する、リソースと方法について説明しました。次に、最初の結果を得るために、パイプラインで作成する必要がある機能の概要を説明しました。

ML の問題としてフレームワーク化したアイデア、進捗状況を測定する方法、そして最初の計画ができたので、いよいよ実装に取り掛かる時が来ました。

「II部　機能するパイプラインの構築」では、最初のパイプラインを構築し、初期データセットを探索して可視化する方法について説明します。

第Ⅱ部
機能するパイプラインの構築

　モデルの調査、学習、評価は時間のかかるプロセスであるため、間違った方向に進むとMLでは非常に大きなコストがかかります。そのため、リスクを低減し、取り組むべき最優先事項を特定することに焦点を当てます。

　「Ⅰ部　適切な機械学習アプローチの特定」ではスピードと成功の可能性を最大化するための計画に重点を置きましたが、ここでは実装について説明します。図Ⅱ-1が示すように、MLも他の多くのソフトウェアエンジニアリングと同様に、できるだけ早く実用最小限の製品（MVP：Minimum Viable Product）に到達する必要があります。このパートでは、パイプラインを実装し、それを評価するための最短の方法についてのみ扱います。

　このモデルの改善は、「Ⅲ部　モデルの反復」で行います。

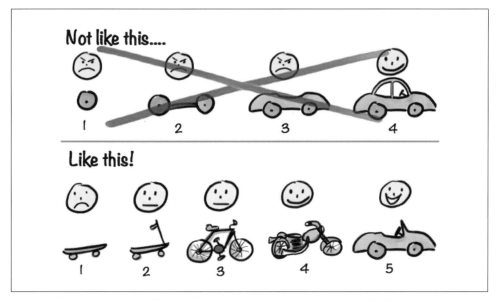

図Ⅱ-1　最初のパイプラインを構築する正しい方法（Henrik Knibergの許可を得て転載）

最初のモデルは、次の2つのステップで構築します。

3章　最初のエンドツーエンドパイプライン構築

この章では、アプリケーションの構造と足場を作ります。ユーザ入力を受けて提案を返すパイプラインと、事前にモデルの学習を行うパイプラインを構築します。

4章　初期データセットの取得

この章では、初期データセットの収集と検査に焦点を当てます。ここでの目標は、データ内のパターンを素早く識別し、どのパターンが予測通りでモデルに有用であるかを予測することです。

3章
最初のエンドツーエンド
パイプライン構築

「I部　適切な機械学習アプローチの特定」では、まず製品要件から候補となるモデリングアプローチへの移行方法を説明しました。次に、計画段階に進み、関連するリソースを見つけ、それを活用して構築の初期計画を立てる方法を説明しました。最後に、機能するシステムの初期プロトタイプを構築することが、進歩するための最良の方法となる理由について説明しました。これがこの章で扱う内容です。

この最初の反復は、設計的には不十分です。その目的は、パイプラインのすべての要素を整え、パイプラインのどこを次に改善するべきか優先順位を付けられるようにすることです。通して動作するプロトタイプを持つことは、Monica Rogati が「**1.4　Monica Rogati インタビュー：どのようにMLプロジェクトを選択し、優先順位を付けるか**」で説明したインパクトボトルネックを特定する最も簡単な方法です。

入力から予測値を生成する最も単純なパイプラインを構築することから始めましょう。

3.1　最もシンプルな足場

「**2.4.1　シンプルなパイプラインから始める**」では、MLモデルが学習と推論の2つのパイプラインで構成されていることを説明しました。学習は高品質なモデルを生成するためのものであり、推論は結果をユーザに提供するためのものです。推論と学習の違いについては、「**2.4.1　シンプルなパイプラインから始める**」を参照してください。

アプリケーションの最初のプロトタイプでは、ユーザに結果を提供できることに焦点を当てます。これは、「**2章　計画の作成**」で説明した2つのパイプラインのうち、推論パイプラインから始めることを意味します。これにより、ユーザがモデルの出力をどのように扱うかを素早く確認し、モデルの学習を容易にするために役立つ情報を収集します。

推論だけに焦点を当てているので、とりあえず学習については無視します。また、モデルを学習させているわけではないので、簡単なルールを使うことができます。このようなルールやヒューリスティックを作ることは、多くの場合プロジェクトを始める方法としては最適です。これはプロトタイプを素早く構築する方法であり、完全に動作するアプリケーションをすぐに確認できるという利点があります。

（この後、進めて行くように）MLを利用した製品の実装を目的としているのであれば、これは

不必要な作業に思えるかもしれません。しかし、問題と向き合い、それを解決するための最善の初期仮説を立てるためには、必ず行わなければならないステップです。

　データをモデル化する最良の方法に関する仮説の構築、検証、更新は、最初のモデルを構築するよりも前に始まる反復モデル構築プロセスの中核です。

> ここでは、筆者が Insight Data Science で指導したフェローが使用した、優れたヒューリスティックの例をいくつか紹介します。
>
> - **コード品質の推定**：HackerRank（コーディング力判定サイト）でコーダーが優れたパフォーマンスを発揮できるかどうかをコードのサンプルから予測するモデルを構築するに際して、Daniel はまず、開きカッコと、閉じカッコの数を数えることから始めました。
>   適切に動作するコードの大部分では、開きカッコと閉じカッコの数が一致しているので、このルールは非常に強力なベースラインであることが判明しました。さらに、彼はここから**抽象化構文ツリー**（https://en.wikipedia.org/wiki/Abstract_syntax_tree）を使用して、コードに関するさらに多くの構造情報を取得するというアイデアに至りました。
> - **樹木のカウント**：衛星画像から都市の樹木を数えるため、いくつかのデータを調べた後、Mike は与えられた画像内の緑ピクセルの割合を求めることで、樹木の密度を推定するルールを考案しました。
>   このアプローチは、1 本 1 本が離れて生えている樹木に対しては有効でしたが、密集した木立に対してはうまくいきませんでした。このことは、次のモデリングで、密集した樹木を処理できるパイプラインの構築に反映されました。

　大多数の ML プロジェクトでは、同じようなヒューリスティックを用いて開始する必要があります。重要なのは、専門家の知識とデータの探索に基づいて工夫し、初期仮定の確認や反復のスピードアップに利用することです。

　ヒューリスティックができたら、入力を収集して前処理を行い、ルールを適用して結果を提供するパイプラインを作成します。これは、ターミナルから呼び出せる Python スクリプトのようにシンプルなものから、ユーザのカメラフィードを収集してを現在の状況を提供するような Web アプリケーションの場合もあります。

　ここでのポイントは、製品に対しても ML のアプローチと同じことを実行する点です。可能な限り単純化して、シンプルな機能版を作ります。これはしばしば実用最小限の製品（MVP：Minimum Viable Product）と呼ばれ、できるだけ速く有用な結果を得るための実証済みの方法です。

3.2　MLエディタのプロトタイプ

　我々の ML エディタでは、一般的な編集上の提案を活用して良い質問や良くない質問の原因についてのルールをいくつか作り、そのルールの結果をユーザに表示します。

　コマンドラインからユーザの入力を受け取り提案を返す最小版の ML エディタは、次の 4 つの関数で構成されます。

```
input_text = parse_arguments()
processed = clean_input(input_text)
tokenized_sentences = preprocess_input(processed)
suggestions = get_suggestions(tokenized_sentences)
```

それぞれについて詳しく見てみましょう。引数パーサ（parse_arguments）は引数を持たず、ユーザからテキスト文字列を受け取るだけの簡単なものにします。この例のソースコードを含めてすべてのコード例は、本書の GitHub リポジトリ（https://github.com/hundredblocks/ml-powered-applications）で提供しています。

3.2.1　データのパースとクリーニング

まず、コマンドラインのデータを単純にパースします。これは Python では比較的簡単に書けます。

```python
def parse_arguments():
    """
    コマンドライン用のシンプルな引数パーサ
    :return: 編集されるテキスト
    """
    parser = argparse.ArgumentParser(
        description=" 編集するテキストを受け取る "
    )
    parser.add_argument(
        'text',
        metavar='input text',
        type=str
    )
    args = parser.parse_args()
    return args.text
```

モデルがユーザの入力を使うときは必ず、それが正しい形式であることを確認しなければなりません。この例では、ユーザがデータを入力するので、入力が解析可能な文字で構成されていることを確認します。入力のクリーニングとして、非 ASCII 文字を削除しましょう。これにより、ユーザの創造性を制限しすぎず、テキストに何が含まれているかについて合理的な仮定を立てられるようになります。

```python
def clean_input(text):
    """
    テキストサニタイズ関数
    :param text: ユーザの入力したテキスト
    :return: 非 ascii 文字を削除したサニタイズ済みテキスト
    """
    # 簡単にするために、最初は ASCII 文字だけを使う
    return str(text.encode().decode('ascii', errors='ignore'))
```

次に、入力を前処理して、提案を作ります。最初に、「**1.3.2　最も単純なアプローチ：人手のアルゴリズム**」で言及したテキスト分類に関する既存の研究を利用します。これには、「told」や「said」などの単語を数え、音節、単語、文の要約統計量を計算して文の複雑さを推定します。

　単語レベルの統計量を求めるためには、単語を識別できる必要があります。自然言語処理の世界では、これを**トークン化**（tokenization）と呼びます。

3.2.2　テキストのトークン化

　トークン化は単純ではありません。スペースやピリオドに基づいて入力を単語に分割するなどの単純な方法は、単語の分割方法が多様であるため、実際のテキストに対してはうまく機能しません。例えば、スタンフォード大学の NLP の教科書（https://oreil.ly/vdrZW）が例としている次の文を考えてみましょう。

　　"Mr. O'Neill thinks that the boys' stories about Chile's capital aren't amusing."

　この文では、ピリオドやアポストロフィがさまざまな意味を持っているため、ほとんどの単純な方法はトークン化に失敗します。独自のトークン化機能を作成する代わりに、人気のあるオープンソース・ライブラリである nltk（https://www.nltk.org/）を利用して、次のような手順で**トークン化**を行います。

```python
def preprocess_input(text):
    """
    サニタイズ済みのテキストをトークン化する
    :param text: サニタイズ済みのテキスト
    :return: 文と単語をトークン化することで、分析の準備ができたテキスト
    """
    sentences = nltk.sent_tokenize(text)
    tokens = [nltk.word_tokenize(sentence) for sentence in sentences]
    return tokens
```

　出力を前処理した結果を使用して、質問の質を判断するための特徴量を生成します。

3.2.3　特徴量生成

　最後のステップでは、提案を作るためのルールをいくつか作成します。最初の簡単なプロトタイプでは、いくつかの一般的な動詞、接続詞、副詞の使用頻度を数え、Flesch の可読性スコア（https://orcil.ly/iKhmk）を決定します。そして、これらのメトリクスのレポートをユーザに返します[†]。

```python
def get_suggestions(sentence_list):
    """
    提案を含む文字列を返す
    :param sentence_list: 文のリスト、それぞれの文は単語のリスト
    :return: 入力を改善するための提案
    """
    told_said_usage = sum(
```

---

† 　訳注：このコードでは、Flesch スコアの意味を表す文字列を返す関数 get_reading_level_from_flesch(flesch_score) が使われているが、これは本文には出てこない。本書の GitHub リポジトリを参照する。なお、この関数の出力例は、この章の「ML エディタのプロトタイプの評価」に出てくる。

```
        (count_word_usage(tokens, ["told", "said"]) for tokens in sentence_list)
    )
    but_and_usage = sum(
        (count_word_usage(tokens, ["but", "and"]) for tokens in sentence_list)
    )
    wh_adverbs_usage = sum(
        (
            count_word_usage(
                tokens,
                [
                    "when",
                    "where",
                    "why",
                    "whence",
                    "whereby",
                    "wherein",
                    "whereupon",
                ],
            )
            for tokens in sentence_list
        )
    )
    result_str = ""
    adverb_usage = "Adverb usage: %s told/said, %s but/and, %s wh adverbs" % (
        told_said_usage,
        but_and_usage,
        wh_adverbs_usage,
    )
    result_str += adverb_usage
    average_word_length = compute_total_average_word_length(sentence_list)
    unique_words_fraction = compute_total_unique_words_fraction(sentence_list)

    word_stats = "Average word length %.2f, fraction of unique words %.2f" % (
        average_word_length,
        unique_words_fraction,
    )
    # 後から Web アプリケーションで表示するため、HTML の改行（<br>）を使用する
    result_str += "<br/>"
    result_str += word_stats

    number_of_syllables = count_total_syllables(sentence_list)
    number_of_words = count_total_words(sentence_list)
    number_of_sentences = len(sentence_list)

    syllable_counts = "%d syllables, %d words, %d sentences" % (
        number_of_syllables,
        number_of_words,
        number_of_sentences,
    )
    result_str += "<br/>"
```

```
result_str += syllable_counts

flesch_score = compute_flesch_reading_ease(
    number_of_syllables, number_of_words, number_of_sentences
)

flesch = "%d syllables, %.2f flesch score: %s" % (
    number_of_syllables,
    flesch_score,
    get_reading_level_from_flesch(flesch_score),
)

result_str += "<br/>"
result_str += flesch

return result_str
```

これで、コマンドラインからアプリケーションを呼び出して、結果をその場で確認できます。まだあまり便利ではありませんが、テストと反復処理ができるようになりました。

3.3　ワークフローのテスト

プロトタイプを構築したので、問題の組み立て方と、提案した解決策の有用性についての仮定をテストできます。このセクションでは、最初のルールの客観的な品質と、出力が有用な方法で表示されているかどうかを確認します。

Monica Rogati は、「モデルが成功していても、製品としては価値が出せていないことがよくあります。」とインタビューの中で述べています。選択した方法が質問の品質の測定に優れているにも関わらず、ユーザに文章を改善するためのアドバイスを提供できていないなら、それは品質は良いが役に立たない製品です。完全なパイプラインを見て、現在のユーザエクスペリエンスの有用性と、手作りモデルの結果の両方を評価してみましょう。

3.3.1　ユーザエクスペリエンス

まず、モデルの品質とは無関係に、製品の使用満足度を調べます。言い換えれば、最終的に十分なパフォーマンスを持つモデルが得られると仮定して、これはユーザに結果を提示するための最も有用な方法であるかを考えます。

例えば、樹木の調査を行う場合、都市全体の長期的な分析結果の要約として結果を提示したい場合があります。その中には、報告された樹木の数だけでなく、地域ごとの統計情報や、ゴールドスタンダードテスト[†]セットでの誤差の測定値も含めることができます。

言い換えれば、提示する結果が有用であること（または、モデルを改良すれば有用になるか）を確認したいのです。もちろん、我々のモデルがうまく機能するようにしたいとも思います。これが次に評価する内容です。

---

† 訳注：ゴールドスタンダードテストは、徹底的にテストされ、信頼性の高い方法として定評のあるテストのこと。

3.3.2　モデリングの結果

「2.1　成功度合いの測定」で適切なメトリクスに焦点を当てることの価値について言及しました。早い段階で動作するプロトタイプを持つことで、メトリクスを特定して反復し、そのメトリクスが製品の成功を表すものであることを確認します。

　例えば、近くのレンタカーを検索するシステムを構築していた場合、DCG（Discounted Cumulative Gain）のようなメトリクスを使用することがあります。DCG は、最も関連性の高い項目が他の項目よりも上位となる場合に最も高いスコアとすることで、ランキングの品質を測定します（ランキングメトリクスの詳細については、DCG に関する Wikipedia の記事（https://oreil.ly/b_8Xq）を参照してください）。最初にツールを構築したとき、最初の 5 つの結果に少なくとも 1 つの有用な提案が表示されるようにしたいと考えたとしましょう。そのため、DCG を 5 に設定してモデルのスコアを付けます。しかし、ユーザにツールを試してもらうと、表示された最初の 3 つの結果しかユーザは考慮しないことに気付くかもしれません。その場合は、成功のメトリクスとして DCG を 5 から 3 に変更する必要があります。

　ユーザエクスペリエンスとモデルパフォーマンスの両方を検討する目的は、最もインパクトのある側面に取り組んでいることを確認するためです。ユーザエクスペリエンスが悪い場合、モデルを改善しても役に立ちません。むしろ、まったく別のモデルを使った方が良いことに気付くかもしれません。2 つの例を見てみましょう。

3.3.2.1　インパクトボトルネックの発見

　モデリング結果と製品の見せ方の両方を確認する目的は、次に取り組むべき課題を特定することです。ほとんどの場合、これは結果を提示する方法を繰り返し確認すること（モデルの学習方法を変更することになるかもしれません）、または主要な障害点を特定することでモデルのパフォーマンスを向上させることを意味します。

　エラー分析については「III部　モデルの反復」で詳しく説明しますが、エラーモードとそれを解決するための適切な方法を特定しなければなりません。取り組むべき最もインパクトのある問題がモデリングの領域なのか、製品の領域なのかを判断することが重要です。それぞれの例を見てみましょう。

製品の領域の場合

　　研究論文の視覚的な外観から、それが主要な学会で採択されるかどうかを予測するモデルを構築したとしましょう（この問題に取り組んだ Jia-Bin Huang の論文「Deep Paper Gestalt」（https://arxiv.org/abs/1812.08775）を参照してください）。しかし、却下される確率だけを返すのは、出力としては最悪であることに気付きました。この場合、モデルを改善しても何の役にも立ちません。ユーザが論文を改善して、採択される可能性を高められるよう、モデルからアドバイスを抽出することに集中するべきです。

モデリングの領域の場合

　　構築した信用スコアリングモデルについて、他のすべての要因が同じであるにも関わらず、特定の民族グループに債務不履行のリスクが高くなることに気付きました。これは、使用してい

る学習データに偏りがあるためと考えられます。その対応として、より代表的なデータを収集して、新しいクリーニングと拡張パイプラインを構築する必要があります。この場合、結果を提示する方法に関わらず、**モデルを修正する必要があります**。このような例はよくあることであり、集約メトリクスよりも常に深く掘り下げて、データの異なる断片に対するモデルの影響を見るべき理由でもあります。これは「**5章　モデルの学習と評価**」で行います。

これらを、ML エディタを通して詳しく説明します。

3.4　MLエディタのプロトタイプの評価

ユーザエクスペリエンスとモデルパフォーマンスの両方の観点から、最初のパイプラインがどのように機能するかを見てみましょう。まず、アプリケーションにいくつかの入力を行います。簡単な質問、複雑な質問、1つの段落をテストします。

読みやすさのスコアを使用しているので、単純な文章には高いスコアを、複雑な文章には低いスコアを、そして段落を改善するための提案を返すのが理想的です。実際にプロトタイプでいくつかの例を実行してみましょう[†]。

簡単な質問：

```
$ python ml_editor.py  "Is this workflow any good?"         このワークフローは良いものでしょうか？
Adverb usage: 0 told/said, 0 but/and, 0 wh adverbs
Average word length 3.67, fraction of unique words 1.00
6 syllables, 5 words, 1 sentences
6 syllables, 100.26 flesch score: Very easy to read        とても読みやすい
```

複雑な質問：

```
$ python ml_editor.py  "Here is a needlessly obscure question, that"\    ここには、どの情報を取得したい
"does not provide clearly which information it would"\                   かを明確に提供していない、必要
"like to acquire, does it?"                                             のない曖昧な質問がありますよ
                                                                        ね？

Adverb usage: 0 told/said, 0 but/and, 0 wh adverbs
Average word length 4.86, fraction of unique words 0.90
30 syllables, 18 words, 1 sentences
30 syllables, 47.58 flesch score: Difficult to read        読みにくい
```

[†]　訳注：ML エディタのプロトタイプは、本書の GitHub リポジトリ（https://github.com/hundredblocks/ml-powered-applications）の ml_editor フォルダにある。実行には、nltk のリソースが必要なので、あらかじめ Python インタープリターで、次のコードを実行してリソースをダウンロードする。

```
>>> import nltk
>>> nltk.download('punkt')
```

また、GitHub のコードでは、改行として
 を出力するため、この例と同じ表示にはならない点に注意。

1つの段落（意味は早い段階で伝わります）：

```
$ python ml_editor.py "Ideally, we would like our workflow to return a positive"\
" score for the simple sentence, a negative score for the convoluted one, and "\
"suggestions for improving our paragraph. Is that the case already?"
Adverb usage: 0 told/said, 1 but/and, 0 wh adverbs
Average word length 4.03, fraction of unique words 0.76
52 syllables, 33 words, 2 sentences
52 syllables, 56.79 flesch score: Fairly difficult to read    かなり読みにくい
```

理想的には、単純な文章にはプラスのスコアを、複雑な文章にはマイナスのスコアを、そして段落を改善するための提案を、ワークフローが返すようにしたいと思います。すでにそうなっていますか？

先ほど定義した両方の側面から、この結果を検証してみましょう。

3.4.1　モデル

　この結果が、我々が考える質の高い文章と一致しているかどうかはよくわかりません。複雑な文と1つの段落は、同じようなスコアになっています。さて、筆者の文章は時々読むのが難しいということを認めますが[†]、テストに使用した複雑な文章よりも1つの段落の方が理解しやすくなっています。

　テキストから抽出する属性は、必ずしも「良い文章」と最も相関しているとは限りません。これは通常、成功の定義が十分に明確にされていないことが原因です。つまり、2つの質問が与えられたとき、どのような場合に一方が他方よりも優れていると言えるのでしょうか。次の章でデータセットを作成する際に、これをより明確に定義します。

　いくつかのモデリング作業を行いましたが、その結果を有用な方法で提示できていたでしょうか。

3.4.2　ユーザエクスペリエンス

　結果から、2つの問題点が明らかになります。返される情報は高圧的かつ不適切でした。製品の目標は、ユーザに実用的な提案を提供することです。機能性や読みやすさのスコアは品質指標ですが、ユーザが自分の投稿を改善する方法を決定するのに役立ちません。提案を1つのスコアにまとめ、それを改善するための実行可能な内容を含めるのが望ましいと思われます。

　例えば、副詞の使用数を減らすなどの一般的な変更を提案したり、単語や文レベルでの変更を提案することで、より詳細なレベルで作業できます。理想的には、強調や下線を使って注意を必要とする部分を表示します。**図 3-1** に簡単な例を示します。

[†]　訳注：実際のところ本書の原文は、全般的に1つの文が長く複雑な構文が多く、翻訳に苦労する箇所が他の技術書に比べて多かった。

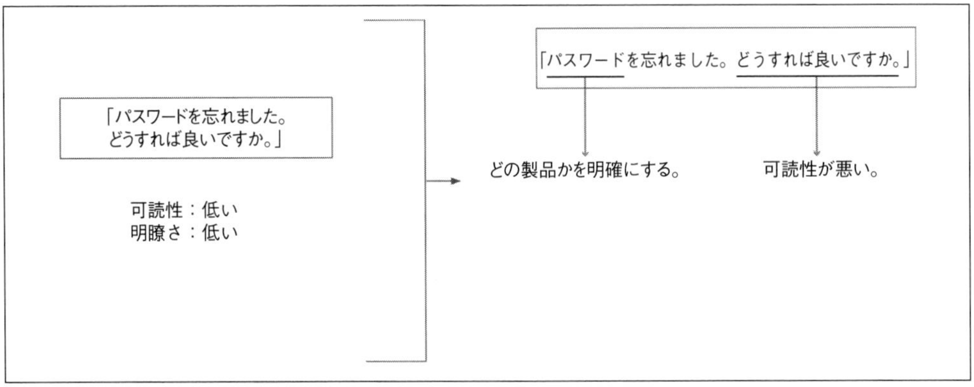

図3-1　より実践的な文章作成の提案

　入力文字列の中で提案を直接強調することができなかったとしても、**図 3-1** の右側のように表示することで、単にスコアのリストを表示するよりも、ずっと実用性の高い製品を提供できます。

3.5　まとめ

　最初の推論プロトタイプを作成し、ヒューリスティックを使った場合の品質とワークフローを評価しました。これにより、パフォーマンス基準を絞り込み、結果を提示する方法を繰り返し検討できるようになりました。

　MLエディタを通して、より良いユーザエクスペリエンスを提供するために、より実践的な提案を提供することと、データを調べて適切な質問の要因をより明確に定義することで、モデリングのアプローチを改善する必要があることを学びました。

　最初の3つの章では、製品目標を使用して、どの初期アプローチを採用するかを定義し、既存のリソースを調査してアプローチの計画を立てました。そして、最初のプロトタイプを構築して、その計画と仮定を検証しました。

　それでは、MLプロジェクトの中で最も見落とされがちな部分であるデータセットの探索に取り掛かりましょう。「**4章　初期データセットの取得**」では、初期のデータセットを収集し、その品質を評価し、そのサブセットに繰り返しラベル付けして、特徴量生成やモデリングの決定を支援する方法を説明します。

4章
初期データセットの取得

　製品のニーズを解決する計画を立て、初期プロトタイプを構築し、考案したワークフローとモデルが健全であることを検証したら、次はデータセットを深く掘り下げてみましょう。見つけた情報は、モデリングの決定に利用します。多くの場合、データを十分に理解すると、パフォーマンスが大幅に向上します。

　この章では、まずデータセットの品質を効率的に判断する方法から始めます。次に、データをベクトル化する方法と、そのベクトル化された表現を使用して、データセットのラベル付けと検査をより効率的に行う方法について説明します。最後に、この検査がどのようにして特徴量生成戦略の指針となるかを説明します。

　まずはデータセットを探し出し、その品質を判断することから始めましょう。

4.1　データセットの反復処理

　ML製品を素早く構築するためには、モデル構築と評価を迅速に反復します。データセットはモデルを成功させるための核です。そのため、データの収集、準備、ラベル付けは、モデリングと同様に**反復プロセス**と考えるべきです。すぐに収集できる簡単なデータセットから始めて、学習した内容に基づいて改善させましょう。

　このようなデータへの反復的なアプローチは、最初は混乱するように思えるかもしれません。MLの研究では、コミュニティがベンチマークとして使用する標準的なデータセットを使って論文が作成されることが多いため、データセットは不変的です。また、従来のソフトウェア工学では、決定論的なルールをプログラムとして書き、データは受信、処理、保存するものとして扱います。

　MLエンジニアリングは、エンジニアリングとMLを組み合わせて製品を構築します。そのため、データセットは製品を作るためのツールの1つにすぎません。MLエンジニアリングでは、初期のデータセットを選択し、定期的に更新し、それを補強することが**作業の大部分を占める**ことがよくあります。このような研究と産業界におけるワークフローの違いを**図4-1**に示します。

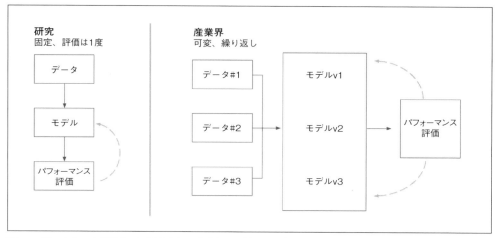

図4-1　データセットは研究では固定され、産業界では製品の一部である

　データを製品の一部として扱うことで、反復、変更、改善が可能になります（そしてそうすべきです）。これはこの世界へ新たに参入した者にとって大きなパラダイムシフトです。これに慣れるに従い、データは新しいモデルを開発するための最高のインスピレーションの源となり、物事がうまくいかないときにその答えを求める最初の場所となります。

4.1.1　データサイエンスの実践

　ML製品を構築する上で、データセットを整理するプロセスが主な障害となるのを何度も目にしてきました。これは、この分野に関する教育が比較的不足していることが原因の1つであり（ほとんどのオンラインコースでは、提供されるデータセットを使用し、モデルの作成に焦点を当てています）、多くのエンジニアがこの作業を恐れています。

　データを扱うことは、モデルで遊ぶ前に取り組むべき雑用と考えられがちですが、モデルは既存のデータから傾向やパターンを抽出する手段としてのみ機能します。モデルが活用できるほど十分に予測可能なパターンをデータが持っていることを確認すること（そして、明確な偏りを含んでいるかどうかを確認すること）は、データサイエンティスト（モデルサイエンティストではない）の基本的な仕事です。

　この章では、初期データセットの収集からMLへの適用可能性の検討および検証のプロセスを説明します。まずは効率的にデータセットを探索して、その品質を判断しましょう。

4.2　初めてのデータセット探索

　では、どのようにして最初のデータセットを探索するのでしょうか。最初のステップは、もちろんデータセットを収集することですが、完璧なデータセットを探そうとして、行き詰まってしまうのをよく見かけます。我々の目標は、真の目的に先立つ予備的な結果を抽出するために簡単なデータセットを取得することです。簡単なことから始めて、そこから組み立てます。

4.2.1　効率的に、小さく始める

ほとんどの ML 問題では、データが多いほど良いモデルを作ることができますが、これは可能な限り大きなデータセットから始めるべきという意味ではありません。プロジェクトを始める際に小さなデータセットを使用すると、データを簡単に検査して理解し、より適切なモデルを作る方法がわかります。初期のデータセットは扱いやすいものであるべきです。戦略が決まってから、より大きなサイズに拡大することは理にかなっています。

テラバイト単位のデータがクラスタに保存されているような環境では、データを一様にサンプリングして、ローカルマシンのメモリに収まる程度のサブセットを抽出することから始めます。例えば、家の前を走る車の種類を特定するプロジェクトでは、数十枚程度の車の画像から始めます。

初期モデルがどのように動作し、どこで問題が発生するかを確認したら、その情報に基づいた方法でデータセットを反復処理できるようになります。

Kaggle（https://www.kaggle.com/）や Reddit（https://www.reddit.com/r/datasets）などのプラットフォームのデータセットをオンラインで検索する、Web をスクレイピングする、Common Crawl サイト（https://commoncrawl.org）にある大規模なオープンデータセットを活用する、データを生成するなどデータを自分で収集できます。詳細については、「2.2.2.1　オープンデータ」を参照してください。

データの収集と分析は必要なだけでなく、特にプロジェクト初期段階のスピードアップにもつながります。データセットを調べて、その特徴を学ぶことは、優れたモデリングと特徴量生成のパイプラインに至る最も簡単な方法です。

ほとんどのエンジニアは、モデルのインパクトを過大評価し、データ作業の価値を過小評価しているので、この傾向を修正し、むしろデータの調査を偏重するような努力が常に必要です。

データを調べる際には、探索的に傾向を把握することを勧めますが、それだけに留まるべきではありません。ML 製品を構築することを目的とするのであれば、この傾向を自動化された方法で活用するための最善の方法は何かを自問すべきです。この傾向を活用して、自動化された製品を強化するにはどうすればよいのでしょうか。

4.2.2　洞察と製品

データセットを取得したら、次はそのデータセットを詳しく調査し、その内容を探ってみましょう。その際、分析のためのデータ探査と製品開発のためのデータ探査の違いに留意してください。どちらもデータの傾向を抽出して理解することを目的としていますが、前者は傾向から洞察を生み出すことを目的としています（例えば、Web サイトの不正ログインは木曜日に最も多く発生しており、シアトル地域からのものである）。一方、後者は傾向を利用して機能を構築することを目的とします（不正なアカウントのログインを防止する機能を構築するために、ログイン試行の時間とその IP アドレスを使用する）。

些細な違いに見えるかもしれませんが、製品構築のケースでは複雑なレイヤーの追加につながります。今のパターンが将来受け取るデータにも適用されるという確信のもとに、学習データと本番環境で将来受け取る予定のデータの違いを定量化する必要があります。

不正ログインを予測するためには、不正ログインの季節性に気付くことが最初のステップです。

次に、この季節的な傾向を利用して、収集したデータに基づいてモデルを学習させる頻度を推定します。この章の後半では、データをより深く掘り下げながら、より多くの例を見ていきます。

予測の傾向に気付く前に、品質を調べることから始める必要があります。選んだデータセットが品質基準を満たしていない場合は、モデル化に移る前にデータセットを改善しなければなりません。

4.2.3　データ品質規範

このセクションでは、新しいデータセットを使用する際、最初に検討すべきいくつかの点について説明します。それぞれのデータセットには独自の偏りや特異性があり、それを理解するためにはさまざまなツールを必要とします。そのため、可能性のあるデータセットすべてを網羅する包括的な規範を作ることは本書の範囲を超えています。しかし、データセットに最初にアクセスするときに注意を払うべきカテゴリがいくつかあります。まずはデータのフォーマットから始めましょう。

4.2.3.1　データフォーマット

データセットは、入力と出力が明確になるようすでにフォーマットされているのか、それとも追加の前処理とラベル付けが必要なのでしょうか。

例えば、ユーザが広告をクリックするかどうかを予測するモデルを構築する場合、一般的なデータセットとして特定の期間のすべてのクリックの履歴ログを使用します。このデータセットを変換して、ユーザに提示した広告インスタンスと、ユーザがクリックしたか否かを含める必要があります。また、モデルが活用するだろうと思われる、ユーザや広告の内容に関する特徴量も含める必要があります。

処理済みまたは集約されたデータセットが提供された場合は、そのデータがどのように処理されたかを確認しなければなりません。例えば、与えられた列の1つに平均コンバージョン率が含まれている場合、このコンバージョン率†を自分で計算して、それが提供された値と一致するかを確認できるでしょうか。

検証を目的とした前処理ステップの再現に必要となる情報が利用できないかもしれません。そのような場合には、データの品質を確認することで、信頼できる特徴量と無視すべき特徴量を判断できます。

4.2.3.2　データ品質

モデリングを始める前に、データセットの品質を調べることは非常に重要です。重要な特徴量の値が半分も欠落していることがわかっているなら、何時間もかけてモデルがうまく機能しない理由をデバッグする必要はありません。

データの品質が低下する原因はたくさんあります。値の欠落や、正確さの不足や、破損しているのかもしれません。品質を正確に把握すると、どのレベルのパフォーマンスが妥当であるかを推定できるだけでなく、使用する特徴量やモデルの選択が容易になります。

---

† 訳注：コンバージョン率（Conversion Rate）は、Webサイトの閲覧者が、サイトの成果を達成（商品の購入や、サービスの契約など）した割合のこと。

オンライン製品の使用状況を予測するためにユーザの活動ログを使用している場合、ログに記録されたイベントがどの程度欠けているかを推定できるでしょうか。あるイベントのうち、ユーザに関する情報のサブセットしか含まれていないものはどれだけあるでしょうか。

自然言語テキストに取り組んでいる場合、そのテキストの質をどのように評価すれば良いのでしょう。例えば、読めない文字の量、スペルの誤り、一貫性の欠如などはどうでしょうか。

画像処理の場合、手作業が可能なほど処理方法は明確でしょうか。例えば、見た目で画像中のオブジェクトを検出するのが難しい場合、モデルも検出に苦労するでしょうか。

データのどの部分がノイズであり、どの部分が不正確か理解可能でしょうか。解釈や理解が難しい入力がどの程度あるでしょう。データにラベルが付いている場合、そのラベルに納得できますか。それとも、その正確さに疑問を感じるでしょうか。

例えば、筆者は衛星画像から情報を抽出することを目的としたいくつかのプロジェクトに携わってきました。最良のケースでは、農耕地や平野といったアノテーション付きの画像データセットを利用できます。しかし、場合によっては、これらのアノテーションが不正確であったり、欠落していることもあります。そうしたエラーは、どのようなモデリングアプローチに対しても大きな影響を与えるため、早期に発見することが重要です。欠落しているラベルについては、初期データセットに自分でラベルを付けるか、弱いラベルを見つけることで対処できますが、それは品質を**事前に把握**している場合にのみ可能です。

データの形式と品質を検証した後、追加の1ステップとして、データ量と特徴量の分布を検証することで積極的に問題を表面化させることができます。

4.2.3.3　データ量と分布

十分なデータがあるかどうか、特徴量が妥当な範囲内にあるかどうかを推定しましょう。

手に入るデータ量はどの程度あるでしょうか。大きなデータセットを持っている場合、サブセットを選択して分析を開始する必要があります。一方で、データセットが小さすぎたり、一部のクラスが十分に表現されていなかったりすると、学習するモデルもデータと同じように偏ってしまう危険性があります。このような偏りを回避する最善の方法は、データ収集と拡張によってデータの多様性を高めることです。データの品質を測定する方法はデータセットに依存しますが、**表4-1**では、最初に確認すべき点をまとめています。

表4-1　データ品質規範

品質	フォーマット	データ量と分布
関連するフィールドが空になることはないか。	データにはいくつの前処理ステップが必要か。	データはいくつあるか。
測定誤差の可能性はあるか。	本番環境でも同じように前処理ができるか。	1クラスあたりのデータ数はいくつか。欠落はあるか。

カスタマーサポートへのメールを自動的にそれぞれの専門分野に分類するモデルを構築したプロジェクトを、実際の例として紹介します。筆者が一緒に作業をしたデータサイエンティストのAlex Wahl は、9つの異なるカテゴリを与えられましたが、カテゴリごとに1つのサンプルしかあ

りませんでした。このようなデータセットはモデルが学習するには小さすぎるため、彼はほとんどの労力をデータ生成戦略（https://oreil.ly/KRn0B）に注ぎました。彼は、9つのカテゴリごとに共通の定式化のテンプレートを使用して、モデルが学習できるような数千以上のサンプルを生成しました。この戦略を使用して、たった9つのサンプルだけを十分に複雑なモデルに学習させるのと比較して、はるかに高い精度のパイプラインを作ることができました。

　この探索プロセスを、MLエディタ用に選択したデータセットに適用して、その品質を推定しましょう。

4.2.3.4　ML エディタのデータ検査

　MLエディタのデータセットとしては、匿名化されたStack Exchangeのデータダンプ（https://archive.org/details/stackexchange）を使用することにしました。Stack Exchangeは、哲学やゲームなどのテーマに焦点を当てた質問と回答のWebサイトネットワークです。データダンプには多くのアーカイブがあり、Stack Exchangeネットワーク内の各Webサイトごとに1つのアーカイブがあります。

　最初のデータセットでは、有用なヒューリスティックを構築するのに十分なほど幅広い質問が含まれていると思われるWebサイトを選びます。一見すると、Writingコミュニティ（https://writing.stackexchange.com/）が適しているように見えます。

　各アーカイブは、XMLファイルとして提供されます。このファイルから特徴量を抽出できるように、取り込みとテキスト変換を行うパイプラインを構築する必要があります。次の例は、datascience.stackexchange.com の Posts.xml ファイル[†]を示しています。

```
<?xml version="1.0" encoding="utf-8"?>
<posts>
  <row Id="5" PostTypeId="1" CreationDate="2014-05-13T23:58:30.457"
Score="9" ViewCount="516" Body="&lt;p&gt; &quot;Hello World&quot; example? "
OwnerUserId="5" LastActivityDate="2014-05-14T00:36:31.077"
Title="How can I do simple machine learning without hard-coding behavior?"
Tags="&lt;machine-learning&gt;" AnswerCount="1" CommentCount="1" />
  <row Id="7" PostTypeId="1" AcceptedAnswerId="10" ... />
```

　このデータを活用するために、XMLファイルを読み込み、テキスト内のタグをデコードし、pandas DataFrameのような分析しやすい形式で質問と関連データを表現する必要があります。次の関数はこれを実行します。なお、この関数も含めて、本書のコードはすべて本書のGitHubリポジトリ（https://github.com/hundredblocks/ml-powered-applications）で提供しています。

```
import xml.etree.ElementTree as ElT


def parse_xml_to_csv(path, save_path=None):
    """
    .xml 形式のデータダンプファイルを開き、テキストを csv に変換し、トークン化する
    :param path: 投稿が含まれる xml ファイルのパス
    :return: 処理済みテキストの DataFrame
```

---

† 　訳注：Stack Exchange のデータダンプにはいくつかのファイルが含まれ、その中で投稿内容を収めたファイルが Posts.xml。

```
    """

    # XML ファイルの解析に Python の標準ライブラリを使用する
    doc = ElT.parse(path)
    root = doc.getroot()

    # 各行に質問を格納する
    all_rows = [row.attrib for row in root.findall("row")]

    # 処理に時間がかかるので、tdqm で進行状況を表示する
    for item in tqdm(all_rows):
        # XML をデコードしてテキストを取り出す
        soup = BeautifulSoup(item["Body"], features="html.parser")
        item["body_text"] = soup.get_text()

    # 辞書のリストから DataFrame を作成する
    df = pd.DataFrame.from_dict(all_rows)
    if save_path:
        df.to_csv(save_path)
    return df
```

　投稿数が 30,000 しかない比較的小さなデータセットでも、この処理には 1 分以上かかります。そのため、処理を一度だけ行い、結果をシリアル化[†]します。これは、単純に Pandas の to_csv メソッドを使用します。

　こうした作業は、一般的にモデルの学習に必要な前処理として推奨されています。モデル最適化プロセスの直前に前処理を実行すると、実験にかかる時間が増大する可能性があります。可能な限り、事前にデータの前処理を行い、ディスクにシリアル化します。

　この形式のデータを手に入れたら、先ほど説明した内容を調べます。次に説明する探索プロセスの全体像は、本書の GitHub リポジトリ（https://github.com/hundredblocks/ml-powered-applications）にあるデータセット探索ノートブック[‡]として提供しています。

　最初に、df.info() を使用して、DataFrame の要約と、値の数を表示します。この関数は以下のような結果を返します。

```
>>> df.info()

AcceptedAnswerId        4124 non-null float64
AnswerCount            34330 non-null int64
Body                   34256 non-null object
ClosedDate               969 non-null object
CommentCount           34330 non-null int64
CommunityOwnedDate       186 non-null object
CreationDate           34330 non-null object
```

---

†　訳注：シリアル化（serialize）とは、プログラムの内部的なデータに何らかの変換を行い、連続的なデータに変換すること。一般的に、データをファイルに保存したり、ネットワーク越しに転送する際に行う。別のプログラムは、ファイルの読み込み、またはネットワーク越しにシリアル化したデータを受信し、逆の変換手順でプログラムの内部的なデータに戻すことができる。

‡　訳注：リポジトリの notebooks/dataset_exploration.ipynb。ノートブックの使い方は、付録 A を参照。

```
FavoriteCount              3307 non-null float64
Id                        34330 non-null int64
LastActivityDate          34330 non-null object
LastEditDate              11201 non-null object
LastEditorDisplayName       614 non-null object
LastEditorUserId          10648 non-null float64
OwnerDisplayName           1976 non-null object
OwnerUserId               32792 non-null float64
ParentId                  25679 non-null float64
PostTypeId                34330 non-null int64
Score                     34330 non-null int64
Tags                       7971 non-null object
Title                      7971 non-null object
ViewCount                  7971 non-null float64
body_text                 34256 non-null object
full_text                 34330 non-null object
text_len                  34330 non-null int64
is_question               34330 non-null bool
```

33,000 件を超える投稿があり、そのうちの 4,000 件程度しか回答が得られていないことがわかります。さらに、投稿の内容を表す Body の値の一部が空であることがわかりますが、すべての投稿にはテキストが含まれているはずなので、この結果には不審な点があります。Body が空である行を調べてみると、それらはデータセット付属のドキュメントであり、参照のない種類の投稿に属していることがわかるので、それらを削除します。

それでは、フォーマットを調べて、理解できるか見てみましょう。それぞれの投稿は PostTypeId を持ち、その値は質問が 1、回答は 2 です。真のラベルである質問の品質に対する弱いラベルとして質問のスコアを使用するため、どの種類の質問が高いスコアをとなるかを確認します。

まず、質問と関連する回答を照合します。次のコードは、受け付けられた回答（Accepted Answer）を持つすべての質問を選択し、回答のテキストと結合します。処理結果をいくつか見て、回答と質問が照合できていることを確認できます。これにより、テキストを素早く確認して品質を判断することもできます。

```python
questions_with_accepted_answers = df[
    df["is_question"] & ~(df["AcceptedAnswerId"].isna())
]
q_and_a = questions_with_accepted_answers.join(
    df[["Text"]], on="AcceptedAnswerId", how="left", rsuffix="_answer"
)

pd.options.display.max_colwidth = 500
q_and_a[["Text", "Text_answer"]][:5]
```

表 4-2 では、質問と回答が一致しているように見えるので、テキストがおおよそ正しいことがわかります。ここから、質問とその回答が照合できていると考えて良さそうです。

表4-2　質問と関連する回答

Id	body_text	body_text_answer
1	私はいつも（まったく素人的であっても）執筆を始めたいと考えていますが、何かを始めようとするとすぐに多くの疑問や不安を抱えて立ち止まってしまいます。ライターになるためのリソースはありますか。一歩踏み出すためのヒントや簡単な演習が何かないかを探しています。	私が書く方法をどこで学んだかについて考えてみると、読書から最も多くを学びました。くだらないと思われるかもしれませんが、優れた新聞記事（事実、意見、科学記事、そして何よりも映画や音楽の批評）を読むことで、他の人がどうやって仕事をしたか、何がうまくいって何がうまくいかないのかを知ることができました。自分の文章を書く際には、自分が気に入った文体を真似するようにしています。また、読書から新しいことを学び、幅広い知識を …
2	どのようなストーリーがそれぞれの視点に適しているのでしょうか。また、それぞれの視点には長所や短所があるのでしょうか。例えば、一人称は常にキャラクターをフォローしているのに対し、三人称ではストーリーの間を「ジャンプ」できます。	一人称のストーリーは、読者が主人公に愛着を持つことを意図しています。そのキャラクターが見ているものを見て、そのキャラクターが感じているものを感じているので、読者はそのキャラクターへ感情的に没入することになります。三人称では、こうした密接な関係が生じません。読者は感情的に深く入り込むこともありますが、それは一人称ほど強くはなりません。逆に、一人称を使用すると、複数のキャラクターを …
3	小説を書き終えたのですが、誰に聞いても出版エージェントのサポートが必要だと言われました。どうやって探せば良いのでしょうか。	まず、その小説のジャンルに対するエージェントのリストを見つけます。エージェントのWebサイトをチェックしてください。エージェントが新しい顧客を受け入れなければ、別のエージェントを探します。しかし、受け入れてくれるのであれば、小説のいくつかの章と、簡単な添え状を送ってみてください。添え状には、これまでの出版物についても記載します。郵送するのであれば、切手を貼って宛名を記載した封筒やe-mailアドレスなど、返信の手段を同封することをお勧めします。エージェントは …

　最後の健全性チェックとして、無回答の質問の数、少なくとも1つを受け取った質問の数、受け入れられた回答があった質問の数を見てみましょう。

```python
has_accepted_answer = df[df["is_question"] & ~(df["AcceptedAnswerId"].isna())]
no_accepted_answers = df[
    df["is_question"]
    & (df["AcceptedAnswerId"].isna())
    & (df["AnswerCount"] != 0)
]
no_answers = df[
    df["is_question"]
    & (df["AcceptedAnswerId"].isna())
    & (df["AnswerCount"] == 0)
]

print(
    "%s questions with no answers, %s with answers, %s with an accepted answer"
    % (len(no_answers), len(no_accepted_answers), len(has_accepted_answer))
)
```

　　　　　　　3584 無回答の質問数 , 5933 回答のあった質問数 , 4964 受け付けられた回答のある質問数
3584 questions with no answers, 5933 with answers, 4964 with an accepted answer.

　回答済みのもの、回答があったもの、まったく回答がなかったものが比較的均等に分かれています。これは妥当に見えるので、探索を続けても良さそうです。
　データのフォーマットがわかっていて、十分な量のデータもあります。もし、プロジェクトで使

用するデータセットが小さすぎるか、多くの特徴量で解釈が難しい場合には、さらにデータを集めるか、まったく別のデータセットを試す必要があります。

　我々のデータセットは、次に進むのに十分な品質を持っています。ここからは、モデリング戦略についての情報を提供することを目的に、データセットを深く調査します。

4.3　データの傾向を見つけるためのラベル

　データセットの傾向を特定するのは、単に品質のためだけではありません。モデルの立場に立ち、モデルがどのような構造になるかを予測するための作業です。このために、データを異なるクラスタに分離し（クラスタリングについては「4.3.2.3　クラスタリング」で説明します）、各クラスタの共通点を抽出します。

　実際には、次のように進めます。まずデータセットの要約統計量を生成し、ベクトル化手法を活用してデータセットを迅速に探索する方法を確認します。ベクトル化とクラスタリングの助けを借りて、データセットを効率的に探索します。

4.3.1　要約統計量

　データセットを見る際、一般的には、まず各特徴量の要約統計量を確認することから始めるのが良いでしょう。これは、データセットに含まれる特徴量の一般的な意味を理解し、クラスを分離する簡単な方法を特定するのに役立ちます。

　クラス間の分布がどのように異なっているかを早期に特定しておくと、MLのモデリング作業が容易になり、特に情報量の多い特徴量を使用したモデルのパフォーマンスを、過大評価することがなくなります。

　例えば、ツイートが肯定的か否定的かを予測する場合、各ツイートに含まれる単語数の平均を数えることから始めます。続いて、この特徴量のヒストグラムをプロットして、その分布を確認します。

　ヒストグラムを使えば、肯定的なツイートの方が否定的なツイートよりも短いかどうかがわかります。こうして、単語の多さを予測因子として追加したり、逆に、モデルがツイートの長さだけでなく、ツイートの内容についても学習できるように追加のデータが必要か否かを判断できます。

　この例を具体的に示すため、MLエディタに関する要約統計量をいくつかプロットしてみましょう。

4.3.1.1　ML エディタの要約統計量

　この例では、データセット内の質問の長さをヒストグラムとしてプロットし、高スコアの質問と低スコアの質問の異なる傾向を明らかにします。以下に pandas を使った方法を示します。

```
import matplotlib.pyplot as plt
from matplotlib.patches import Rectangle

"""
df には、writers.stackexchange.com の質問と、その回答のスコアが格納されている
```

```
2 つのヒストグラムをプロットする：
1 つは、平均点より低いスコアの質問
もう 1 つは、平均点より高いスコアの質問
なお、表示を単純化するために外れ値は取り除く
"""

high_score = df["Score"] > df["Score"].median()
# 長い質問を除外する
normal_length = df["text_len"] < 2000

ax = df[df["is_question"] & high_score & normal_length]["text_len"].hist(
    bins=60,
    density=True,
    histtype="step",
    color="orange",
    linewidth=3,
    grid=False,
    figsize=(16, 10),
)

df[df["is_question"] & ~high_score & normal_length]["text_len"].hist(
    bins=60,
    density=True,
    histtype="step",
    color="purple",
    linewidth=3,
    grid=False,
)

handles = [
    Rectangle((0, 0), 1, 1, color=c, ec="k") for c in ["orange", "purple"]
]
labels = ["High score", "Low score"]
plt.legend(handles, labels)
ax.set_xlabel("Sentence length (characters)")
ax.set_ylabel("Percentage of sentences")
```

図 4-2 によると、分布はほとんど同じで、高スコアの問題は多少長くなる傾向があります（この傾向は 800 文字のあたりで特に顕著です）。これは質問の長さが問題のスコアを予測するモデルにとって有用な特徴量であることを示しています。

　他の変数も同様の方法でプロットし、より多くの潜在的特徴量を特定できます。いくつかの特徴量を特定したら、より詳細な傾向を特定するために、データセットをもう少し詳しく見てみます。

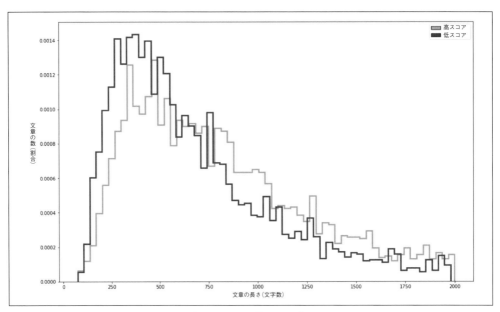

図4-2　高スコア問題と低スコア問題それぞれのテキスト長ヒストグラム

4.3.2　効率的なデータ探索とラベル付け

　これまでのところ、平均などの要約統計量とヒストグラムしか見ていません。データを直観的に理解するには、時間をかけて個々のデータポイントを調べる必要があります。ただし、データセット内のポイントをランダムに調べるのは効率がよくありません。このセクションでは、個々のデータポイントを可視化する際に効率を最大化する方法について説明します。

　こうした場面で有益なのがクラスタリングです。クラスタリング（https://en.wikipedia.org/wiki/Cluster_analysis）とは、同じグループ（**クラスタ**と呼ばれる）に属するオブジェクトが、他のグループ（クラスタ）に属するオブジェクトよりも（ある意味で）互いに類似するよう、オブジェクトの集合をグループ化する作業です。データの探索とモデル予測の両方でクラスタリングを使用します（「**4.3.2.2　次元削減**」を参照）。

　クラスタリングアルゴリズムの多くは、ポイント間の距離を測定し、近いものを同じクラスタに割り当てることでデータポイントをグループ化します。**図4-3**は、データセットを異なる3つのクラスタに分けるクラスタリングアルゴリズムの例を示しています。クラスタリングは教師なし学習の手法であり、データセットをクラスタリングするための唯一の正しい方法は存在しないことがよくあります。本書では、探索の指針となる構造を生成する方法として、クラスタリングを利用します。

　クラスタリングはデータポイント間の距離を計算することに依存しているので、データポイントの数値的表現の選択は、生成されるクラスタに大きな影響を与えます。これについては次のセクション「**4.3.2.1　ベクトル化（Vectorizing）**」で詳しく説明します。

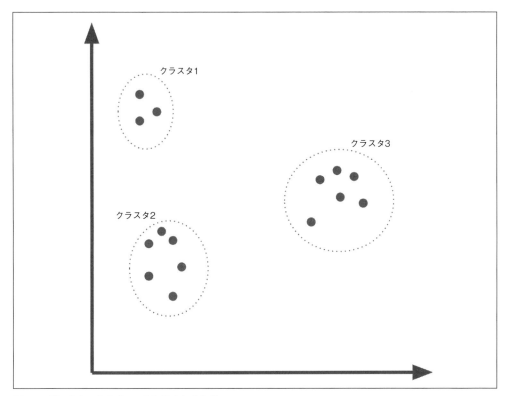

図4-3　データセットから3つのクラスタを生成

　大多数のデータセットは、その特徴量、ラベル、またはその両方の組み合わせに基づいてクラスタに分離できます。それぞれのクラスタを個別に調べ、クラスタ間の類似点と相違点を調べることは、データセットの構造を特定するのに優れた方法です。

　ここで注意すべき点がいくつかあります。

- データセットをいくつのクラスタに分けるか。
- それぞれのクラスタは、どのように異なっていると考えられるか。それはどのような点からそのように考えられるか。
- 他のクラスタよりもはるかに密度の高いクラスタはあるか。もしあるなら、モデルは疎な領域でうまく働かない可能性がある。特徴量とデータを追加することで、この問題を軽減できる。
- すべてのクラスタは「モデル化が難しい」と思われるデータを表しているか。もし、一部のクラスタがより複雑なデータポイントを表現していると思われる場合は、それらを記録してモデルのパフォーマンスを評価する際に再度参照できるようにする。

　前述したように、クラスタリングアルゴリズムはベクトルに対して働くため、一連の文を単純にクラスタリングアルゴリズムに渡すことはできません。クラスタリングの準備として、データをベクトル化する必要があります。

4.3.2.1　ベクトル化（Vectorizing）

データセットのベクトル化とは、生データからそれを表すベクトルに変換するプロセスです。図4-4 は、テキストデータと表形式データをベクトル化する例を示しています。

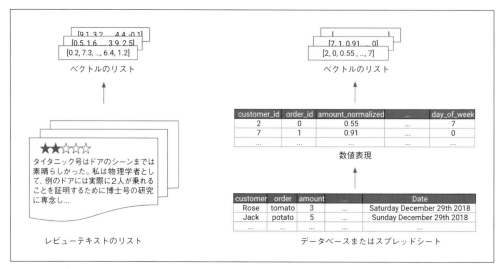

図4-4　ベクトル化の例

データをベクトル化する方法はたくさんあるので、表形式データ、テキスト、画像など一般的なデータの種類に対して機能する簡単な方法に焦点を当てます。

表形式データ

カテゴリ特徴量と連続特徴量の両方で構成される表形式データの場合、可能なベクトル表現は、各特徴量のベクトル表現を単純に連結したものです。

連続的な特徴量は共通の尺度に正規化する必要があります。これにより大きな尺度の特徴量が、小さな尺度の特徴量を覆い隠すことが防げます。正規化する方法はさまざまですが、平均0、分散1への変換が、多くの場合、最初のステップとして適切です。これはしばしば**標準得点**（Standard Score、https://en.wikipedia.org/wiki/Standard_score）と呼ばれます。

色などのカテゴリ特徴量は、ワンホットエンコーディングに変換できます。これは複数の0とひとつの1で構成される、異なる値を持つ特徴量の総数と同じ長さのリストです。リストに1つ含まれる1のインデックスは、その値を表します（例えば、4つの異なる色からなるデータセットでは、赤を [1, 0, 0, 0]、青を [0, 0, 1, 0] とエンコードできます）。赤は1、青は3のように、それぞれの値に数値を単純に割り当てないのはなぜでしょうか。それは、こうした符号化方式が、値の間の順序付けを暗示するからです（青＝3は赤＝1よりも大きい）。これは、しばしばカテゴリ変数として適切な性質ではありません。

ワンホットエンコーディングの特性は、与えられた2つの値の間の距離が常に1であることです。これはしばしばモデルに適切な表現を提供しますが、曜日などのように、均等ではなくいくつ

かの値を他の値よりも類似させた方が良い場合もあります（例えば、土曜日と日曜日は週末なので、水曜日と日曜日の距離よりも近くなるのが理想的です）。ニューラルネットワークは、こうした表現を学習するのに有用であることが証明され始めています（C. Guo と F. Berkhahn による論文「Entity Embeddings of Categorical Variables」（https://arxiv.org/abs/1604.06737）を参照してください）。この表現は、他の符号化スキームと比較してモデルのパフォーマンスを向上させることが示されています。

　最後に、日付などのより複雑な特徴量は、顕著な特徴を捉えたいくつかの数値特徴に変換される必要があります。

　表形式データをベクトル化するの実際の例を見てみましょう。この例のコードは、本書の GitHub リポジトリ（https://github.com/hundredblocks/ml-powered-applications）で tabular_data_vectorization ノートブックとして提供しています。

　質問の内容ではなく、タグ、コメント数、作成日から質問のスコアを予測するとします。**表4-3** では、writers.stackexchange.com データセットに対してどのような結果が得られたのかを示します。

表4-3　処理前の表形式データ

Id	Tags	CommentCount	CreationDate	Score
1	\<resources>\<first-time-author>	7	2010-11-18T20:40:32.857	32
2	\<fiction>\<grammatical-person>\<third-person>	0	2010-11-18T20:42:31.513	20
3	\<publishing>\<novel>\<agent>	1	2010-11-18T20:43:28.903	34
5	\<plot>\<short-story>\<planning>\<brainstorming>	0	2010-11-18T20:43:59.693	28
7	\<fiction>\<genre>\<categories>	1	2010-11-18T20:45:44.067	21

　各質問には、複数のタグ、日付、コメント数があります。これらをそれぞれ前処理します。まず最初に、数値フィールドを正規化します。

```python
def get_norm(df, col):
    return (df[col] - df[col].mean()) / df[col].std()

tabular_df["NormComment"] = get_norm(tabular_df, "CommentCount")
tabular_df["NormScore"] = get_norm(tabular_df, "Score")
```

　次に、日付から関連する情報を抽出します。例えば、投稿した年、月、日、時間などが選択できます。これらはそれぞれ、モデルが使用できる数値です。

```python
# 日付を pandas の datetime に変換
tabular_df["date"] = pd.to_datetime(tabular_df["CreationDate"])

# datetime オブジェクトから意味のある特徴量を抽出
tabular_df["year"] = tabular_df["date"].dt.year
tabular_df["month"] = tabular_df["date"].dt.month
tabular_df["day"] = tabular_df["date"].dt.day
tabular_df["hour"] = tabular_df["date"].dt.hour
```

　タグはカテゴリ特徴量であり、各質問には任意の数のタグが与えられる可能性があります。前に見たように、こうしたカテゴリ入力を表現する最も簡単な方法はワンホットエンコーディングを使うことです。各タグを独自の列に変換し、各質問はそのタグがこの質問に関連付けられている場合、その列に1を設定します。

　データセットには300以上のタグがあるので、ここでは500以上の質問で使用されていた頻度の高い5つのタグだけを使うこととして、5つの列を作成します。すべてのタグを追加することもできますが、タグの大部分は1回しか使われていないので、パターンを識別するのには役立ちません。

```python
# 文字列表現されたタグを取り出し、タグの配列に変換
tags = tabular_df["Tags"]
clean_tags = tags.str.split("><").apply(
    lambda x: [a.strip("<").strip(">") for a in x])

# pandas の get_dummies() を使用して、ダミー値に変換
# 500 回以上使われているタグだけを使用
tag_columns = pd.get_dummies(clean_tags.apply(pd.Series).stack()).sum(level=0)
all_tags = tag_columns.astype(bool).sum(axis=0).sort_values(ascending=False)
top_tags = all_tags[all_tags > 500]
top_tag_columns = tag_columns[top_tags.index]

# 最初の DataFrame にタグを追加
final = pd.concat([tabular_df, top_tag_columns], axis=1)

# ベクトル化された特徴量のみを保持する
col_to_keep = ["year", "month", "day", "hour", "NormComment",
               "NormScore"] + list(top_tags.index)
final_features = final[col_to_keep]
```

　表4-4では、データが完全にベクトル化され、各行が数値のみで構成されていることがわかります。このデータをクラスタリングアルゴリズムや教師ありMLモデルに与えることができます。

表4-4　ベクトル化した表形式データ

Id	Year	Month	Day	Hour	Norm-Comment	Norm-Score	Creative writing	Fiction	Style	Char-acters	Tech-nique	Novel	Pub-lishing
1	2010	11	18	20	0.165706	0.140501	0	0	0	0	0	0	0
2	2010	11	18	20	-0.103524	0.077674	0	1	0	0	0	0	0
3	2010	11	18	20	-0.065063	0.150972	0	0	0	0	0	1	1
5	2010	11	18	20	-0.103524	0.119558	0	0	0	0	0	0	0
7	2010	11	18	20	-0.065063	0.082909	0	1	0	0	0	0	0

ベクトル化とデータリーク

　通常は、可視化のためのベクトル化と、データをモデルに与えるためのベクトル化で同じ技術を使います。しかし、これらには重要な違いがあります。データをベクトル化してモデルに与える際、学習データをベクトル化するために使用したパラメータを保存する必要があります。そして、検証データとテストデータのベクトル化に同じパラメータを使用しなければなりません。

　例えば、データを正規化する場合、平均値や標準偏差などの要約統計量を計算するのは、学習セットに対して、および本番での推論中に行います（検証データの正規化は、学習セットと同じ値を使用する）。

　検証データと学習データの両方を正規化に使用したり、両方のデータを使ってワンホットエンコーディングとして保持するカテゴリを決定すると、学習セット外の情報を利用して学習機能を作成することになるため、データリークが発生します。これは、モデルのパフォーマンスを人為的に高めますが、本番環境ではパフォーマンスが低下します。これは、「**5.1.3.4　データリーク**」で詳しく説明します。

　ベクトル化の方法はデータの種類によって異なります。特に、テキストデータは、より創造的なアプローチが必要になることがよくあります。

テキストデータ

　テキストをベクトル化する最も簡単な方法が、カウントベクトルです。これはテキストに対するワンホットエンコーディングに相当します。まずデータセット内のユニークな単語のリストで構成される語彙を構築します。語彙の各単語をインデックス（0 から語彙のサイズまで）に関連付けます。これを使用すると、各文や段落を語彙と同じ長さのリストで表現できます。各文について、各インデックスの数字は、与えられた文の中で関連する単語の出現回数を表しています。

　この方法は、文中の単語の順番を無視するので、**bag-of-words** と呼ばれます。**図 4-5** は、2 つの文とその単語のベクトル表現を示しています。どちらの文も、単語の出現回数のベクトルに変換されますが、その中には単語の出現順序を示す情報は含まれていません。

	Input text
Sentence 1	"Mary is hungry for apples."
...	...
Sentence 345	"John is happy he is not hungry for apples."

Word index	MARY	IS	HUNGRY	HAPPY	FOR	...	APPLES	NOT	JOHN	HE	SAND
Sentence 1	1	1	1	0	1	...	1	0	0	0	0
...	...	...	...	...	...	...	...	...	...	...	...
Sentence 345	0	2	1	1	1	...	1	1	1	1	0

図4-5　文からbag-of-wordsベクトルを取得する

以下に示すように、bag-of-words 表現またはその正規化バージョン TF-IDF（Term Frequency–Inverse Document Frequency の略）は、scikit-learn を使用すれば簡単に得られます。

```
# tfidf ベクタライザのインスタンスを作成する。
# 正規化しないなら、CountVectorizer を使用する。
vectorizer = TfidfVectorizer()

# ベクタライザに質問のテキストを適用する
# ベクトル化されたテキストの配列が戻る
bag_of_words = vectorizer.fit_transform(df[df["is_question"]]["Text"])
```

2013 年の Word2Vec（Mikolov らによる論文「ベクトル空間における単語表現の効率的な推定」（Efficient Estimation of Word Representations in Vector Space、https://arxiv.org/abs/1301.3781）を参照）から始まり、fastText（Joulin らによる論文「効率的なテキスト分類のためのトリックのバッグ」（Bag of Tricks for Efficient Text Classification、https://arxiv.org/abs/1607.01759）を参照）のような最近のアプローチまで、複数の革新的なテキストベクトル化手法が長年にわたって開発されてきました。これらのベクトル化技術は、TF-IDF エンコーディングよりも概念間の類似性をより良く捉える表現である単語ベクトルを生成します。これは、Wikipedia のような大規模なテキストから、どの単語が類似した文脈で出現する傾向があるかを学習することによって行われます。このアプローチは、類似した分布を持つ言語項目は類似した意味を持つと主張する分布仮説に基づいています。

具体的には、各単語のベクトルを学習し、その周辺の単語の単語ベクトルを用いて文中の欠落した単語を予測するモデルを学習します。考慮する隣接単語の数を、**ウィンドウサイズ**と呼びます。**図 4-6** では、ウィンドウサイズが 2 の場合の動作を説明しています。左側は、対象とする単語の前後 2 つの単語ベクトルが単純モデルに与えられています。この単純モデルと単語ベクトルの値

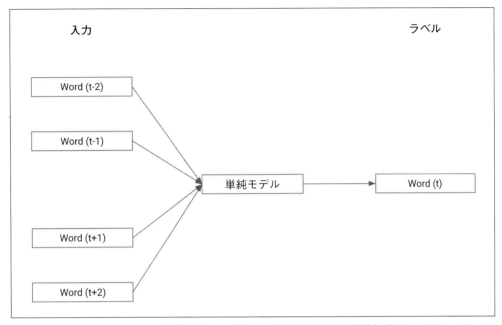

図4-6　Mikolov らによる Word2Vec 論文「ベクトル空間での単語表現の効率的な推定」（Efficient Estimation of Word Representations in Vector Space、https://arxiv.org/abs/1301.3781）より、単語ベクトルの学習

は、出力が欠落した単語の単語ベクトルと一致するように最適化されます。

オープンソースの事前学習済み単語ベクトル化モデルは多数存在します。大規模なコーパス（多くの場合、Wikipedia やニュース記事のアーカイブ）で事前学習したモデルが生成するベクトルを使用することで、一般的な単語の意味をモデルがよりよく活用できるようになります。

例えば、Joulin らによる fastText（https://fasttext.cc/）の論文で言及されている単語ベクトルは、オンラインのスタンドアロンツールとして利用できます。spaCy（https://spacy.io）は、よりカスタマイズされたアプローチのための、さまざまな事前学習済みモデルと、独自のモデルを構築する簡単な方法を提供する NLP ツールキットです。

spaCy を使用して事前学習された単語ベクトルを読み込み、意味のある文ベクトルを取得する例を示します。spaCy は内部でデータセット内の各単語の事前学習値を取得し（事前学習の一部ではない場合は無視します）、質問内のすべてのベクトルを平均化して質問の表現を取得します。

```
import spacy

# 大きなモデルを読み込み、不要なパイプライン部分を無効にする
# これにより、ベクトル化プロセスが大幅に高速化される
# モデルについては、https://spacy.io/models/en#en_core_web_lg を参照
nlp = spacy.load('en_core_web_lg', disable=["parser", "tagger", "ner",
    "textcat"])

# 続いて、各質問のベクトルを取得する
```

```
# デフォルトでは、返されるベクトルは文中の全ベクトルの平均
# 詳細は https://spacy.io/usage/vectors-similarity を参照
spacy_emb = df[df["is_question"]]["Text"].apply(lambda x: nlp(x).vector)
```

　我々のデータセットに対する TF-IDF モデルと事前学習された単語埋め込みの比較を確認するには、本書の GitHub リポジトリ（https://github.com/hundredblocks/ml-powered-applications）にある vectorizing_text ノートブックを参照してください。

　2018 年以降、さらに大規模なデータセットで大規模な言語モデルを用いた単語ベクトル化により、さらに正確な結果が生成され始めました（J. Howard と S. Ruder による論文「ユニバーサル言語モデルのテキスト分類微調整」（Universal Language Model Fine-Tuning for Text Classification、https://arxiv.org/abs/1801.06146）や、J. Devlin らによる論文「BERT：言語理解のための深層双方向トランスフォーマーの事前学習」（BERT：Pre-training of Deep Bidirectional Transformers for Language Understanding、https://arxiv.org/abs/1810.04805）を参照してください）。しかし、これらの大規模モデルは、単純な単語の埋め込みよりも遅く、複雑であるという欠点があります。

　最後に、一般的に使われるデータとして、画像のベクトル化を調べてみましょう。

画像データ

　画像データはすでにベクトル化されています。ただしこれは、ML の世界でテンソルと呼ばれる多次元の数値配列にすぎません（https://en.wikipedia.org/wiki/Tensor#As_multidimensional_arrays）。例えば、標準的な 3 チャンネルの RGB 画像は、ピクセル単位で画像の縦の大きさと、横幅を 3 倍した長さの数値のリストとして格納されています（赤、緑、青の 3 チャンネルの場合）。**図 4-7** では、画像を数値のテンソルとして表現し、3 原色のそれぞれの強さで表現する方法を確認できます。

　この表現をそのまま使用することもできますが、テンソルが持つ画像の意味についてもう少し詳しく掘り下げてみましょう。そのために、テキストの場合と同様のアプローチを使用し、大規模な事前学習済みニューラルネットワークを利用します。

　VGG（A. Simonyan と A. Zimmerman の論文「大規模画像認識のための非常に深い畳み込みネットワーク」（Very Deep Convolutional Networks for Large-Scale Image Recognition、https://arxiv.org/abs/1409.1556）を参照）や ImageNet データセット（http://www.image-net.org/）上の Inception（C. Szegedy らの論文「畳み込みでさらに深く」（Going Deeper with Convolutions、https://arxiv.org/abs/1409.4842）を参照）のような大規模な分類データセットで学習されたモデルは、良好な分類を行うために、非常に高い表現力を学習します。ほとんどの場合、これらのモデルは類似の高度な構造を持ちます。この入力は、多くの連続した計算層を通過した結果であり、それぞれが画像の異なる表現を生成します。

　最後から 2 番目の層は、各クラスの分類確率を生成する関数に接続されます。つまりこの層には、画像中のオブジェクトを分類するのに十分な画像表現が含まれており、これは他の作業を行う際にも有用です。

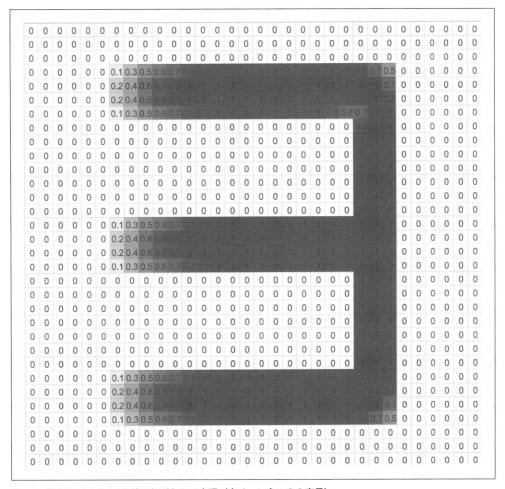

図4-7　数字の3を0から1の値の行列として表現（赤チャンネルのみ表示）

　この表現層の抽出は、意味のあるベクトルを生成するのに非常に有効であることが証明されています。これは、事前学習されたモデルを読み込む以外の特別な作業を必要としません。**図4-8**では、それぞれの矩形が事前学習モデルの異なる層を表しています。最も有用な表現が強調表示されています。これは通常、分類レイヤーの直前に配置されます。分類器がうまく機能するためには、画像を最もよく要約する表現が必要だからです。

　Kerasなどの最新のライブラリを使用すると、この作業がはるかに簡単になります。次の例は、フォルダから画像を読み込み、Kerasで利用可能な事前学習済みネットワークを用いて、下流の分析のために意味のあるベクトルに変換する関数です。

```
import numpy as np

from keras.preprocessing import image
```

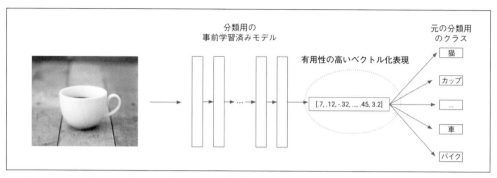

図4-8　事前学習済みモデルを使用した画像のベクトル化

```python
from keras.models import Model
from keras.applications.vgg16 import VGG16
from keras.applications.vgg16 import preprocess_input


def generate_features(image_paths):
    """
    画像ファイルのパスの配列を受け取り、
    各画像の事前学習された特徴量を返す
    :param image_paths: 画像ファイルパスの配列
    :return: 最後の層の活性化の配列、
    および array_index から file_path へのマッピング
    """

    images = np.zeros(shape=(len(image_paths), 224, 224, 3))

    # 事前学習済みモデルの読み込み
    pretrained_vgg16 = VGG16(weights='imagenet', include_top=True)

    # 最後から 2 番目の層のみを使用して、学習した特徴量を活用する
    model = Model(inputs=pretrained_vgg16.input,
                  outputs=pretrained_vgg16.get_layer('fc2').output)

    # すべてのデータセットをメモリに読み込む（小さなデータセットなら可能）
    for i, f in enumerate(image_paths):
        img = image.load_img(f, target_size=(224, 224))
        x_raw = image.img_to_array(img)
        x_expand = np.expand_dims(x_raw, axis=0)
        images[i, :, :, :] = x_expand

    # すべての画像を読み込んだら、モデルに渡す
    inputs = preprocess_input(images)
    images_features = model.predict(inputs)
    return images_features
```

転移学習（Transfer Learning）

　事前学習済みモデルは、データをベクトル化するのに役立ちますが、我々の作業に完全に適応させることもできます。転移学習とは、あるデータセットや作業で事前に学習したモデルを別のデータセットや作業に使用するプロセスです。単に同じアーキテクチャやパイプラインを再利用するだけではなく、以前に学習した重みを新しい作業の出発点として使用します。

　転移学習は理論的にはどのような作業からどのような作業への転移も機能しますが、一般的にはコンピュータビジョン用の ImageNet や NLP 用の WikiText（https://oreil.ly/voPkP）のような大規模なデータセットから重みを移すことで、より小さなデータセットでのパフォーマンスを向上させるために使用されます。

　多くの場合、転移学習はパフォーマンスを向上させますが、不要な偏りをもたらすこともあります。データセットを注意深く整理したとしても、例えば Wikipedia 全体を使って事前学習したモデルを使用した場合、Wikipedia が持つと言われるジェンダーバイアス[†]を引き継いでしまう可能性があります（K. Lu らによる論文「ニューラル自然言語処理におけるジェンダーバイアス」（Gender Bias in Neural Natural Language Processing、https://arxiv.org/abs/1807.11714）を参照してください）。

　ベクトル化できたら、それをクラスタリングするかデータをモデルに渡すことができますが、データセットをより効率的に検査するために使用することもできます。類似した表現を持つデータポイントをグループ化することで、データセットの傾向をより迅速に確認できます。次に、その方法を見てみましょう。

4.3.2.2　次元削減

　アルゴリズムにはベクトル表現が必要ですが、その表現を活用してデータを直接可視化することもできます。これは一般的に困難であると考えられています。なぜならベクトル表現は 2 次元以上であることが多く、それを平面上にプロット表示するのは難しいからです。例えば 14 次元のベクトルをどのように表示すればよいのでしょうか。

　ディープラーニングの研究でチューリング賞を受賞した Geoffrey Hinton は講演の中でこの問題を次のように認めています：「14 次元空間の超平面を扱うには、3 次元空間として可視化して、「14」と大声で言いなさい。誰もがそうしています。」（G. Hinton らの講演「ニューラルネットワークアーキテクチャの主な概要」（An Overview of the Main Types of Neural Network Architecture）のスライド 16（https://oreil.ly/wORb-）を参照してください）。もし、これが難しいと考えているのであれば、ベクトルをより少ない次元で表現しつつその構造についてできるだ

[†]　訳注：ジェンダーバイアスとは、男女の役割を固定するような考え方のこと。2020 年にコンビニエンスストアの惣菜ブランド名が、「料理は女性がするものという偏見がある」との論争が起きた。Wikipedia のジェンダーバイアスについては、「ウィキペディアにおけるジェンダーバイアス」（https://ja.wikipedia.org/wiki/ ウィキペディアにおけるジェンダーバイアス）を参照。

け多くの情報を保持する手法である、次元削減が非常に有用です。

　t-SNE（PCA（https://en.wikipedia.org/wiki/Principal_component_analysis）、L. van der Maaten と G. Hinton による論文「t-SNE を使用したデータの可視化」（Visualizing Data Using t-SNE、https://www.jmlr.org/papers/v9/vandermaaten08a.html）を参照）や、UMAP（L. McInnes らによる論文「UMAP：次元削減のための均一多様体近似と射影」（UMAP: Uniform Manifold Approximation and Projection for Dimension Reduction、https://arxiv.org/abs/1802.03426）を参照）を使用すると、文章や画像、その他の特徴量を表すベクトルなどの高次元データを 2 次元平面に射影できます。

　これらの射影は、データのパターンに対する知見をもたらし、それを調査するきっかけにできます。しかし、これは実際のデータの近似的な表現なので、他の方法を使用して可視化から得られた仮説を検証する必要があります。1 つのクラスに属する点のクラスタがすべて共通の特徴量を持っているように見える場合は、例えばモデルが実際にその特徴量を利用していることを確認してください。

　はじめに、次元削減技術を使用してデータをプロットし、調査する属性ごとにポイントを色分けします。分類では、ラベルに基づいて各ポイントに色を付けます。例えば教師なし学習では、着目している特徴量の値に基づいてポイントに色を付けることができます。これにより、モデルに分離しやすい領域があるか、あるいは分離しにくい領域があるかを確認できます。

　UMAP を使ってこれを簡単に行う方法を紹介します。「**4.3.2.1　ベクトル化（Vectorizing）**」で生成した埋め込みを渡します。

```
import umap

# データに UMAP を適合させ、変換されたデータを返す
umap_emb = umap.UMAP().fit_transform(embeddings)

fig = plt.figure(figsize=(16, 10))
color_map = {
    True: '#ff7f0e',
    False:'#1f77b4'
}
plt.scatter(umap_emb[:, 0], umap_emb[:, 1],
            c=[color_map[x] for x in sent_labels],
            s=40, alpha=0.4)
```

　我々は、まず Stack Exchange の Writing コミュニティのデータだけを使うことにしました。このデータセットの結果を、**図 4-9** に示します。一見すると、左上の未回答の質問が密集している領域など、調査すべき領域がいくつか存在しています。これらに共通する特徴量を特定できれば、分類のための有用な特徴量を発見できるかもしれません。

　データをベクトル化してプロットした後、類似したデータポイントのグループを体系的に識別し、それらを調査することは一般的に良いアイデアです。これは単に UMAP のプロットだけでも可能ですが、クラスタリングを活用することもできます。

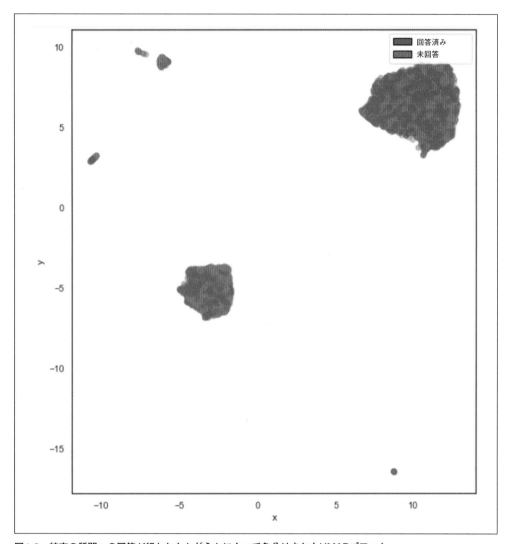

図4-9　特定の質問への回答が行われたかどうかによって色分けされたUMAPプロット

4.3.2.3　クラスタリング

　データから構造を抽出する方法としてのクラスタリングについては、すでに触れました。データセットを検査するためにデータを分類する場合でも、「**5章　モデルの学習と評価**」で行うようにモデルのパフォーマンスを分析する場合でも、クラスタリングは中核となるツールです。筆者は次元削減と同様に、問題点や興味深いデータポイントを明らかにするための追加の方法として、クラスタリングを使用します。

　実際にデータをクラスタリングする簡単な方法は、k平均法（https://en.wikipedia.org/wiki/K-means_clustering）のような単純なアルゴリズムをいくつか試し、満足のいくパフォーマンス

に到達するまでクラスタ数などのハイパーパラメータを微調整することです。

クラスタリングパフォーマンスを定量化することは困難です。実際には、データの可視化とエルボー法（https://en.wikipedia.org/wiki/Elbow_method_(clustering)）やシルエットプロット（https://en.wikipedia.org/wiki/Silhouette_(clustering)）のような方法を組み合わせて使用するだけで十分です。これはデータを完全に分類するのではなく、モデルに対して問題のある領域を特定するのが目的だからです。

以下は、データセットのクラスタリングと、先に説明した次元削減 UMAP を用いたクラスタの可視化のためのコード例です。

```
from sklearn.cluster import KMeans
import matplotlib.cm as cm

# クラスタ数とカラーマップを選択
n_clusters=3
cmap = plt.get_cmap("Set2")

# クラスタリングアルゴリズムをベクトル化された特徴量に適合させる
clus = KMeans(n_clusters=n_clusters, random_state=10)
clusters = clus.fit_predict(vectorized_features)

# 2次元平面に次元削減を行った特徴量をプロットする
plt.scatter(umap_features[:, 0], umap_features[:, 1],
            c=[cmap(x/n_clusters) for x in clusters], s=40, alpha=.4)
plt.title('UMAP projection of questions, colored by clusters', fontsize=14)
```

図 **4-10** でわかるように、直感的な 2 次元表現のクラスタは、アルゴリズムがベクトル化されたデータ上で検出するクラスタと必ずしも一致しません。これは、次元削減アルゴリズムの結果や複雑なデータトポロジーが原因である可能性があります。実際、ポイントに割り当てられたクラスタを特徴量として追加するとトポロジーを活用できるので、モデルのパフォーマンスを向上させることができます。

クラスタを作成したら、各クラスタを調べて、それぞれのデータ傾向を特定します。そのために、クラスタごとにいくつかのポイントを選択し、モデルのように振る舞い、それらのポイントに正しいと思われるラベルを付与します。次のセクションでは、このラベル付けの方法について説明します。

4.3.3　アルゴリズムとして振る舞う

集約メトリクスとクラスタの情報を確認したら、「**1.4　Monica Rogati インタビュー：どのように ML プロジェクトを選択し、優先順位を付けるか**」のアドバイスに従い、各クラスタ内のいくつかのデータポイントに対して、モデルが生成するだろう結果を手作業でラベル付けします。これによりモデルがどのように振る舞うかを学ぶことができます。

アルゴリズムとして振る舞ったことがなければ、その結果の品質を判断するのは困難です。一方、自分でデータのラベル付けに時間をかけてみると、モデリングの作業がずっと簡単にできるよ

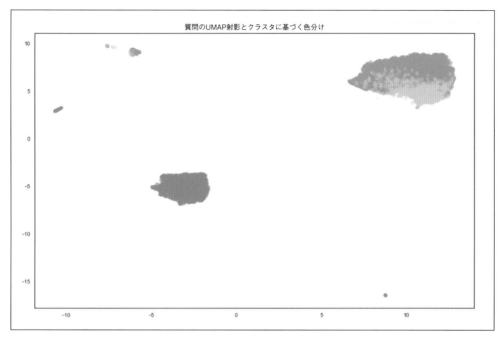

図4-10　クラスタごとに色分けされた質問の可視化

うな傾向に気付くことも少なくありません。

　このアドバイスは、以前ヒューリスティックについてのセクションでも紹介しましたが、驚くことではありません。モデリングアプローチの選択には、ヒューリスティックの構築と同じ程度に多くのデータに関する仮定を行う必要があるため、こうした仮定がデータ駆動型であることは理にかなっています。

　データセットにラベルが含まれている場合でも、データにラベルを付けるべきです。これにより、ラベルが正しい情報を取得できていること、およびラベルの正しさを検証できます。我々のケーススタディでは、弱いラベルである質問のスコアを品質の尺度として使用しています。いくつかの例に手作業でラベルを付けることで、このラベルが適切であるという仮定を検証できます。

　いくつかのデータにラベルを付けたら、データ表現ができる限り有益なものとなるように、発見した特徴量を追加してベクトル化戦略を見直します。そして、またラベル付けを行います。**図4-11** に示すように、これは反復プロセスなのです。

　ラベル付けを高速化するには、事前分析として各クラスタ内のいくつかのデータポイントへラベルを付け、特徴量分布の各共通値を活用します。

　そのための1つの方法は、可視化ライブラリを活用してインタラクティブにデータを探索することです。Bokeh（https://docs.bokeh.org/en/latest/）は、インタラクティブなプロットを作成する機能を提供します。データにラベルを付ける簡単な方法の1つは、各クラスタのいくつかのポイントにラベルを付け、ベクトル化した結果のプロットを確認することです。

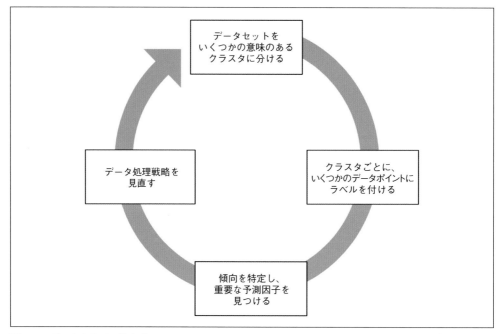

図4-11　データのラベル付けプロセス

　図4-12では、ほとんどが未回答であった質問のクラスタからの代表的な個々の例を示しています。このクラスタの質問は非常に曖昧で客観的に答えにくい傾向があるため、回答を得られませんでした。こうした質問は、正確には「不適切な質問」とラベル付けされます。このプロットのソースコードとMLエディタでの使用例を見るには、本書のGitHubリポジトリ（https://github.com/hundredblocks/ml-powered-applications）に あ る exploring_data_to_generate_features.ipynbノートブックを参照してください。

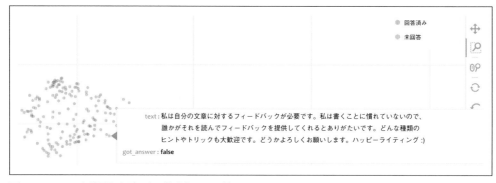

図4-12　Bokehを使用したデータの検査とラベル付け

　データにラベルを付ける際には、ラベルをデータと一体で（例えば、DataFrame の追加列として）格納するか、ファイルや識別子からラベルへのマッピングを用意して個別にラベルを格納するかを選択できます。これは純粋に好みの問題です。

　サンプルをラベル付けする際には、どのようなプロセスを使って決定したかに注意してください。これは傾向を特定し、モデルに役立つ特徴量を生成するのに役立ちます。

4.3.4　データの傾向

　しばらくデータにラベル付けしていると、通常は傾向が見えてきます。その中には、有益な情報（短いツイートの方が肯定的か否定的かの分類が簡単である）や、モデルに有用な特徴量を生成するための指針となるものもあります。その他は、データの収集方法が原因で、無関係な相関関係となるかもしれません。

　もしかしたら、我々が収集したフランス語のツイートはすべて否定的なものであり、それによってモデルが自動的にフランス語のツイートを否定的なものとして分類することになるかもしれません。それがどの程度不正確なのかは、より広く、より代表的なサンプルで判断しなければなりません。

　このような傾向に気付いても、絶望しないでください。この種の傾向は、学習データの精度を人為的に高めてしまい、パフォーマンスの悪いモデルを本番に投入してしまう可能性があるため、モデルの構築を始める前に見極められることが重要です。

　偏ったサンプルに対処する最善の方法は、学習セットをより代表的なものにするために追加のデータを収集することです。また、モデルの偏りを避けるために、学習データからこれらの特徴量を除去することもできますが、モデルは他の特徴量との相関関係から偏りを拾うことも多いので、実際には効果的ではないかもしれません（「8章　モデルデプロイ時の考慮点」を参照）。

　傾向を特定できたら、次はそれを利用します。多くの場合、その傾向を特徴付ける特徴量を作成するか、それを簡単に活用できるモデルを使用するか、いずれかの方法を使用します。

4.4　特徴量とモデルの情報をデータから取り出す

　データから発見した傾向を利用して、データ処理、特徴量の生成、およびモデリング戦略のための情報を得ようと考えています。まず、これらの傾向を把握するのに役立つ特徴量をどのようにして生成できるかを見てみましょう。

4.4.1　パターンから特徴量を構築

　ML は統計学習アルゴリズムを用いてデータのパターンを活用することを目的としていますが、パターンの中にはモデルを作成するのが容易なものもあれば、そうでないものもあります。例えば、値そのものを 2 で割った値を特徴量として用い、数値を予測するという簡単な例を想像してみてください。モデルは 2 で割った値を完全に予測するために、2 の掛け算を学習しなければなりません。一方、過去のデータから株式市場を予測する場合は、より複雑なパターンを活用する必要があります。

　このため、ML の実用的な利益の多くは、モデルが有用なパターンを識別するのに役立つ追加的

な**特徴量**を生成することに由来しています。モデルがパターンを識別しやすいかどうかは、データの表現方法とデータの量に依存します。データが多いほど、またデータのノイズが少ないほど、通常行う必要のある機能設計の作業は少なくて済みます。

しかし、特徴量の生成から始めることは、多くの場合で価値があります。その理由の 1 つは、通常は小さなデータセットから始めるからであり、データに関する考えをエンコードしてモデルをデバッグするのにも役立つからです。

季節性は、特定の特徴量生成から利益を得る一般的な傾向です。あるオンライン小売業者が、売上のほとんどが月の後半 2 回の週末に集中していることに気付いたとしましょう。将来の売上を予測するモデルを構築する際には、このパターンを捉える可能性があることを確認したいと考えています。

この後説明するように、日付の表現方法によってはモデルがうまく扱えない場合があります。ほとんどのモデルは数値入力しか受け取れない（テキストや画像を数値入力に変換する方法については「**4.3.2.1　ベクトル化（Vectorizing）**」を参照してください）ので、日付を表現するいくつかの方法を調べてみましょう。

4.4.1.1　生の日付

時刻の最も簡単な表現方法は、Unix 時間（https://en.wikipedia.org/wiki/Unix_time）です。これは「1970 年 1 月 1 日（木）00:00:00 からの経過秒数」を使用します。

この表現は単純ですが、モデルは、月の後半 2 回の週末を識別するために、かなり複雑なパターンを学習する必要があります。例えば、2018 年の最後の週末（12 月 29 日の 00:00:00 から 30 日の 23:59:59 まで）は、1546041600 から 1546214399 までの範囲として Unix 時間で表現できます（両者の差が、23 時間 59 分 59 秒の秒数であることから確認できます）。

この範囲は、他の月の他の週末との関連付けを特に簡単にするものはないので、Unix 時間を入力として使用する場合、モデルが関連する週末と他の週末と区別するのは非常に困難です。特徴量を生成することでモデルの作業を簡単にできます。

4.4.1.2　曜日と月日の抽出

日付の表現をより明確にする方法の 1 つは、曜日と月の日を別々の属性として抽出することです。

例えば、2018 年 12 月 30 日の 23:59:59 を表す方法は、先ほどと同じ数字に、曜日（例えば日曜日は 0）と月の日（30）を表す 2 つの値を追加したものになります。

この表現により、週末（日曜日と土曜日は 0 と 6）と月の後半の日付に関連する値がより高い売上に対応していることを、モデルが容易に学習できます。

ここで、表現に起因する偏りがもたらされることに注意することも忘れてはなりません。例えば、曜日を数字としてエンコードすると、金曜日（5 に等しい）の値は月曜日（1 に等しい）の値の 5 倍になります。この数値の尺度は、我々の表現方式から生じるものであり、モデルに学習させたいものを表しているわけではありません。

4.4.1.3　特徴量クロス

前述の表現を使用することで、モデルの作業はより簡単になりますが、モデルは曜日と月の日付の間の複雑な関係を学習しなければなりません。月の前半の週末や、週の後半の平日には大きな売上は発生しません。

ディープニューラルネットワークのような一部のモデルは、特徴量の非線形な組み合わせを利用しているため、こうした関係を拾うことができますが、多くの場合、大量のデータを必要とします。この問題に対処する一般的な方法は、**特徴量クロス**を導入することです。

特徴量クロスとは、2つ以上の特徴量を単純に掛け合わせる（クロスさせる）ことで生成される特徴量のことです。このように特徴量の非線形な組み合わせを導入することで、複数の特徴量の組み合わせに基づいて、容易に識別することができるようになります。

表 4-5 では、いくつかのデータポイントの例について、これまでに説明したそれぞれの表現がどのようになるかを示します。

表4-5　データをより明確に表現すると、アルゴリズムのパフォーマンスが大幅に向上する

日時表現	生データ（Unix 時間）	曜日	月の日付	クロス（曜日 / 月の日付）
2018 年 12 月 29 日（土）00:00:00	1,546,041,600	7	29	174
2018 年 12 月 29 日（土）01:00:00	1,546,045,200	7	29	174
...	...	...	...	...
2018 年 12 月 30 日（日）23:59:59	1,546,214,399	1	30	210

図 4-13 では、これらの特徴量の値が時間の経過と共にどのように変化するかを見ることができるので、どの値を使うと、特定のデータポイントをモデルが簡単に識別できるかがわかります。

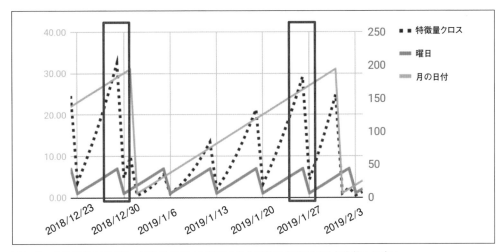

図4-13　月の最後の週末は、特徴量クロスと抽出された特徴量を使用すると分離しやすい

データを表現する究極の方法が 1 つあります。これにより、モデルが月の後半 2 回の週末の予測値を学習しやすくなります。

4.4.1.4　モデルに答えを与える

　ある意味でカンニングのように見えるかもしれませんが、ある特徴量の値の組み合わせが予測可能であることが事実としてわかっている場合、これらの特徴量の値がある種の組み合わせとなる場合に、ゼロではない値となるような新しい二値の特徴量を作成することができます。ここでの例では「is_last_two_weekends」という特徴量を追加することを意味し、月の後半2回の週末にのみ1を設定します。

　過去2週間の週末が予測通りであれば、モデルは単純にこの機能を活用することを学習し、より正確な予測ができるようになります。ML製品を構築する際には、モデルにとってより簡単な作業への変更をためらわないでください。複雑な作業で苦戦するモデルよりも、簡単な作業でも機能するモデルの方が優れています。

　特徴量生成は幅広い分野であり、あらゆる種類のデータに対応した方法が存在します。さまざまな種類のデータの生成に役立つすべての特徴量について議論することは、本書の範囲外です。より実践的な例や方法を確認したい場合は、Alice Zheng と Amanda Casari による『*Feature Engineering for Machine Learning*』（O'Reilly、http://shop.oreilly.com/product/0636920049081.do）†を読むことをお勧めします。

　一般的に、有用な特徴量を生成する最良の方法は、これまでに説明した方法でデータを調べ、モデルにパターンを学習させる最も簡単な方法は何かを自問することです。次のセクションでは、このプロセスを用いて ML エディタ用に生成した特徴量の例をいくつか紹介します。

4.4.2　MLエディタの特徴量

　ML エディタでは、先に説明した手法を用いてデータセットを検査し、以下のような特徴量を生成しました（データ探索の詳細については、本書の GitHub リポジトリ（https://github.com/hundredblocks/ml-powered-applications）にある exploring_data_to_generate_features.ipynb ノートブックを参照してください）。

- 「can」や「should」のような助動詞は、その質問に回答できるかどうかを予測するものなので、各質問にそれらが存在するかどうかを示す二値の特徴量を追加した。
- 疑問符も同様に良い予測因子であるので、has_question 特徴量を追加した。
- 英語の正しい使い方に関する質問には回答が得られない傾向があったため、is_language_question 特徴量を追加した。
- 質問文の長さも要因の1つであり、非常に短い質問は未回答となる傾向がある。このため、正規化された質問の長さを特徴量とした。
- 我々のデータセットでは、質問のタイトルにも重要な情報が含まれており、ラベル付けの際にタイトルを参照することで作業が非常に簡単になった。ここから、特徴量の計算にタイトルのテキストを含めるようにした。

---

† 訳注：邦題『機械学習のための特徴量エンジニアリング』（オライリー・ジャパン、2019）

特徴量の初期セットができたら、モデルの構築を開始します。最初のモデルの構築は、次の「**5章　モデルの学習と評価**」で行います。

　モデルの話題に移る前に、データセットを収集して更新する方法について、さらに深く掘り下げる必要があると感じています。そのために、この分野の専門家である Robert Munro に話を伺いました。ここでは、その議論の要約をお楽しみください。きっと、早く次のパートに進み、最初のモデルを構築したくなるはずです。

4.5　Robert Munroインタビュー：データをどのように検索し、ラベルを付け、活用するのか

　Robert Munro は、いくつかの AI 企業を設立し、人工知能分野のトップチームのいくつかを構築してきました。最大の成長期には、データラベリングのリーディングカンパニーである Figure Eight で最高技術責任者を務めました。その前は、AWS 初のネイティブ自然言語処理と機械翻訳サービスの製品を担当していました。今回の対談では、Robert Munro が ML のためのデータセットを構築する際に学んだいくつかの教訓を話してくれました。

Q MLのプロジェクトを始めるにはどうしたらいいですか？

A 最良の方法は、ビジネス上の課題から始めることです。これにより、作業の境界が与えられます。MLエディタのケーススタディでは、ユーザが質問を書き終わり、テキストを送信した後で提案を行うのでしょうか、それともユーザが質問を書いている途中で提案するのでしょうか？ 前者は遅いモデルでバッチ実行できますが、後者はより速い処理が必要になります。

モデルに関して言えば、後者のアプローチでは、Sequence-to-Sequenceモデルは時間がかかりすぎて無効になってしまいます。さらに、現在のSequence-to-Sequenceモデルは、文単位でしか機能せず、多くのテキストを並列に学習する必要があります。より高速な解決策は、分類器を活用して、分類器が抽出した重要な特徴量を提案として使用することです。最初のモデルに求められるのは、簡単な実装と信頼できる結果です。例えば、bag-of-words特徴量のナイーブベイズから始めます。

最後に、いくつかのデータを調べ、時間をかけて自分でラベルを付けてみる必要があります。そうすることで、問題がどの程度難しいのか、どの解決策が適しているのかを直感的に知ることができます。

Q プロジェクトを始めるには、どれくらいのデータが必要ですか？

A データを収集する際には、代表的で多様なデータセットがあることを保証したいと考えるはずです。まず、手持ちのデータを調べ、より多くのデータが収集できるように、代表的でないデータがないかを確認します。データセットをクラスタリングし、外れ値を探すことは、このプロセスを高速化するのに役立ちます。

データのラベル付けに関して言うと、一般的な分類のケースでは、希少なカテゴリのサンプルを1,000のオーダーでラベル付けすると実際にうまく機能することがわかっています。少なくとも、現在のモデリングアプローチを続行するべきかを判断するのに十分なシグナルが得られます。約10,000のサンプルがあれば、構築しているモデルを信頼し始めることができます。

より多くのデータを取得すると、モデルの精度はゆっくりと上昇し、データに応じてパフォーマンスがどのように変化するかを示す曲線が得られます。どの時点でも、曲線の最後の部分だけが気になりますが、これは、より多くのデータによりもたらされるパフォーマンスの推定値を与えてくれるはずです。たいていの場合、より多くのデータにラベル付けすることで得られる改善は、モデルを反復した場合よりも大きなものになります。

Q　データの収集とラベル付けにはどのようなプロセスを使用していますか？

A　現時点でのベストのモデルから、何が問題になっているかを確認できます。不確実性サンプリングは一般的なアプローチです。これは、モデルが最も不確実な例（決定境界に最も近いもの）を特定し、類似の例を学習セットに追加します。

現在のモデルではうまく機能しないデータを見つけるために、「エラーモデル」を学習させることもできます。モデルが犯した間違いをラベルとして使用します（各データポイントを「正しく予測された」または「正しく予測されなかった」としてラベルを付けます）。一度これらの例で「エラーモデル」を学習させたら、ラベル付けされていないデータでそれを使用し、モデルが失敗すると予測する例にラベルを付けることができます。

あるいは、「ラベル付けモデル」の学習を行い、次にラベルを付けるのに最適な例を見つけることもできます。例えば、100万個のサンプルがあり、そのうちラベル付けしたのは1,000個だけだとします。ランダムに抽出した1,000個のラベル付き画像と1,000個のラベルなし画像からなる学習セットを作成し、どの画像にラベルを付けたかを予測するために二項分類器を学習させます。そして、このラベル付けモデルを使用して、すでにラベル付けされたものと最も異なるデータポイントを識別し、それらにラベルを付けることができます。

Q　モデルが何か有益なことを学習したかをどのように検証していますか？

A　よくある落とし穴は、関連するデータセットのごく一部にラベル付けの労力を集中させてしまうことです。モデルがバスケットボールに関する記事をうまく扱えなかったとしましょう。このとき、より多くのバスケットボールの記事に注釈を付け続けると、モデルはバスケットボールは得意だが、それ以外のことは苦手になるかもしれません。これが、データを収集するために戦略を使うべきである一方で、モデルを検証するために常にテストセットからランダムにサンプルを取るべきである理由です。

最後に、デプロイしたモデルのパフォーマンスがいつ劣化したかを追跡するのが最善の方法です。モデルの不確実性を追跡するか、理想的にはビジネスメトリクスに戻すことができま

す。使用状況のメトリクスが徐々に低下していないでしょうか。これは他の要因によって引き起こされた可能性もありますが、学習セットの検証と更新を行う良いきっかけとなります。

4.6 まとめ

この章では、データセットを効率的かつ効果的に調べるための重要なヒントについて説明しました。

最初に、データの品質と、それが要件に十分かどうかを判断する方法を確認しました。次に、手持ちのデータに慣れるための最善の方法について説明しました。要約統計量から始まり、類似点のクラスタリングを使って幅広い傾向を明らかにしました。

次に、重要な特徴量を設計するために活用できる傾向を特定するために、データのラベル付けに多くの時間を費やすことが重要である理由を説明しました。最後に、Robert Munro が複数のチームで最先端のデータセットを構築した経験から学びました。

データセットを調べ、予測可能な特徴量を生成したので、「5章　モデルの学習と評価」で最初のモデルを構築する準備ができました。

第Ⅲ部
モデルの反復

「Ⅰ部　適切な機械学習アプローチの特定」では、MLプロジェクトを立ち上げ、その進捗を追跡するためのベストプラクティスについて説明しました。「Ⅱ部　機能するパイプラインの構築」では、初期データセットの探索と、エンドツーエンドのパイプラインをできるだけ早く構築することの価値を確認しました。

実験的な性質から、MLは極めて反復的なプロセスです。モデルやデータの反復処理は、**図 3-1**で示したような実験的なループに沿った繰り返しを計画する必要があります。

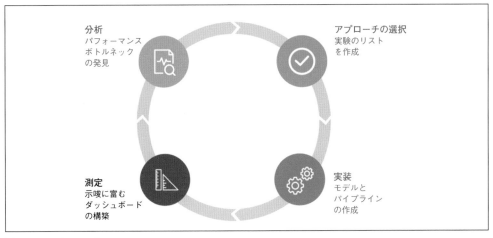

図Ⅲ-1　MLのループ

「Ⅲ部　モデルの反復」では、ループの1回の繰り返しについて説明します。MLプロジェクトに取り組む際には、満足のいくパフォーマンスを期待する前に、このような繰り返しを複数回繰り返すことを計画しなければなりません。このパートの概要は次の通りです。

5章　モデルの学習と評価

この章では、最初のモデルの学習を行い、ベンチマークします。次に、そのパフォーマンスを詳細に分析し、どのように改善できるかを特定します。

6章　ML問題のデバッグ

この章では、モデルを素早く構築しデバッグを行うと共に、時間のかかるエラーを回避するためのテクニックを解説します。

7章　分類器を使用した提案の生成

この章では、MLエディタをケーススタディとして用います。学習済み分類器を使用してユーザに提案を提供し、完全に機能する推奨モデルの構築方法を紹介します。

5章
モデルの学習と評価

　前の章では、取り組むべき適切な問題を特定し、それに取り組む計画を立て、簡単なパイプラインを構築し、データセットを探索し、最初の特徴量を生成する方法を説明しました。この手順により、適切なモデルの学習を開始するのに十分な情報を収集できました。ここで言う適切なモデルとは、目前の課題によく適合し、適切に機能する可能性が高いモデルを意味します。

　この章では、モデルを選択する際の懸念事項について簡単に説明します。次に、モデルを評価するのに役立つデータを、現実的な条件で分離するためのベストプラクティスについて説明します。最後に、モデリングの結果を分析し、エラーを診断する方法を取り上げます。

5.1　最も単純で適切なモデル

　モデルの学習を行う準備ができたので、どのモデルを最初に使用するかを決める必要があります。可能なモデルをすべて試し、すべてのモデルのベンチマークを行い、いくつかのメトリクスに基づいて、テストセットで最も良い結果が得られたモデルを選ぶのが良いかもしれません。

　しかし一般的に、これは最良のアプローチではありません。計算量が多いだけでなく（対象となるモデルが多数あり、各モデルには多くのパラメータがあるので、現実的にテストできるのは一部のサブセットのみです）、モデルを予測を行うブラックボックスとして扱い、MLモデルが学習を行う中でデータの暗黙の仮定を学び取ることを完全に無視しています。

　モデルによってデータの仮定が異なるため、それぞれのデータにはそれぞれに適した目的があります。さらに、MLは反復的であるため、素早く構築して評価できるモデルを選択する必要があります。

　最初に、単純なモデルを見分ける方法を定義しましょう。次に、データパターンの例と、それを活用するための適切なモデルについて説明します。

5.1.1　単純なモデル

　単純なモデルとは、実装が素早く、理解しやすく、デプロイ可能なモデルのことです。最初のモデルを最後まで使用するとは限らないため、最初のモデルは素早く実装できる必要があります。デバッグを簡単にするには、理解しやすさが必要です。アプリケーションとして利用するためには、デプロイ可能でなければなりません。まず、これらの要件の中から、素早い実装の必要性が、なぜ

必要なのかを見てみましょう。

5.1.1.1　素早い実装

　実装しやすい簡単なモデルを選択しましょう。一般的によく知られており、複数のチュートリアルが存在し、困った際には（我々のMLエディタを使って適切な質問を行えば）誰かが支援してくれそうなモデルを選びます。MLを利用した新しいアプリケーションでは、データの処理と信頼性の高い結果のデプロイに関して、取り組むべき十分な課題があります。モデルに対するあらゆる困難を克服するために、最初から最善を尽くさなければなりません。

　可能であれば、初めはKerasやscikit-learnなど人気のあるライブラリのモデルを使用しましょう。ドキュメントもなく、過去9ヶ月間更新されていない実験的なGitHubリポジトリに飛びつく前に、一旦立ち止まって考えるべきです。

　モデルが実装されたら、それがどのようにデータセットを活用しているかを調べて、理解する必要があります。そのためには、理解しやすいモデルでなければなりません。

5.1.1.2　理解しやすさ

　モデルの**説明可能性**と**解釈可能性**は、モデルが行った予測の理由（予測変数の特定の組み合わせなど）を明らかにする能力です。説明可能性は、モデルが望ましくない偏りを持たないことの検証や、予測結果を改善するために何ができるかをユーザに説明するなど、さまざまな理由で役立ちます。また、反復やデバッグが非常に簡単になります。

　モデルが決定を下すために依存している特徴量を抽出できる場合は、どの特徴量を追加、調整、または削除すべきか、またはどのモデルがより良い選択ができるかについて、より明確な見解を得ることができます。

　残念ながら、単純なモデルに対しても解釈可能性は複雑であることが多く、大規模なモデルではさらに困難となります。「**5.3　特徴量の重要度評価**」は、この課題に取り組む方法を確認し、モデルの改善点を特定するのに役立ちます。特に、モデルの内部構造に関係なく、モデルの予測を説明するためのブラックボックス的な考え方を行います。

　ロジスティック回帰や決定木などの単純なモデルは、特徴量の重要性を表す尺度を提供するため、説明が容易となる傾向があり、これも最初に試すモデルとして適している理由の1つです。

5.1.1.3　デプロイ可能性

　モデルの最終目標は、それを使う人に価値あるサービスを提供することです。つまり、どのモデルの学習を行うかを考える際には、それがデプロイできるかを常に考える必要があります。

　「Ⅳ部　デプロイと監視」でデプロイについて説明しますが、次のような問題はあらかじめ考慮されている必要があります。

- 学習済みのモデルが予測を行うのに、どれくらいの実行時間がかかるか。予測の待ち時間について考えるとき、モデルが結果を出力するのにかかる時間だけでなく、ユーザが要求を出してから結果を受け取るまでの遅延も含める必要がある。これには、特徴量生成などの前処理、

ネットワーク呼び出し、モデルの出力後にユーザへ表示する前に行う後処理も含まれる。

- 予想される同時使用ユーザ数を考慮した場合、この推論パイプラインはユースケースに対して十分な実行速度を持つか。
- モデルの学習にはどの程度の時間がかかり、どれくらいの頻度で学習が必要になるか。学習に12時間かかり、4時間ごとにモデルを再学習する必要があるとしたら、計算コストがかなり高いだけでなく、モデルは常に古い状態のままとなる。

図 5-1 のような表を使い、モデルの単純さを比較できます。今は複雑で解釈が難しいモデルでも、ML の分野が進化し新しいツールが作られるにつれ、単純なモデルに分類できるようになるかもしれません。このため、対象とする特定の問題領域それぞれに対する、こうした表を作成する必要があります。

モデル名	実装容易性		理解可能性		デプロイ可能性		総合単純性スコア
	広く理解されているモデル	検証済みの実装	重要な特徴の抽出しやすさ	デバッグの容易さ	予測実行時間	学習実行時間	
決定木 (scikit-learn)	5/5	5/5	4/5	4/5	5/5	5/5	28/30
CNN (Keras)	4/5	5/5	3/5	3/5	3/5	2/5	20/30
Transformer (個人のgithub リポジトリ)	2/5	1/5	0/5	0/5	2/5	1/5	6/30

図5-1 単純さに基づくスコアリングモデル

単純かつ解釈可能で、デプロイ可能なモデルの中にも、潜在的は候補は数多くあります。モデルを選ぶ際には、「**4 章　初期データセットの取得**」で特定したパターンも考慮する必要があります。

5.1.2 パターンからモデルへ

識別したパターンと生成した特徴量は、モデル選択の指針となるはずです。ここでは、データ中のパターンのいくつかの例と、それを活用するための適切なモデルについて説明します。

5.1.2.1 特徴量のスケールは無視する

多くのモデルでは、小さい値よりも大きい値の特徴量が重用されます。これは、問題のない場合もありますが、望ましくない場合もあります。最適化手順として勾配降下法を使用するニューラルネットワークのようなモデルでは、特徴量のスケールの違いが学習を不安定にすることがあります。

　年齢（1歳から100歳まで）とドル換算の収入（データが最大9桁に達するとします）を2つの予測因子として使用する場合、その規模に関係なく、モデルが最も予測可能となるように特徴量を活用する必要があります。

　このために、特徴量を前処理して平均値が0、分散が1になるようスケールを正規化します。すべての特徴量が同じ範囲に正規化されている場合、モデルは（少なくとも最初は）それぞれを平等に扱います。

　もう1つの解決策は、特徴量のスケールの違いに影響されないモデルを使用することです。最も一般的な実用例は、決定木、ランダムフォレスト、勾配ブースティング決定木です。XGBoost（https://xgboost.readthedocs.io/en/latest/）は、その堅牢性と実行速度から本番で一般的に使用されている勾配ブースティング決定木実装の1つです。

5.1.2.2　予測因子の線形結合としての予測変数

　場合により、特徴量の線形結合のみを使用して、適切な予測ができると信じるに足る十分な理由があります。このような場合、連続問題に対しては線形回帰、分類問題に対してはロジスティック回帰やナイーブベイズ分類器のような線形モデルを使うべきです。

　これらのモデルは単純で効率的であり、重要な特徴量を識別するのに役立つ重みを直接解釈できることがあります。もし、特徴量と予測変数の関係がより複雑であると考えるならば、多層ニューラルネットワークなどの非線形モデルの使用や、特徴量クロスの生成（「**4.4　特徴量とモデルの情報をデータから取り出す**」の冒頭を参照）が有用となります。

5.1.2.3　時間的性質を持つデータ

　ある時点での値が以前の値に依存するような、データポイントの時系列を扱う場合、この情報を明示的にエンコードするモデルを利用する必要があります。このようなモデルの例が、自己回帰和分移動平均（AutoRegressive Integrated Moving Average：ARIMA）やリカレントニューラルネットワーク（Recurrent Neural Networks：RNN）などの統計モデルです。

5.1.2.4　パターンの組み合わせデータ

　例えば、画像領域の問題に取り組む際には、畳み込みニューラルネットワーク（Convolutional Neural Networks：CNN）が**並進不変フィルタ**（translation-invariant filters）を学習する能力により有用であることが証明されています。これは、位置に関係なく画像内の局所的なパターンを抽出できることを意味します。CNNが画像中の眼を検出する方法を学習すれば、学習セット内にあるデータの眼の位置に関わらず、画像のどこででも眼を検出できるようになります。

　畳み込みフィルタは、音声認識やテキスト分類のような局所的なパターンを含むさまざまな分野でも有用であることが証明されており、CNNは文の分類にうまく利用されています。例として、論文「文の分類のための畳み込みニューラルネットワーク」（Convolutional Neural Networks for Sentence Classification、https://arxiv.org/abs/1408.5882）のYoon Kimによる実装を参照してください。

　適切なモデルを考える際に考慮すべき点は他にもたくさんあります。ほとんどの古典的なML

問題については、scikit-learn チームが提供している有用なフローチャート（https://oreil.ly/tUsD6）を参考にしてください。これは、多くの一般的なユースケースに対するモデルを提案しています。

5.1.2.5　ML エディタのモデル

ML エディタの最初のモデルは、高速かつデバッグが容易なものにしたいと考えています。また、我々のデータは個々の例で構成されており、時間的な側面（例えば、一連の質問のような）を考慮する必要はありません。そのため、柔軟性と人気が高く、基準のモデルに適したランダムフォレスト分類器から始めることにします。

合理的だと思われるモデルを特定したら、その学習を行います。一般的なガイドラインとして、「**4 章　初期データセットの取得**」で収集したデータセットをすべて使用してモデルの学習を行うのは推奨されません。まず、学習セットからいくつかのデータを取り出すことから始めると良いでしょう。その理由と方法を説明します。

5.1.3　データセットの分割

このモデルの主な目的は、ユーザが送信するデータに対して有効な予測を提供することです。つまり、最終的には、**これまでに見たことのないデータ**に対しても、我々のモデルは有効に機能する必要があります。

あるデータセットでモデルの学習を行う場合、そのパフォーマンス測定を同じデータセットで行うと、すでに見たことのあるデータに対する予測パフォーマンスがわかるだけです。データのサブセットでモデルの学習を行い、モデルが学習に使用していないデータを使うことで、目にしたことのないデータに対してどれだけのパフォーマンスを発揮するかが推定できます。

図 5-2 では、データセットの属性（質問の作成者）に基づいて、異なる 3 つセット（学習、検証、テスト）に分割した例を見ることができます。この章では、これらの各セットが何を意味するのか、それらをどのように扱うかを説明します。

検討すべき最初の分割セットは検証セットです。

5.1.3.1　検証セット

我々のモデルが、見たことのないデータに対してどの程度機能するかを推定するために、意図的にデータセットの一部を除外し、この除外したデータセットのパフォーマンスを、本番でのパフォーマンスの代わりとして使用します。モデルが初見のデータに一般化できることを検証できるので、このデータセットはしばしば**検証セット**と呼ばれます。

データのさまざまな部分を選択して、モデルを評価するための検証セットとして使用し、残りのデータで学習を行います。このプロセスは**交差検証**と呼ばれ、これを複数回実行することで特定の検証セットの選択に起因する差異を制御することができます。

データの前処理戦略および使用するモデルの種類やハイパーパラメータを変更すると、検証セットに対するモデルのパフォーマンスが変化します（理想的には改善されます）。学習セットを使用してモデルがパラメータを調整できるのと同じように、検証セットを使用してハイパーパラメータ

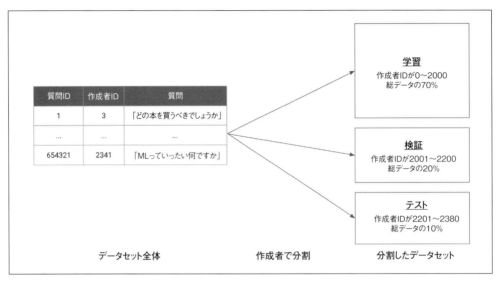

図5-2　作成者でデータを分割し、各分割に適切な割合の質問を割り当てる

を調整することができます。

　検証セットを使用したモデルの調整を複数回繰り返すと、モデリングパイプラインは、検証デー
タで良好なパフォーマンスを発揮するように特別に調整できます。これでは、初めて見るデータの
代わりとなるはずの検証セットを無意味にしてしまいます。この理由から、テストセットも除外し
ておく必要があります。

5.1.3.2　テストセット

　モデルで複数回の反復サイクル実行し、各サイクルで検証セットを使ったパフォーマンス測定を
行うため、検証セットで良いパフォーマンスを発揮するような偏りをモデルに持ち込むことになり
ます。これは、モデルが学習セットを超えて一般化するのには役立ちますが、単純に特定の検証
セットでのみ良いパフォーマンスを発揮するモデルにしてしまうというリスクも伴います。理想的
には、検証セットに含まれていない新しいデータでもうまく機能するモデルが必要です。

　このため、通常はテストセットと呼ばれる3番目のセットを保留しておきます。十分に反復を
行った後で、見たことのないデータに対するパフォーマンスの最終的なベンチマークとして使用し
ます。テストセットの使用はベストプラクティスですが、エンジニアは検証セットをテストセット
として使用することもあります。これは、モデルを検証セットに偏らせるリスクを高めますが、実
験の回数を少なくしたい場合には適切です。

　このセットは本番で直面するであろう初めて目にするデータを表現するものであるため、テスト
セットのパフォーマンスを使用してモデリングの決定を行わないことが重要です。テストセットで
良好なパフォーマンスを発揮するようにモデリングアプローチを適用すると、モデルのパフォーマ
ンスを過大評価する危険性があります。

　本番で動作するモデルを作成するためには、学習データは、製品を使用するユーザによるデータ

に類似している必要があります。理想的には、ユーザから受け取る可能性のある、あらゆる種類の
データがデータセットに含まれているべきです。そうでない場合は、テストセットのパフォーマン
スは、一部のユーザに対するパフォーマンスを示すものであることに留意してください。

　ML エディタの場合、writers.stackoverflow.com の利用者層に合致しないユーザに対しては、
提案内容があまり役に立たない可能性があります。もしこの問題に対処したいのであれば、デー
タセットを拡張して、目的のユーザをよりよく表す質問を含める必要があります。他の Stack
Exchange Web サイトの質問を取り込んで、より幅広いトピックをカバーしたり、質問と回答を
提供する別の Web サイトを統合することから始めてみましょう。

　このような方法によるデータセットの修正を、片手間に行うのは困難かもしれません。しかし、
一般消費者向けの製品を構築するのであれば、ユーザが気付く前にモデルの弱点を発見できる必要
があります。「**8 章　モデルデプロイ時の考慮点**」で取り上げるエラーモードの多くは、より代表
的なデータセットがあれば回避できたはずです。

5.1.3.3　分割の割合

　一般的に、学習に使用できるデータ量を最大にしながら、正確なパフォーマンスメトリクスを得
るために十分な量の検証セットとテストセットを用意する必要があります。実際には学習にデータ
の 70%、検証に 20%、テストに 10% を使用することがよくありますが、これはデータ量に完全に
依存します。非常に大規模なデータセットでは、モデルを検証するのに十分なデータを持ちなが
ら、学習に多くのデータを使用する余裕があります。小規模なデータセットでは、正確なパフォー
マンスメトリクスを得るのに十分な大きさの検証セットを持つために、学習に使用する割合を小さ
くする必要があるかもしれません。

　なぜデータを分割する必要があるのか、どのような分割を検討すべきかはわかりましたが、各分
割にどのデータポイントを使用するかをどのように決定すればよいのでしょうか。分割方法はモデ
リングのパフォーマンスに大きな影響を与え、データセットの特定の特徴量に依存します。

5.1.3.4　データリーク

　データの分割方法は、検証の重要な部分です。検証セットとテストセットを、見たことのない
データとして期待されているものに近づけることが目標です。

　多くの場合、学習セット、検証セット、テストセットは、データポイントをランダムにサンプリ
ングすることで分割します。いくつかのケースでは、これが**データリーク**につながることがありま
す。データリークは、（学習手順が原因で）本番では使用できないはずの情報を、学習時にモデル
が受け取った場合に発生します。

　データリークは、モデルのパフォーマンスを過大に見せてしまうため、絶対に避けなければなり
ません。データリークを持つデータセットで学習したモデルは、本来のデータには含まれていない
はずの情報を予測に活用できます。これにより、モデルパフォーマンスが人為的に高くなります
が、これはリーク（漏洩）したデータが原因です。分割したデータではモデルのパフォーマンスが
高く見えますが、本番でははるかに悪くなります。

　図5-3 では、データをランダムに分割することで生じるデータリークの一般的な原因をいくつか示しました。データリークには多くの潜在的な原因があります。以下に、頻繁に発生する2つの原因について説明します。

　最初に、図5-3 の一番上の例である、時間的なデータリークを取り上げます。次に、図5-3 の後半の2例を含むサンプル汚染について考えます。

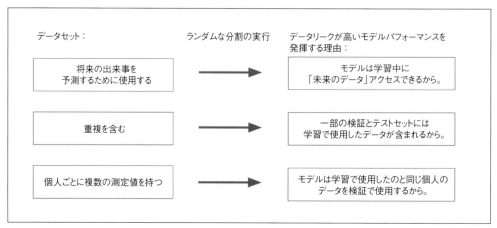

図5-3　ランダムなデータ分割で生じるデータリーク

時間的データリーク

　時系列の予測では、モデルは過去のデータポイントから学習して、まだ発生していないイベントを予測する必要があります。予測データセットをランダムに分割すると、データリークが発生します。ランダムなデータの集合で学習し、残りのデータで評価するモデルは、予測しようとしているイベントの**後**で発生したデータを使って学習する可能性があります。

　このモデルは、検証セットとテストセットでは人為的に良いパフォーマンスを発揮しますが、本番では失敗します。これは、現実の世界では利用できない未来の情報を活用して学習してしまったからです。

　一度気付いてしまえば、時間的なデータリークは簡単に検出できます。他の種類のデータリークは、モデルが学習中に持っているはずのない情報を与えて、学習データを「汚染」することで人為的にパフォーマンスを上昇させることがあります。こうした種類のデータリークは、多くの場合、検出が非常に困難です。

サンプル汚染

　データリークの一般的な原因は、ランダム性が利用されるところで発生します。かつて、筆者が支援していたデータサイエンティストは、小論文の評点を予測するモデルを作成していましたが、そのモデルはテストセットでは完璧に近いパフォーマンスを発揮していました。

　このような難しい作業で非常にパフォーマンスの良いモデルは、バグや**データリーク**が存在していることがことが多いため、綿密に調査する必要があります。ML分野のマーフィーの法則とし

て、「テストデータに対するモデルのパフォーマンスの良さと、パイプラインにエラーのある可能性は比例する」と言われています。

この例では、ほとんどの学生が複数の小論文を書いていたため、データをランダムに分割することで同じ学生の小論文が学習セットとテストセットの両方に存在することになりました。これにより、モデルは学生を識別する特徴量を取得し、その情報を使用して正確な予測を行うことができました（このデータセットでは、同じ学生の書いた小論文は、すべて同じような成績でした）。

もしこの小論文スコア予測器を本番の環境へデプロイすると、これまでに見たことのない学生のスコアを予測することはできず、過去の小論文のスコアを予測するだけになってしまいます。これではまったく役に立ちません。

このデータリークを解決するために、論文ではなく学生に対してデータの分割を行いました。これは、各学生は学習セット、または検証セットのどちらかにのみ含まれることを意味します。このデータの分割により、モデルの正解率が低下しました。しかし、学習で使用するデータが本番で使われるものに近いため、この新しいモデルははるかに価値があります。

サンプルの汚染は、微妙な方法で発生する可能性があります。アパート賃貸予約サイトを例に考えてみましょう。この Web サイトには、ユーザのクエリと項目が指定されると、ユーザがその項目をクリックするかどうかを予測するモデルが組み込まれています。このモデルは、ユーザに表示するリストを決定するために使用されます。

このモデルの学習を行うために、この Web サイトでは、以前に予約を行った数などユーザの特徴に関するデータセットを使用し、提示した物件と組み合わせて、クリックしたかどうかを確認できます。このデータは通常、こうした組み合わせを生成するためにクエリを実行できる本番データベースに格納されます。この Web サイトのエンジニアがそのようなデータセットを構築するためにクエリを実行する場合、データリークに直面する可能性があります。なぜでしょうか。

図 5-4 では、特定のユーザの予測結果を見ることで問題発生の可能性を説明しています。上側は、クリック予測を提供するためにモデルが本番で使用する特徴量です。ここでは、これまでに予約したことのない新しいユーザが、とある物件を提示されています。下側は、数日後にエンジニアがデータベースからデータを抽出した時点での特徴量の状態です。

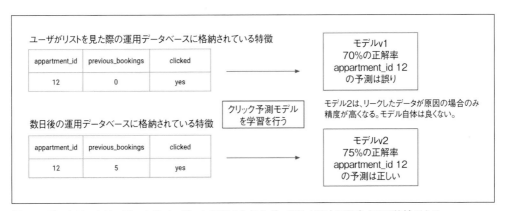

図5-4 データリークは、データのバージョン管理の欠如など、微妙な理由で発生する可能性がある

previous_bookings の違いに注目してください。これは、ユーザが最初にリストを提示された後に行われたユーザの行動によるものです。データベースのスナップショットを使用することで、ユーザの将来の行動に関する情報が学習セットにリークしました。今では、ユーザが最終的に5つのアパートを予約することがわかっています。このようなリークにより、下側の情報で学習したモデルは、ユーザの将来の行動についての情報が漏れてしまいます。このような情報が漏れたことで、下側の情報で学習したモデルが不正確な学習データに対して正しい予測を出力することがあります。本番ではアクセスできないデータを利用しているため、モデルの正解率は高くなります。これが本番にデプロイされると、そのパフォーマンスは予想よりも悪くなります。

　ここから得られる教訓は、特に驚くほど高いパフォーマンスを発揮したモデルは、必ず調査を行わなければならないということです。

5.1.4　MLエディタのデータ分割

　MLエディタの学習に使用したデータセットには、Stack Overflow で行われた質問とその回答が含まれています。一見すると、ランダムな分割で十分なように見えますし、scikit-learn で実装するのは非常に簡単です。例えば、次のような関数を作成します。

```
from sklearn.model_selection import train_test_split

def get_random_train_test_split(posts, test_size=0.3, random_state=40):
    """
    DataFrame から、学習 / テストデータに分割する
    DataFrame には、1つの質問に対して1つの行があると想定する
    :param posts: すべてのラベル付き投稿
    :param test_size: テストに割り当てる割合
    :param random_state: ランダムシード
    """
    return train_test_split(
        posts, test_size=test_size, random_state=random_state
    )
```

　このようなアプローチではリークの発生する可能性がありますが、それを特定できるでしょうか。

　ユースケースを振り返ってみると、我々のモデルは内容だけを見て、今まで見たことのない質問にも対応できるようにしたいと考えています。しかし、質問と回答の Web サイトでは、質問が正常に回答されたかどうかには他にも多くの要因が関係しています。これらの要因の1つが質問の作成者です。

　データをランダムに分割すると、特定の作成者が学習セットと検証セットの両方に現れる可能性があります。特定の人気のある作成者が特徴的なスタイルを持っている場合、モデルはそのスタイルを過学習すると共に、データリークにより検証セットで人為的に高いパフォーマンスを発揮する可能性があります。これを回避するには、各作成者が学習または検証にのみ現れるように確認するのが安全です。これは、前述の成績評価の例で説明したのと同じ種類のリークです。

　scikit-learn の GroupShuffleSplit クラスを使い、作成者のユニークな ID を表す特徴量を split

メソッドに渡すことで、指定された作成者が一方の分割にのみ含まれることを保証することができます。

```python
from sklearn.model_selection import GroupShuffleSplit

def get_split_by_author(
    posts, author_id_column="OwnerUserId", test_size=0.3, random_state=40
):
    """
    学習 / テストデータに分割する
    すべての author が分割の一方にのみ含まれることを保証する
    :param posts: すべてのラベル付き投稿
    :param author_id_column: author_id の含まれるカラム名
    :param test_size: テストに割り当てる割合
    :param random_state: ランダムシード
    """
    splitter = GroupShuffleSplit(
        n_splits=1, test_size=test_size, random_state=random_state
    )
    splits = splitter.split(posts, groups=posts[author_id_column])
    return next(splits)
```

　両者の分割方法の比較については、本書の GitHub リポジトリ（https://github.com/hundred blocks/ml-powered-applications）にある splitting_data.ipynb ノートブックを参照してください。

　データセットが分割されると、モデルを学習セットに適合させることができます。学習パイプラインの必要な部分については、「**2.4.1　シンプルなパイプラインから始める**」ですでに説明しました。本書の GitHub リポジトリにある train_simple_model.ipynb ノートブックでは、ML エディタのエンドツーエンドの学習パイプラインの例を示しています。このパイプラインの結果を分析します。

　データを分割する際に留意すべき主なリスクについて説明しましたが、データセットを分割し、その学習データでモデルを学習した後はどうすればよいでしょうか。次のセクションでは、学習済みモデルを評価するためのさまざまな実用的な方法と、それらを最大限に活用する方法について説明します。

5.1.5　パフォーマンスの評価

　データを分割したので、モデルの学習を行い、その結果を評価できます。たいていのモデルは、モデルの予測が実際のラベルからどれだけ乖離しているかを表すコスト関数を最小化するよう学習しています。コスト関数の値が小さいほど、モデルはデータによく適合しています。最小化する関数はモデルと問題によって異なりますが、一般的には、学習セットと検証セットの両方でその値を確認するべきです。

　これは一般的に、**モデルのバイアス - バリアンストレードオフ**を推定するのに役立ちます。これは、学習セットの詳細を記憶することなく、データから一般化可能な貴重な情報をモデルが学習した度合いを測定します。

本書では読者が標準的な分類メトリクスに精通していることを前提としていますが、念のために簡単な注意点を説明します。分類問題の場合、正解率はモデルが正しく予測したサンプルの割合を表します。つまり、真陽性と真陰性の両方である、真の結果の割合です。強い不均衡がある場合、高い正解率は悪いモデルを隠す可能性があります。例えば、99％のケースが陽性の場合に、常に陽性のクラスを予測するモデルは99％の正解率を持ちますが、実際にはあまり有用なモデルではないかもしれません。適合率、再現率、f1スコアはこの制限に対処します。適合率は、陽性と予測された例の中での真陽性の割合です。再現率は、陽性のラベルを持っていた要素の中での真陽性の割合です。そしてf1スコアは、適合率と再現率の調和平均です。

本書のGitHubリポジトリ（https://github.com/hundredblocks/ml-powered-applications）にある train_simple_model.ipynb ノートブックでは、TF-IDFベクトルと「**4.4.2　MLエディタの特徴量**」で特定した特徴量を用いてランダムフォレストの最初のバージョンの学習を行います。

以下は、学習セットと検証セットに対する正解率（accuracy）、適合率（precision）、再現率（recall）、およびf1スコアです。

```
Training accuracy = 0.585, precision = 0.582, recall = 0.585, f1 = 0.581
Validation accuracy = 0.614, precision = 0.615, recall = 0.614, f1 = 0.612
```

これらのメトリクスを見ると、次のことに気付きます。

- 2つのクラスで構成されるバランスの取れたデータセットを持っているので、すべてのサンプルに対してランダムにクラスを選んでもおよそ50％の正解率が得られるが、モデルの正解率は61％に達しているのでランダムなベースラインよりも優れている。
- 検証セットの正解率は学習セットよりも高い。モデルは見たことのないデータに対してもうまく機能しているように見える。

モデルのパフォーマンスについてさらに詳しく調べてみましょう。

5.1.5.1　バイアス - バリアンストレードオフ

学習セットでパフォーマンスが低いのは、偏り（バイアス）が高いためです。これは、**未学習（underfitting）**とも呼ばれ、モデルが有用な情報を取得できなかったことを意味します。すでにラベルが与えられているデータポイントですら、うまく機能しません。

学習セットでは高いパフォーマンスを発揮するが、検証セットでのパフォーマンスが低いことは、高い分散（バリアンス）の症状であり**過学習（overfitting）**と呼ばれます。学習データの入出力マッピングを学習する方法をモデルが見つけたけれども、それを見たことのないデータに一般化しないことを意味します。

未学習と過学習は、バイアス - バリアンストレードオフの極端なケースであり、モデルの複雑さが増すにつれて、モデルが作る誤差の種類がどのように変化するかを示します。モデルの複雑さが増すにつれ、分散が増加し偏りは減少して、モデルは未学習から過学習へと変化します。この様子を、**図5-5**に示します。

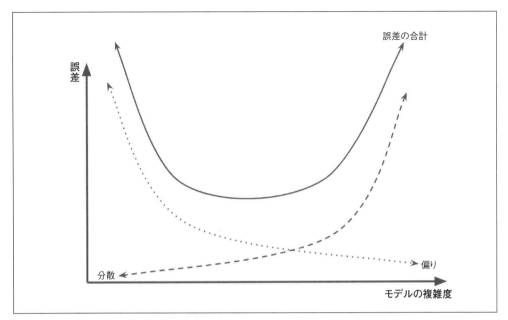

図5-5　複雑さが増すと、偏りは減少し分散が増加する

　今回のケースでは、検証のパフォーマンスが学習のパフォーマンスよりも優れているので、モデルが学習データに過学習していないことがわかります。パフォーマンスを向上させるために、モデルまたは特徴量の複雑さを増やすことができます。バイアス - バリアンストレードオフに対処するには、偏りを減らすことで学習セットのパフォーマンスを向上させることと、分散を減らすことで検証セットのパフォーマンスを向上させること（多くの場合、副産物として学習パフォーマンスを悪化させる）との間で最適なポイントを見つける必要があります。

　パフォーマンスメトリクスは、モデルのパフォーマンスの集約的な観点を生成するのに役立ちます。これは、モデルがどのように動作しているかを推測するのに役立ちますが、モデルが成功したか失敗したかを正確に把握することはできません。モデルを改善するためには、さらに深く掘り下げる必要があります。

5.1.5.2　集約メトリクスを越えて

　パフォーマンスメトリクスは、モデルがデータセットから正しく学習したかどうか、あるいは改善する必要があるかを判断するのに役立ちます。モデルが失敗しているか成功しているかを理解するために、次のステップで結果をさらに調査します。これは2つの理由から非常に重要です。

パフォーマンス検証

　パフォーマンスメトリクスは誤解を招くことがあります。患者の1％未満に現れる希少な疾患を予測するなど、データのバランスが著しく崩れた分類問題に取り組んでいる場合、患者が健康であることを常に予測するモデルは、予測力がまったくないにも関わらず、99％の正解率

に達するでしょう。あらゆる問題に適したパフォーマンスメトリクスが存在しますが（直前の問題では f1 スコア（https://scikit-learn.org/stable/modules/generated/sklearn.metrics.f1_score.html）が適しています）、重要なのは、それらが集約的なメトリクスであり、状況を不完全に描く点に留意することです。モデルのパフォーマンスを信頼するには、より詳細なレベルで結果を検査する必要があります。

反復

モデル構築は反復プロセスであり、何をどのように改善するかを特定するのが、反復ループを開始する最善の方法です。パフォーマンスメトリクスは、モデルがどこで問題を抱えているのか、パイプラインのどの部分に改善が必要なのかを特定するのに役立ちません。データサイエンティストが、他の多くのモデルやハイパーパラメータを試したり、無計画に特徴量を追加することで、モデルのパフォーマンスを改善しようとすることがよくあります。このアプローチは、目隠しをして壁にダーツを投げているようなものです。成功するモデルを迅速に構築するための鍵は、モデルが失敗している具体的な理由を特定し、それに対処することです。

これら2点を念頭に置いて、モデルのパフォーマンスをより深く掘り下げるための方法をいくつか説明します。

5.2　モデルの評価：正解率の向こう側

モデルのパフォーマンスを検査する方法は無数にありますが、本書では潜在的な評価方法をすべて網羅するわけではありません。ここでは、舞台裏で起きていることを明らかにする、いくつかの方法に焦点を当てます。

モデルのパフォーマンスを調査する際には、自分自身を探偵と考えます。以下に取り上げるのは、手がかりを浮かび上がらせるためのさまざまな方法です。まず、モデルの予測とデータを対比させて興味深いパターンを明らかにする複数の手法について説明します。

5.2.1　データと予測の対比

モデルを深く評価するための最初のステップは、データと予測を対比させるために、集約メトリクスよりも粒度の高い方法を見つけることです。データの異なるサブセットについて、正解率、適合率、再現率などの集約メトリクスを分析したいと考えています。一般的な ML 問題である分類に対して、これをどのように行うか見てみましょう。

この例のすべてのコードは、本書の GitHub リポジトリ（https://github.com/hundredblocks/ml-powered-applications）の comparing_data_to_predictions.ipynb ノートブックを参照してください。

分類問題では、最初に**図 5-6** で示すような混同行列を調べます。行は真のクラスを表し、列はモデルの予測を表します。完全な予測を行うモデルなら、左上から右下に向かう対角線を除いて、すべての場所でゼロになりますが、実際にはそうなりません。ここでは、混同行列が非常に有用である理由について説明します。

5.2.2　混同行列

　混同行列により、モデルが特定のクラスでは特に成功しているか、他のクラスでは機能していないかが一目でわかります。これは、多くの異なるクラスを持つデータセットや、不均衡なクラスを持つデータセットで特に有用です。

　特に正解率の高いモデルでは、1列が完全に空の混同行列となることが頻繁にあります。これは、モデルが決して予測しないクラスがあることを意味します。稀に発生する事象のクラスに対してよく発生し、無害な場合もあります。しかし、例えばローンの借り手が債務不履行に陥る場合など、稀なクラスが重要な結果を表す場合、混同行列は問題の発見に役立ちます。その場合、モデルの損失関数で稀なクラスの重みを強くすることで、修正できます。

　図 5-6 の上の行は学習済みの初期モデルが質の低い質問をうまく予測できていることを示し、下の行はモデルが質の高い質問を検出できていないことを示しています。実際、高スコアを獲得したすべての質問に対して、我々のモデルはその半分しか正しく予測できませんでした。しかし、右側の列に着目すると、モデルが質の高い質問であると予測した場合、その予測は正確であるという傾向があることがわかります。

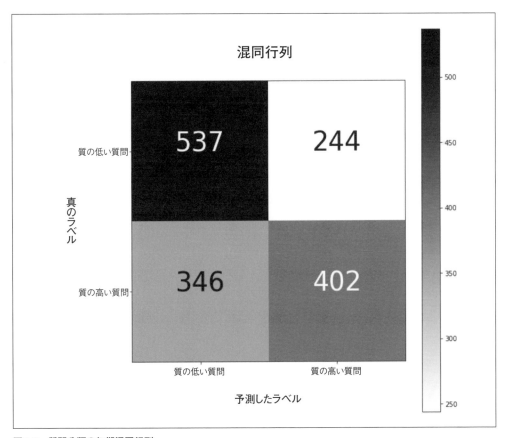

図5-6　質問分類の初期混同行列

　混同行列は、扱うクラスが 3 つ以上の問題の場合に、さらに役立ちます。筆者はかつて、発話から単語を分類しようとしていたエンジニアと仕事をしたことがあります。彼が混同行列を作成してみると、対称的で対角線外にある異常に高い 2 つの値に気付きました。これら 2 つのクラス（それぞれが単語を表す）がモデルを混乱させ、大部分のエラー原因となっていました。さらに調べてみると、モデルを混乱させていた単語は「when」と「where」であったこともわかりました。この 2 つの例について追加のデータを収集するだけで、モデルが類似した響きの単語をよりよく区別できるようになりました。

　混同行列は、モデルの予測と各クラスの真のクラスを比較できます。モデルをデバッグする際には、モデルの予測だけでなくモデルが出力する確率を調べたい場合があります。

5.2.3　ROC曲線（ROC Curve）

　二項分類問題では、受信者動作特性（ROC：Receiver Operating Characteristic）曲線も非常に有益です。ROC 曲線は、真陽性率（TPR：True Positive Rate）を偽陽性率（FPR：False Positive Rate）の関数としてプロットします。

　分類で使用されるモデルの大部分は、特定の例が特定のクラスに属する確率スコアを返します。これは、モデルによって与えられた確率が特定のしきい値を超える場合、推論時に特定のクラスを選択できることを意味します。これは通常、**決定しきい値**（decision threshold）と呼ばれます。

　デフォルトでは、ほとんどの分類器は決定しきい値に 50 ％の確率を使用しますが、これはユースケースに基づいて変更することができます。しきい値を 0 から 1 まで一定の割合で変化させ、各ポイントで TPR と FPR を測定することにより、ROC 曲線が得られます。

　モデルの予測確率と関連する真のラベルが得られたら、FPR と TPR は scikit-learn を使って簡単に計算できるので、ROC 曲線を生成します。

```
from sklearn.metrics import roc_curve

fpr, tpr, thresholds = roc_curve(true_y, predicted_proba_y)
```

　図 5-7 でプロットした ROC 曲線では、2 つの点を理解することが重要です。まず、左下から右上の間にある対角線は、ランダムな推測を表しています。つまり、ランダムなベースラインを上回るためには、分類器 / しきい値のペアがこの線より上になければならないことを意味します。さらに、左上の緑の点線は完璧なモデルを表します。

　この 2 つの点より、分類モデルでは多くの場合、曲線下面積（AUC：Area Under the Curve）を使用します。AUC が大きければ大きいほど、分類器は「完全な」モデルに近くなります。ランダムモデルの AUC は 0.5 ですが、完璧なモデルの AUC は 1 です。実用的なアプリケーションでは、ユースケースに最も有用な TPR/FPR 比を与える特定のしきい値を選択すべきです。そのため、製品のニーズを表す縦線または横線を ROC 曲線に追加することをお勧めします。緊急性が高いと判断された顧客のリクエストをサポートスタッフに転送するシステムについて考えてみましょう。余裕のある FPR は、サポートスタッフの処理能力とユーザ数によって決定されます。つまり、FPR がこの制限よりも高いモデルは考慮に入れる必要がありません。

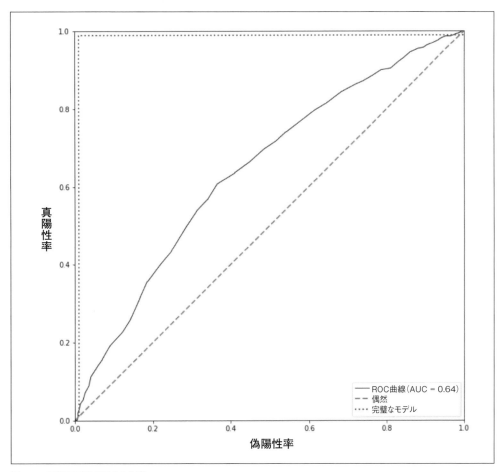

図5-7　初期モデルのROC曲線

　ROC 曲線上にしきい値をプロットすることで、単に最大の AUC スコアを得ることよりも、より具体的な目標を持つことができます。労力は目標に向かうものであるかを常に意識してください。

　ML エディタのモデルは、質問を良いものと良くないものに分類します。ここで、TPR は我々のモデルが正しく良いと判断した質の高い質問の割合を表しています。FPR は、モデルが良いと主張したけれども実際には良くない質問の割合を表しています。ユーザを支援しないのであれば、少なくともユーザに害を及ぼさないことを保証したいと考えています。これは、良くない質問を推奨してしまうリスクのあるモデルは使用すべきではないことを意味します。したがって、FPRに例えば 10 ％のしきい値を設定し、そのしきい値の下で見つけられる最良のモデルを使うべきです。**図 5-8** では、この要件が ROC 曲線上で表現されています。これにより、モデルの許容可能な決定しきい値の領域が大幅に削減されました。

　ROC 曲線は、予測を多少控えめにするとモデルのパフォーマンスがどのように変化するかにつ

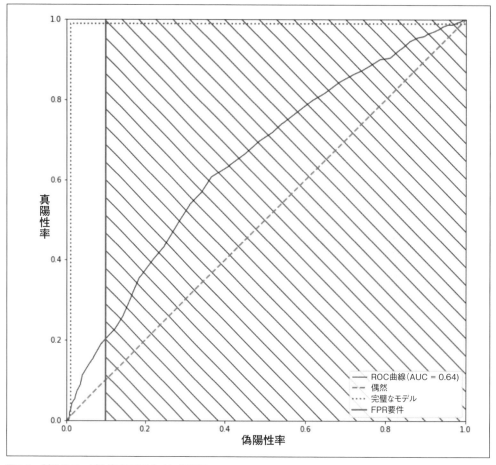

図5-8　製品のニーズを表すROCラインの追加

いて、より細かい見方を与えてくれます。モデルの予測確率を確認するもう1つの方法は、その
モデルの分布を真のクラス分布と比較して、そのモデルが十分に調整されているかどうかを確認す
ることです。

5.2.4　検量線（calibration curve）

　モデルの出力確率がその信頼度をよく表しているかどうかを理解するのに役立つため、検量線は
二項分類で使用されるもう1つの有益なプロットです。検量線は真陽性の割合を分類器の信頼度
の関数として表示します。

　例えば、我々の分類器が80%以上の確率で陽性と分類するすべてのデータポイントのうち、実
際に陽性であるデータポイントはいくつあるでしょう。完璧なモデルの検量線は、左下から右上へ
の対角線になります。

　図5-9 では、モデルが0.2から0.7の間で適切に調整されていることを上のグラフで確認できま

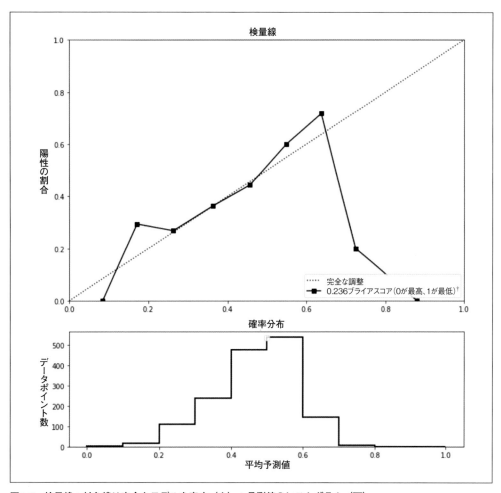

図5-9　検量線：対角線は完全なモデルを表す（上）；予測値のヒストグラム（下）

すが、それ以外の範囲確率については確認できません。下の予測確率のヒストグラムを見ると、モデルがこの範囲外の確率を予測することはほとんどないことがわかります。これが先に示された極端な結果につながる可能性があります。このモデルが、予測に確信を持つことは、ほとんどありません。

　広告配信における CTR の予測など、多くの問題では、確率が 0 または 1 に近づくと、データがモデルを歪めてしまいますが、検量線を使えば一目でそれがわかります。

　モデルのパフォーマンスを診断するには、個々の予測を可視化することが重要です。ここでは、この可視化プロセスを効率的に行うための方法を取り上げてみましょう。

---

† 　訳注：ブライアスコア（Brier score）は、確率的な予測の精度を測定するスコア関数の一種。1次元の予測値では、厳密に平均二乗誤差と同じ。

5.2.5 エラーの次元削減

「4.3.2.1 ベクトル化（Vectorizing）」と「4.3.2.2 次元削減」でデータ探索のためのベクトル化と次元削減のテクニックを説明しました。同じ手法を使って、エラー分析を効率的に行う方法を見てみましょう。

最初に次元削減を使用してデータを可視化する方法を説明した際、データセットの各ポイントをクラスごとに色分けしてラベルのトポロジーを観察しました。モデルのエラーを分析する場合、エラーを識別するためにさまざまなカラースキームを使用できます。

エラーの傾向を特定するには、モデルの予測が正しいかどうかで各データポイントに色を付けます。これにより、モデルのパフォーマンスが低い類似したデータポイントの種類を特定できます。モデルのパフォーマンスが低くなる領域を特定したら、その中のいくつかのデータポイントを可視化します。難しいサンプルを可視化して、これらに代表される特徴量を生成すれば、モデルをよりよく適合させるのに役立ちます。

難しいサンプルの傾向を明らかにするために、「4.3.2.3 クラスタリング」のクラスタリング手法を使用しても良いでしょう。データをクラスタリングした後、各クラスタに対するモデルのパフォーマンスを測定し、モデルのパフォーマンスが最も低いクラスタを特定します。そのクラスタ内のデータポイントを調べて、より多くの特徴量を生成できるようにします。

次元削減は、難しいサンプルを明らかにする手法の1つです。そのために、モデルの信頼スコアを直接使用することもできます。

5.2.6 top-kメソッド

密集したエラー領域を見つけることは、モデルのエラーモードを特定するのに役立ちます。そのような領域を見つけるために次元削減を使用しましたが、モデル自体を直接使うこともできます。予測確率を活用して、最も難しいデータポイントや、最も不確実であるデータポイントを特定できます。このアプローチを**top-k**メソッドと呼びましょう。

top-k メソッドは単純です。可視化するサンプルを管理しやすい個数選び、これを k と呼びます。個人的な可視化プロジェクトなら、10 ～ 15 から始めます。以前に見つけたクラスやクラスタごとに、可視化を行います。

- 最も高いパフォーマンスの k サンプル
- 最も低いパフォーマンスの k サンプル
- 最も不確実な k サンプル

これらのサンプルを可視化すると、モデルにとって簡単、困難、またはわかりにくいサンプルを特定できます。それぞれのカテゴリについてを詳しく見てみましょう。

5.2.6.1 最も高いパフォーマンスの k サンプル

最初に、モデルが正しく予測し、最も確信のあった k 個のサンプルを表示します。これらの例を可視化する際には、モデルのパフォーマンスを説明できる特徴量の共通性特定を目指します。これは、モデルがうまく活用している特徴量を特定するのに役立ちます。

うまく予測できたサンプルを可視化して、モデルが活用している特徴量を特定したら、今度は失敗した例をプロットして、モデルが拾い上げられなかった特徴量を特定します。

5.2.6.2　最も低いパフォーマンスの k サンプル

モデルが誤った予測を行ったサンプルから、最も確信のあった k 個を表示します。学習データの k 個サンプルから始めて、次に検証データを確認します。

エラークラスタを可視化するのと同様に、学習セットでモデルが最も悪い結果を出す k 個のサンプルを可視化することは、モデルが失敗するデータポイントの傾向を特定するのに役立ちます。これらのデータポイントを表示すると、モデルを簡単にするための追加の特徴量を識別するのに役立ちます。

例えば、ML エディタの初期モデルで発生したエラーを調べてみると、投稿された質問の中には疑問文が含まれていないために、スコアが低くなっているものがあることがわかりました。このような質問が低いスコアになることを予測できなかったので、テキストの本文にある疑問符をカウントする特徴量を追加しました。この特徴量を追加したことで、モデルは「疑問文ではない」質問に対して正確な予測を行うことができるようになりました。

検証データ中、最悪の k 個のサンプルを可視化することで、学習データと大きく異なるサンプルを特定することができます。検証セットの中で難しすぎるサンプルを特定した場合は、「**5.1.3 データセットの分割**」のヒントを参照して、データ分割戦略を更新してください。

モデルは常に確信を持って判断しているとは限りません、不確実な予測を行うこともあります。最後に、それらについて説明します。

5.2.6.3　最も不確実な k サンプル

最も不確実な k 個の例を可視化することは、モデルがその予測に最も確信を持てなかったサンプルを表示することです。本書で焦点を当てる分類モデルの場合の不確実なサンプルとは、モデルがどのクラスに対してもほぼ等しい確率で出力するサンプルのことです。

モデルが十分に調整されているなら（調整については「**5.2.4　検量線（Calibration Curve）**」を参照してください）、その不確かなサンプルを人間がラベル付けしても、一様な確率となります。例えば、犬と猫の分類器の場合、犬と猫の両方を含む画像がこのカテゴリに該当します。

学習セット内の不確かなサンプルは、多くの場合ラベルが矛盾している兆候です。実際、2 つの重複または矛盾した異なるクラスにラベル付けされたサンプルを学習セットが含む場合、モデルは各クラスに対して等しい確率で出力することにより、学習中の損失を最小化します。矛盾するラベルはこのように不確かな予測をもたらしますが、top-k メソッドを使用してこうしたサンプルを見つけることができます。

検証セットの中で最も不確実なサンプルの上位 k 個をプロットすることは、学習データのギャップを見つけるのに役立ちます。人間が見れば明らかであるが、モデルは不確かなものとして扱ったサンプルが検証データの中に存在する場合、この種のデータを学習セットで見ていないことを示しています。検証セット中の不確実な上位 k 個サンプルをプロットすると、学習セットに存在すべきデータの種類を特定するのに役立ちます。

top-k は、簡単な方法で実装できます。次のセクションでは、実用的な例を紹介します。

5.2.6.4　top-k 実装のヒント

以下は、pandas の DataFrames を使って動作する簡単な top-k の実装です。この関数は、予測確率とラベルを含む DataFrame を入力として受け取り、上記の top-k のそれぞれを返します。コードは、本書の GitHub リポジトリ（https://github.com/hundredblocks/ml-powered-applications）の top-k.ipynb を参照してください。

```python
def get_top_k(df, proba_col, true_label_col, k=5, decision_threshold=0.5):
    """
    二項分類問題の場合
    各クラスについて、k 個の最も正しい例と正しくない例を返す
    また、最も不確かな k 個を返す
    :param df: 予測と真のラベルを含む DataFrame
    :param proba_col: 予測の確率を含むカラム名
    :param true_label_col: 真のラベルを含むカラム名
    :param k: 各カテゴリごとに出力するサンプルの個数
    :param decision_threshold: 陽性と判断するしきい値
    :return: correct_pos, correct_neg, incorrect_pos, incorrect_neg, unsure
    """
    # 正確または不正確だった予測を取得する
    correct = df[
        (df[proba_col] > decision_threshold) == df[true_label_col]
    ].copy()
    incorrect = df[
        (df[proba_col] > decision_threshold) != df[true_label_col]
    ].copy()

    top_correct_positive = correct[correct[true_label_col]].nlargest(
        k, proba_col
    )
    top_correct_negative = correct[~correct[true_label_col]].nsmallest(
        k, proba_col
    )

    top_incorrect_positive = incorrect[incorrect[true_label_col]].nsmallest(
        k, proba_col
    )
    top_incorrect_negative = incorrect[~incorrect[true_label_col]].nlargest(
        k, proba_col
    )

    # しきい値に最も近いサンプルを取得する
    most_uncertain = df.iloc[
        (df[proba_col] - decision_threshold).abs().argsort()[:k]
    ]

    return (
```

```
            top_correct_positive,
            top_correct_negative,
            top_incorrect_positive,
            top_incorrect_negative,
            most_uncertain,
        )
```

MLエディタの例でtop-kメソッドを説明します。

5.2.6.5 MLエディタのtop-kメソッド

最初の分類器にtop-kメソッドを適用します。top-kメソッドの使用例は、本書のGitHubリポジトリ（https://github.com/hundredblocks/ml-powered-applications）のtop-k.ipynbノートブックを参照してください。

図5-10では、MLエディタの最初のモデルで、それぞれのクラスに対して最も正確なサンプルの上位2つを示しています。両クラスで最も異なる特徴量は、テキストの長さを表す`text_len`です。この分類器は、良い質問は長く、良くない質問は短くなる傾向があることを学習しています。クラスを識別するために、テキストの長さに大きく依存しています。

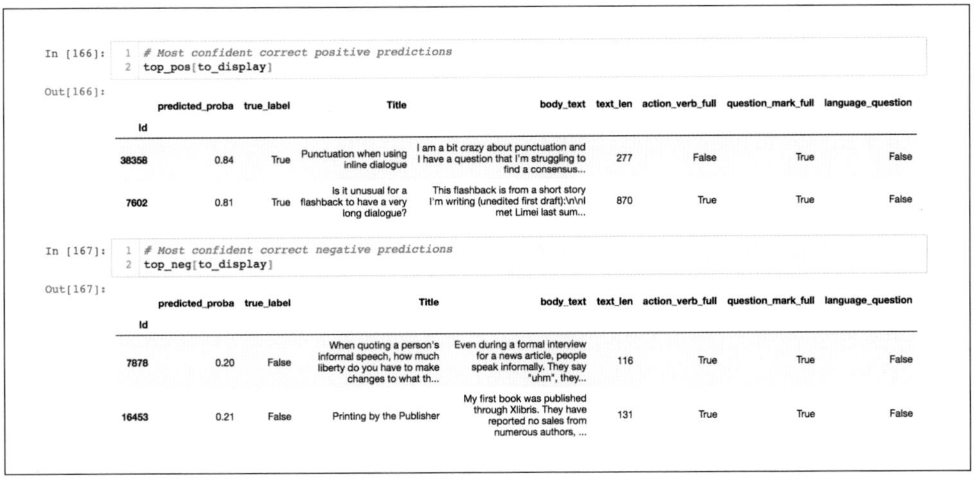

```
In [166]: 1 # Most confident correct positive predictions
          2 top_pos[to_display]
Out[166]:
```

Id	predicted_proba	true_label	Title	body_text	text_len	action_verb_full	question_mark_full	language_question
38358	0.84	True	Punctuation when using inline dialogue	I am a bit crazy about punctuation and I have a question that I'm struggling to find a consensus...	277	False	True	False
7602	0.81	True	Is it unusual for a flashback to have a very long dialogue?	This flashback is from a short story I'm writing (unedited first draft):\n\nI met Limei last sum...	870	True	True	False

```
In [167]: 1 # Most confident correct negative predictions
          2 top_neg[to_display]
Out[167]:
```

Id	predicted_proba	true_label	Title	body_text	text_len	action_verb_full	question_mark_full	language_question
7878	0.20	False	When quoting a person's informal speech, how much liberty do you have to make changes to what th...	Even during a formal interview for a news article, people speak informally. They say "uhm", they...	116	True	True	False
16453	0.21	False	Printing by the Publisher	My first book was published through Xlibris. They have reported no sales from numerous authors, ...	131	True	True	False

図5-10　最も正確なtop-k

図5-11は、この仮説を確認しています。回答される可能性が最も高いものとして我々の分類器が予測した未回答の質問は、最も長い質問であり、その逆もまた然りです。これは、「**5.3　特徴量の重要度評価**」で発見したことを裏付けるもので、`text_len`が最も重要な特徴量であることがわかりました。

分類器は`text_len`を利用して回答済みの質問と未回答の質問を簡単に識別できることを確認しましたが、この特徴量だけでは十分ではなく、誤分類につながっています。モデルを改善するために、より多くの特徴量を追加する必要があります。2つ以上の例を可視化することで、より多くの候補となる特徴量を特定することができます。

```
In [168]: # Most confident incorrect negative predictions
          worst_pos[to_display]
```

Out[168]:

Id	predicted_proba	true_label	Title	body_text	text_len	action_verb_full	question_mark_full	language_question
18735	0.23	True	What do I need to know about publishing a book which I have illustrated, not written?	I recently went to the market to buy books for my 2 year old kid and found many expensive books ...	184	True	True	False
19509	0.25	True	How to copyright a book without lawyer and outside USA?	I would like to publish an ebook with amazon and i dont have time/money to keep copyrights with ...	56	True	True	False

```
In [169]: # Most confident incorrect positive predictions
          worst_neg[to_display]
```

Out[169]:

Id	predicted_proba	true_label	Title	body_text	text_len	action_verb_full	question_mark_full	language_question
12574	0.86	False	When does repetition start becoming tedious (especially metaphors)?	I always find myself using CTRL + F to remove the words/phrases I think I'm repeating too much (...	361	False	True	False
42039	0.78	False	How do I write a MODERN combat/violence scene without being dry?	Warning: I have ADHD and this might be a little ramble-y, sorry.\nI'm completely stumped. I'm tr...	770	True	True	False

図5-11　最も不正確なtop-k

学習データと検証データの両方にtop-kメソッドを使うと、モデルとデータセットの両方の限界を特定するのに役立ちます。これまでに、モデルがデータを表現する能力を持っているかどうか、データセットが十分にバランスしているかどうか、そして代表的な例を十分に含んでいるかどうかを識別するのに役立つ方法を説明してきました。

分類モデルは多くの具体的な問題に適用できるので、ここでは主に分類モデルの評価方法について説明しました。次に、分類を行わない場合のパフォーマンス調査方法を簡単に見てみましょう。

5.2.7 他のモデル

多くのモデルは、分類フレームワークを使用して評価できます。例えばオブジェクト検出では、モデルが画像内の対象オブジェクトの周囲に境界ボックスを出力することが目的である場合、一般的なメトリクスは精度です。各画像は、オブジェクトと予測値を表す複数の境界ボックスを持つことができるため、精度を計算するには追加の手順が必要です。まず、予測とラベルとの重なりを計算し（多くの場合、ジャッカード係数（Jaccard Index、https://en.wikipedia.org/wiki/Jaccard_index）[†]を使用します）、各予測値に正しいか正しくないかをマークできます。そこから精度を計算し、この章で紹介したすべての方法を使用できます。

同様に、コンテンツの推奨を目的としたモデルを構築する場合、反復を行い、さまざまなカテゴリでモデルをテストし、そのパフォーマンスを確認するのが最良の方法です。そうすると、各カテゴリはクラスを表し、評価は分類問題と同じようになります。

例えば生成モデルを使用するような手の込んだ手法となる可能性のある問題では、先に行ったデータの探索を使用することで、データの複数カテゴリへの分割や、各カテゴリのパフォーマンスメトリクス生成が可能となります。

† 訳注：ジャッカード係数は類似度を表す指標の1つ。2つの集合に含まれる要素のうち、共通要素が占める割合を表す。値は0から1の間となる。

　文の単純化モデルを構築していたデータサイエンティストと共に、文の長さを条件としたモデルのパフォーマンスを調べたことがあります。そのモデルにとって、長い文は非常に扱いにくいものであることが判明したため、検査と手作業でのラベル付けが必要でした。しかし、学習データに長い文を追加するという明確なステップを加えることで、パフォーマンスを大幅に向上させることができました。

　モデルの予測とラベルを対比させてパフォーマンスを検査する多くの方法を取り上げてきましたが、モデル自体を検査することもできます。モデルのパフォーマンスがまったく芳しくない場合は、その予測を解釈してみることに価値があるかもしれません。

5.3　特徴量の重要度評価

　モデルのパフォーマンスを分析するもう 1 つの方法は、モデルの予測に使用しているデータの特徴量を調べることです。これを特徴量の重要度分析と呼びます。特徴量の重要度を評価することは、モデルパフォーマンスに寄与していない特徴量を排除または反復処理するのに役立ちます。また、特徴量の重要度は、疑わしい予測の原因となる特徴量を特定するのにも役立ちます。これは、多くの場合、データリークの兆候です。まずは簡単に実行できるモデルの特徴量の重要度を生成することから始め、そうした重要度を直接抽出することが容易ではない場合を取り上げます。

5.3.1　分類器から直接重要度を取得する

　モデルが正しく機能していることを検証するには、モデルがどの特徴量を使用しているか、または無視しているかを可視化します。回帰や決定木のような単純なモデルでは、モデルが学習したパラメータを調べることで、特徴量の重要度を容易に抽出できます。

　ML エディタのケーススタディで使用した最初のモデル（ランダムフォレスト）では、scikit-learn の API を使用すると、すべての特徴量の重要度を、ランク付けしたリストとして取得できます。コードとその使い方は、本書の GitHub リポジトリ（https://github.com/hundredblocks/ml-powered-applications）の feature_importance.ipynb ノートブックを参照してください。

```
def get_feature_importance(clf, feature_names):
    importances = clf.feature_importances_
    indices_sorted_by_importance = np.argsort(importances)[::-1]
    return list(
        zip(
            feature_names[indices_sorted_by_importance],
            importances[indices_sorted_by_importance],
        )
    )
```

　学習済みモデルで上記関数を使用すると、最も有益であった 10 個の特徴量をリストとして得られます。

```
Top 10 importances:

text_len: 0.0091
are: 0.006
what: 0.0051
writing: 0.0048
can: 0.0043
ve: 0.0041
on: 0.0039
not: 0.0039
story: 0.0039
as: 0.0038
```

ここで注意すべき点がいくつかあります。

- テキストの長さ（text_len）が最も情報量の多い特徴量である。
- 生成した他の特徴量はまったく現れず、重要度は他の特徴量よりも1桁低い。モデルはこれらの特徴量を利用してクラスを有意義に分離することができなかった。
- その他の特徴量は、非常に一般的な単語か、文章のトピックに関連する名詞を表している。

　モデルと特徴量は単純なので、この結果から実際に作成すべき新しい特徴量のアイデアを与えてくれます。例えば、一般的な単語と出現頻度が低い単語の使用状況をカウントして、それらが高い得点を獲得する回答を予測するかどうかを確認する特徴量を追加できます。

　特徴量やモデルが複雑になると、特徴量の重要度を生成するためにモデルの説明可能性ツールを使用する必要があります。

5.3.2　ブラックボックス説明可能性ツール

　特徴量が複雑になると、特徴量の重要度を解釈するのが難しくなります。ニューラルネットワークのような複雑なモデルの一部には、学習した特徴量の重要度を明らかにできないものもあります。このような状況では、モデルの内部動作とは無関係にモデルの予測を説明しようとするブラックボックス説明可能性ツールを活用するのが有益です。

　一般的に、説明可能性は大域的ではなく、特定のデータポイントでの予測特徴量を識別します。これは、与えられたサンプルの各特徴値を変更し、その結果としてモデルの予測がどのように変化するかを観察することによって行われます。LIME（https://github.com/marcotcr/lime）とSHAP（https://github.com/slundberg/shap）は、人気のあるブラックボックス説明可能性ツールです。

　これらの使用例については、本書のGitHubリポジトリ（https://github.com/hundredblocks/ml-powered-applications）にあるblack_box_explainer.ipynbノートブックを参照してください。

　図5-12は、この質問のスコアが高いと判断するために、どの単語が最も重要であったかについて、LIMEによって提供された説明を示しています。LIMEは、入力された質問から繰り返し単語を削除し、どの単語でクラスの変化が発生するかを見ることにより、こうした説明を生成します。

図5-12　LIMEによる説明

　この質問が高スコアを獲得することをモデルが正しく予測したことがわかりました。しかし、高い確信を得ていたわけではなく、予測確率は52％でした。**図5-12** の右側は予測に最も影響した単語を示しています。これらの単語は高いスコアの質問に関連しているようには見えないので、モデルがより有用なパターンを活用しているかどうか、その他の例も見てみましょう。

　傾向を素早く把握するために、より多くの質問サンプルで LIME を使用できます。各質問に対して LIME を実行し、結果を集約することで、全体的にどの単語を使用してモデルが意思決定を行うかを知ることができます。

　図5-13 では、500 の質問で最も重要な予測をプロットしています。より大きなサンプルでも、モデルが一般的な単語を利用する傾向が明らかです。このモデルは、頻出単語を利用する以上に一般化するのに苦労しているようです。出現頻度の低い単語を表す bag-of-words 特徴量は、ほとんどの場合で値が0です。これを改善するには、より大きなデータセットを収集して、モデルをより多様な語彙に晒すか、あるいは疎ではない特徴量を作成するかのいずれかが考えられます。

　モデルが最終的に使用する予測変数に驚くことがよくあります。予想以上にモデルの予測に寄与する特徴量がある場合は、学習データの中からその特徴量を含むサンプルを見つけて調査します。この機会に、データセットをどのように分割したかを再度確認し、データリークがないか監視します。

　例えば、かつて筆者が指導していた ML エンジニアは、内容に基づいてメールを異なるトピックに自動的に分類するモデルを構築しようとしていました。その際、最も優れた予測因子はメールの先頭にある3文字のコードであることに気付きました。これはデータセットの内部コードで、ラベルとほぼ完璧に一致することがわかりました。モデルはメールの内容を完全に無視して、既存のラベルを記憶していました。これは明らかなデータリーク例であり、特徴量の重要度を調べなければ見つけられませんでした。

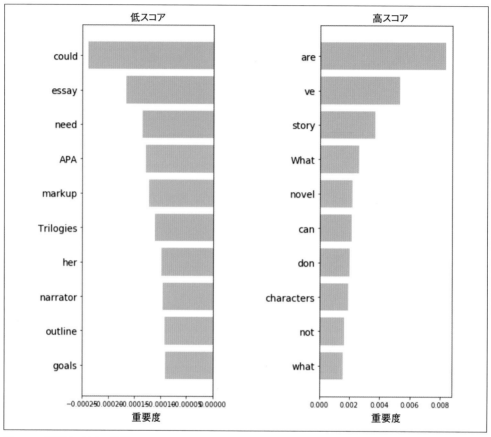

図5-13　複数例に対する説明

5.4　まとめ

　この章では、これまでに学んだことをもとに、初期モデルを決定するための基準を網羅しました。次に、データを複数のセットに分割することの重要性と、データリークを避けるための方法を取り上げました。

　初期モデルの学習を行った後、予測をデータと比較および対比するさまざまな方法を見つけることにより、モデルのパフォーマンスを判断する方法を深く掘り下げました。最後に、特徴量の重要度を表示したり、ブラックボックス説明可能性ツールを使用してモデル自体を検査し、モデルが予測に使う特徴量を直感的に理解することができました。

　そろそろ、モデルを改善するためのヒントが見えてきたはずなので、次に「**6章　ML問題のデバッグ**」に進みます。そこでは、MLパイプラインのデバッグやトラブルシューティングを行うことで、ここまでに明らかになった問題点を解決する方法について、より深く掘り下げていきます。

6章
ML問題のデバッグ

前の章では、初期モデルの学習と評価を行いました。

パイプラインを満足できるレベルのパフォーマンスにするのは難しく、何度も反復する必要があります。そうした反復サイクルの中で行うべきことを説明するのがこの章の目的です。この章では、モデリングパイプラインをデバッグするためのツールと、変更を行っても動作し続けることを確認するためのテスト方法について説明します。

ソフトウェアのベストプラクティスでは、セキュリティや入力の解析といった慎重に扱うべきステップについては、定期的にテスト、検証、検査を行うことを推奨しています。これは、従来のソフトウェアに比べてモデルのエラーを検出するのがはるかに困難な ML の場合も同じです。

パイプラインが堅牢であることを確認し、システム全体に障害を発生させることなく、パイプラインを試すことができるようにするためのヒントをいくつか取り上げます。まずはソフトウェアのベストプラクティスを掘り下げてみましょう。

6.1 ソフトウェアのベストプラクティス

ほとんどの ML プロジェクトでは、モデルを構築し、その欠点を分析し、それに対処するというプロセスを何度も繰り返すことになります。また、インフラストラクチャーの各部分を複数回変更することになるので、反復のスピードを上げる方法を見つけることが重要です。

ML においても、他のソフトウェアプロジェクトと同様にソフトウェアのベストプラクティスに従わなければなりません。Keep It Stupid Simple（KISS、https://people.apache.org/~fhanik/kiss.html）原則と呼ばれることもありますが、必要なものだけを構築するなど、こうしたベストプラクティスのほとんどはそのまま ML のプロジェクトにも適用できます。

ML プロジェクトは本質的に反復的であり、モデルの選択だけでなく、データクリーニングや特徴量生成アルゴリズムでもさまざまな繰り返しを行います。ベストプラクティスに従っている場合でも、デバッグとテストという 2 つの作業が反復速度を低下させることがよくあります。デバッグとテストを高速化することは、どのようなプロジェクトにも大きな影響を与えますが、モデルの確率的な性質から単純なエラーの調査にも数日を要することが多い ML プロジェクトでは、さらに重要になります。

シカゴ大学の提供する簡潔なデバッグガイド（https://uchicago-cs.github.io/debuggingguide/）をはじめとして、一般的なプログラムのデバッグ方法を学ぶためのリソースは数多く存在します。多くの ML エンジニアのように Python を使っているなら、Python の標準デバッガである pdb（https://docs.python.org/3/library/pdb.html）のドキュメントを読むことをお勧めします。

　他の多くのソフトウェアと比較して、ML のコードは一見正しく実行されているように見えても、まったく意味のない結果が出てしまうことがあります。つまり、ツールやヒントはほとんどの ML コードにもそのまま適用できますが、一般的な問題を診断するには不十分です。ほとんどのソフトウェアアプリケーションでは、強固なテストカバレッジを持つことで、アプリケーションの正常な動作に対する高い信頼性を得ることができますが、**図 6-1** に示すように ML ソフトウェアは多くのテストに合格していても、結果がまったく正しくない場合があります。ML プログラムは単に実行すればよいわけではなく、正確な予測結果を出す必要があります。

図6-1　MLパイプラインは、エラーなしで実行しても誤りが生じる可能性がある

　ML では、デバッグに対する新たな課題が生じるため、それを解決するための方法をいくつか紹介します。

6.1.1　MLに特化したベストプラクティス

　あらゆる種類のソフトウェアの中で ML に関して言うならば、プログラムをエンドツーエンドで実行できただけでは、その正確さを確信するには十分ではありません。パイプライン全体はエラーなしで実行されるけれども、まったく役に立たないモデルを作ることは可能です。

　プログラムがデータを読み込み、モデルに渡すとします。モデルはこの入力を取り込み、学習アルゴリズムに基づいてモデルのパラメータを最適化します。最後に、学習済みのモデルが、異なるデータセットから出力を生成します。プログラムは目に見えるバグもなく実行されました。問題は、プログラムを実行させるだけでは、このモデルの予測が正しいという保証がまったくないということです。

　ほとんどのモデルは、特定形式（例えば、画像を表す行列）の数値入力を受け取り、異なる形式のデータ（例えば、入力画像中のキーとなる座標のリスト）を出力します。つまり、データが数値であり、モデルが入力として受け付ける形式である限り、モデルに渡す前のデータ処理ステップで

データが破損していたとしても、ほとんどのモデルは実行されることを意味します。

　モデリングパイプラインのパフォーマンスが低い場合、それがモデルの品質によるものなのか、それともプロセスの早い段階でのバグの存在によるものなのかを、どのようにして見分ければ良いのでしょうか。

　MLでこうした問題に取り組む最善の方法は、漸進的なアプローチに従うことです。まずデータの流れを検証し、次に学習能力を検証し、最後に一般化と推論を検証します。**図6-2** は、この章で扱うプロセスの概要を示しています。

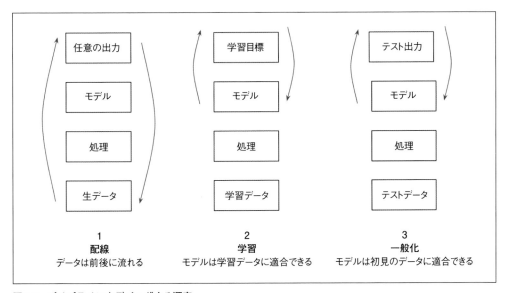

図6-2　パイプラインをデバッグする順序

　この章では、これら3つのステップのそれぞれについて詳しく説明します。厄介なバグに直面したときには、このステップを省略したくなるかもしれませんが、たいていの場合、原則的なアプローチに従うことがエラーを発見して修正するための最速の方法であることがわかっています。

　データの流れを検証することから始めましょう。最も簡単に行うには、非常に小さなデータのサブセットを作り、それがパイプライン全体を流れることを確認します。

6.2　配線のデバッグ：可視化とテスト

　この最初のステップは単純で、一度これができるようになれば、作業は劇的にシンプルになります。まずデータセット内の小さなサブセットに対してパイプラインを機能させるところから始めます。これは **図6-2** の配線ステップに相当します。いくつかの例でパイプラインが動作することを確認したら、変更を加えてもパイプラインが機能し続けることを確認するためのテストを書くことができます。

6.2.1　1つのサンプルから始める

　この最初のステップの目的は、データを取り込み、正しい形式に変換し、モデルに渡し、モデルが正しそうなものを出力できるかどうかを確認することです。この段階では、モデルが何かを学習できるかではなく、パイプラインがデータを通すことができるかを判断します。

　具体的には、次の作業を行います。

- データセット内のいくつかの例を選択する
- モデルがこれらの例の予測を出力するようにする
- 正しい予測値を出力するために、モデルのパラメータを更新する

　最初の2つの項目は、モデルが入力データを取り込み、妥当な見た目の出力が生成できることの確認に焦点を当てています。この最初の出力は、モデリングの観点からは誤った内容である可能性が高いのですが、データがすべての経路を通って流れているかどうかを確認できます。

　最後の項目は、モデルが与えられた入力から関連する出力へのマッピングを学習する能力の確認を目的としています。いくつかのデータポイントに適合させても、有用なモデルは生成されず、過学習につながる可能性があります。このプロセスは、モデルが入力と出力のセットに適合するようにパラメータを更新できることを検証します。

　この最初のステップが実際どのように見えるかを次に示します。Kickstarter[†]のプロジェクトが成功するかどうかを予測するモデルの学習を行う場合、ここ数年のすべてのプロジェクトを対象にすることを考えるかもしれません。しかしヒントに従い、まずモデルが2つのプロジェクトの予測を出力できるかどうかを確認します。次に、これらのプロジェクトのラベル（成功したかどうか）を使って、正しい結果を予測するまでモデルのパラメータを最適化します。

　モデルを適切に選択したならば、モデルはデータセットから学習する能力を持っているはずです。そして、もしモデルがデータセット全体から学習できるのであれば、モデルはデータポイントを記憶する能力が必要です。いくつかのサンプルから学習する能力は、モデルがデータセット全体から学習するための必要条件です。また、全体の学習プロセスよりもはるかに簡単に検証できるので、少数のサンプルから始めることで、将来起こりうる問題を素早く絞り込むことができます。

　この初期段階で発生するエラーの大部分は、データの不一致が原因です。前処理を行ったデータが、モデルが受け入れられない形式でモデルに供給されています。ほとんどのモデルは数値しか受け付けないので、例えば、与えられた値が空のままで Null 値を持つ場合などで失敗することがあります。

　不一致のケースには、より捉えどころのないものもあり、表面化しないエラーにつながる可能性があります。正しい範囲や形状ではない値が供給されてもパイプラインの実行は正常に進むかもしれませんが、パフォーマンスの低いモデルが生成される可能性があります。正規化されたデータを必要とするモデルが、正規化されていないデータで学習を行うこともよくあります。同様に、誤った形状の行列をモデルに与えると、モデルは入力を誤って解釈し、誤った出力を生成することがあります。

---

† 　訳注：Kickstarter は、米国のクラウドファンディングサイトのこと。https://www.kickstarter.com

このようなエラーは、プロセスの後半でモデルのパフォーマンスを評価すると明らかになるため、捉えるのは困難です。こうしたエラーを積極的に検出する最善の方法は、パイプラインを構築する際にデータを可視化し、仮定をエンコードするテストを構築することです。次にその方法を説明します。

6.2.1.1 可視化ステップ

これまでに見てきたように、メトリクスはモデリング作業の重要な部分ですが、データの定期的な検査と調査も同様に重要です。最初にいくつかの例を観察するだけで、変化や不整合に気付きやすくなります。

このプロセスの目的は、定期的に変更を検査することです。データパイプラインを組み立てラインと考えた場合、**意味のある変更が行われるたびに製品を検査する必要があります**。組み立てラインのあらゆる箇所でデータポイントの値をチェックするのは、おそらく頻度が高すぎます。また、入力と出力の値だけでは十分な情報が得られないのは間違いありません。

図 6-3 では、データパイプラインを確認するための検査ポイントの例をいくつか示しています。この例では、生データからモデルの出力に至るまで、複数のステップでデータを検査しています。

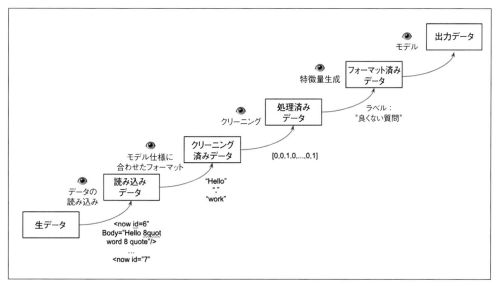

図6-3 検査ポイントの例

次に、検査する価値のあるいくつかの重要なステップについて説明します。データの読み込みから始めて、クリーニング、特徴量の生成、フォーマット、モデル出力へと進みます。

6.2.1.2 データの読み込み

データをディスクから読み込む場合でも API 呼び出しで取り寄せる場合でも、データが正しくフォーマットされていることを確認する必要があります。このプロセスは探索的データ分析

（EDA：Exploratory Data Analysis）を実行する際のプロセスと似ていますが、ここでは構築した
パイプラインの中で行われ、データが破損する原因となるエラーがないことを確認します。

　期待するすべてのフィールドが含まれているか。これらのフィールドの中に Null または定数は
あるか。年齢が負になるなど、正しくないと思われる範囲の値はあるか。テキスト、音声、画像を
使用しているなら、それはどのように読めるか、どのように見えるか、どのように聞こえるか、期
待と一致しているか、などを確認します。

　ほとんどの処理ステップは、入力データの構造について何らかの前提に依存しているため、これ
らの点を検証することは非常に重要です。

　ここでの目的は、データに対する期待と現実との不一致を特定することなので、1 つまたは 2 つ
以上のデータポイントを可視化することを推奨します。代表的なサンプルを可視化することで、
「幸運な」例だけを観察して、すべてのデータポイントが同じ品質を持っていると誤って思い込む
ことがないようにします。

　図 6-4 は、本書の GitHub リポジトリ（https://github.com/hundredblocks/ml-powered-
applications）にある dataset_exploration.ipynb ノートブックの事例を示しています。ここでは、
アーカイブ内の何百もの投稿が、文書化されていない PostTypeId を持つため、除外する必要があ
ります。この例では、PostTypeId が 5 の行が確認できますが、これはデータセットのドキュメン
トで参照されていないため、学習データから削除します。

| | In [5]: | 1 | df[df["Body"].isna()] | | | | | | | | | | | | | |

wnedDate	CreationDate	FavoriteCount	LastActivityDate	LastEditDate	...	ParentId	PostTypeId	Score	Tags	Title	ViewCount	body_text	text_len	tokenized	is_question
NaN	2011-03-22T19:49:56.600	NaN	2011-03-22T19:49:56.600	2011-03-22T19:49:56.600	...	NaN	5	0	NaN	NaN	NaN	NaN	0	[]	False
NaN	2011-03-22T19:51:05.897	NaN	2011-03-22T19:51:05.897	2011-03-22T19:51:05.897	...	NaN	5	0	NaN	NaN	NaN	NaN	0	[]	False
NaN	2011-03-24T19:35:10.353	NaN	2011-03-24T19:35:10.353	2011-03-24T19:35:10.353	...	NaN	5	0	NaN	NaN	NaN	NaN	0	[]	False
NaN	2011-03-24T19:41:38.677	NaN	2011-03-24T19:41:38.677	2011-03-24T19:41:38.677	...	NaN	5	0	NaN	NaN	NaN	NaN	0	[]	False
NaN	2011-03-24T19:58:59.833	NaN	2011-03-24T19:58:59.833	2011-03-24T19:58:59.833	...	NaN	5	0	NaN	NaN	NaN	NaN	0	[]	False
NaN	2011-03-24T20:05:07.753	NaN	2011-03-24T20:05:07.753	2011-03-24T20:05:07.753	...	NaN	5	0	NaN	NaN	NaN	NaN	0	[]	False
NaN	2011-03-24T20:22:44.603	NaN	2011-03-24T20:22:44.603	2011-03-24T20:22:44.603	...	NaN	5	0	NaN	NaN	NaN	NaN	0	[]	False

図6-4　データの可視化

　データがデータセットのドキュメントに記載されている期待値に適合していることを確認した
ら、モデリングを目的としたデータの処理を開始します。これは、データのクリーニングから始ま
ります。

6.2.1.3　クリーニングと特徴量選択

　たいていのパイプラインでは、次のステップとして不要な情報の削除を行います。これには、モ
デルが使用する予定のないフィールドや値だけでなく、モデルが本番環境でアクセスできないラベ
ル情報を含むフィールドも含まれます（「**5.1.3　データセットの分割**」を参照）。

　削除する各特徴量は、モデルの予測因子かもしれないことを忘れないでください。どの特徴量を維持し、どの特徴量を削除するかを決定する作業は、**特徴量選択**と呼ばれ、モデルの反復処理の不可欠な部分です。

　重要な情報が失われていないこと、不要な値がすべて削除されていること、そして、データリークでモデルのパフォーマンスを人為的に向上させるような余分な情報がデータセットに残っていないことを確認してください（「**5.1.3.4　データリーク**」を参照）。

　データクリーニングが終わったら、モデルに使用するいくつかの特徴量を生成します。

6.2.1.4　特徴量生成

　例えば、Kickstarterプロジェクトの説明に商品名への参照頻度を追加するなど、新しい特徴量を生成する際には、その値を検査することが重要です。特徴量の値が入力されているか、その値が妥当と考えられるかをチェックする必要があります。これは、すべての特徴量を特定するだけでなく、それぞれの特徴量について合理的な値を見積もる必要があるため、難易度は低くありません。

　このステップでは、データやモデルの有用性ではなく、モデルを流れるデータに関する前提の検証に焦点を当てているため、この時点では、これ以上深く分析する必要はありません。

　特徴量が生成されたら、モデルが理解できる形式でモデルに渡されることを確認する必要があります。

6.2.1.5　データのフォーマット

　すでに説明したように、データポイントをモデルに渡す前には、モデルが理解できる形式に変換する必要があります。これには、入力値の正規化、数値表現を使ったテキストのベクトル化、モノクロビデオから3次元テンソルへのフォーマットなどが含まれます（「**4.3.2.1　ベクトル化（Vectorizing）**」を参照）。

　教師あり学習に取り組む場合、分類問題では分類クラス名、画像セグメンテーション問題ではセグメンテーションマップなど、入力以外にラベルも使用します。こうした情報も、モデルが理解できる形式に変換する必要があります。

　複数の画像のセグメンテーション問題に関する筆者の経験では、例えば、ラベルとモデル予測値の間のデータ不一致は、最も一般的なエラー原因の1つです。セグメンテーションモデルは、ラベルとしてセグメンテーションマスクを使用します。このマスクは入力画像と同じサイズですが、ピクセル値の代わりに各ピクセルのクラスラベルが含まれています。残念ながら、ライブラリごとに異なる規則を使用してマスクを表現するために、ラベルの形式が誤っていることが多く、モデルの学習を妨げています。

　このよくある落とし穴を図6-5で説明しました。モデルの想定が、あるクラスのピクセルには255の値が渡され、それ以外のピクセルには0が渡される、であったとします。ユーザがマスクに含まれるピクセルの値が255ではなく1であると考えた場合、ラベル付けされたマスクを「与えられたマスクデータ」で示した形式で渡すことになります。これにより、マスクはほぼ完全に空であるとみなされ、モデルは不正確な予測を出力することになります。

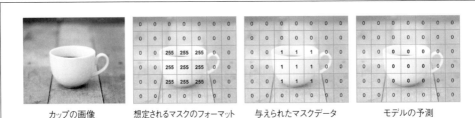

| カップの画像 | 想定されるマスクのフォーマット | 与えられたマスクデータ | モデルの予測 |

図6-5　ラベルのフォーマットが正しくないためモデルが学習できない例

　同様に、分類ラベルは、真のクラスの場所に 1、それ以外は 0 のリスト[†]として表されます。1 つずれただけの単純なエラーは、ラベルがシフトされ、モデルが常に 1 つずつシフトされた 1 つ違いのラベルを予測するように学習する可能性があります。この種のエラーは、データを確認する時間を十分に取らないと、トラブルシューティングが困難になる場合があります。

　ML モデルは、構造が正確であるか内容が正しいかに関係なく、ほとんどの数値出力に適合できます。そのため、この段階では多くの扱いにくいバグが発生すると共に、それを見つけるための方法が必要となります。

　このような変換機能は ML エディタのケーススタディでどのように使われるのか、例を示します。これは質問文のベクトル化された表現を生成し、特徴量を追加します。この関数は複数の変換とベクトル演算で構成されているので、この関数の戻り値を可視化することで、意図した通りにデータが変換されたことを確認できます。

```python
def get_feature_vector_and_label(df, feature_names):
    """
    ベクトル特徴量と与えられた特徴量名を用いて、
    入力ベクトルと出力ベクトルを生成する
    :param df: 入力 DataFrame
    :param feature_names: 特徴量列の名前（ベクトル以外）
    :return: 特徴量配列とラベル配列
    """
    vec_features = vstack(df["vectors"])
    num_features - df[feature_names].astype(float)
    features = hstack([vec_features, num_features])
    labels = df["Score"] > df["Score"].median()
    return features, labels

features = [
    "action_verb_full",
    "question_mark_full",
    "text_len",
    "language_question",
]

X_train, y_train = get_feature_vector_and_label(train_df, features)
```

---

†　訳注：第 4 章で紹介した、ワンホットエンコーディングのこと。

特にテキストデータを扱う場合には、データがモデル用に適切にフォーマットされるまでに、通常複数のステップが必要です。テキストの文字列からトークン化されたリスト、潜在的な追加の特徴量を含むベクトル化された表現へと移行することは、エラーが発生しやすいプロセスです。各ステップでオブジェクトの形状を検査するだけでも、多くの単純なミスを発見するのに役立ちます。

データが適切な形式に整ったら、モデルに渡すことができます。最後のステップは、モデルの出力を可視化して検証することです。

6.2.1.6　モデル出力

まず、出力を見ることは、モデルの予測が正しい種類や形状であるかどうかを確認するのに役立ちます（市場での住宅価格と期間を予測している場合、モデルは2つの数字の配列を出力しているかどうか等）。

さらに、モデルをいくつかのデータポイントに適合させて、その出力が真のラベルと一致していること確認します。モデルがデータポイントに適合しない場合、これはデータが正しくフォーマットされていないか、破損していることの兆候かもしれません。

学習中にモデルの出力がまったく変化しない場合、これは、モデルが入力データを活用していないことを意味している可能性があります。その場合、「**2.2.2　巨人の肩に立つ**」を参照して、モデルが正しく使われているかを確認します。

いくつかの例についてパイプライン全体を確認したら、この可視化作業の一部を自動化するためのテストを作成します。

6.2.1.7　視覚的な検証のシステム化

前述の可視化作業を行うことで、かなりの量のバグを発見することができるため、すべての新しいパイプラインにとって優れた時間的投資と言えます。データがモデルをどのように流れるかについての前提を検証して、大幅に時間を節約できたら、その時間を学習と一般化に費やすことができます。

ただし、パイプラインは頻繁に変更されます。モデルを改良し、処理ロジックの一部を変更するために、さまざまな側面を繰り返し更新する場合、すべてが意図した通りに動作していることを保証するにはどうしたらよいでしょうか。何か変更を加えるたびにパイプラインを通し、すべてのステップで例を可視化するのは、非常に煩雑です。

ここで、以前説明したソフトウェアエンジニアリングのベストプラクティスが活きてきます。このパイプラインの各部分を分離し、観察結果を使って実行可能なテストを作成します。パイプラインが変化したときにこのテストを実行して、結果を検証します。

6.2.1.8　関心の分離

通常のソフトウェアと同じように、MLもモジュール化されていることで大きな恩恵を受けます。パイプライン全体を確認する前に個別に動作を確認できるように、各関数を分離して現在および将来のデバッグを容易にしてください。

パイプラインを個々の関数に分解すると、その関数のテストを作成できます。

6.2.2　MLコードのテスト

　モデルの動作をテストするのは難しいのですが、ML パイプラインのコードの大部分は、学習パイプラインやモデルそのものではありません。「**2.4.1　シンプルなパイプラインから始める**」の例を振り返ると、ほとんどの関数は決定論的な振る舞いをしており、テストが可能です。

　エンジニアやデータサイエンティストのモデルデバッグを支援してきた筆者の経験では、エラーの大部分はデータの取得、処理、モデルへの供給方法に起因しています。つまり、データ処理ロジックのテストは、ML 製品を成功させるための非常に重要な要素です。

　ML システムの潜在的なテストの詳細については、E.Breck らの論文「ML テストスコア：ML 生産準備と技術的負債削減のための行動規範」（The ML Test Score: A Rubric for ML Production Readiness and Technical Debt Reduction、https://research.google/pubs/pub46555/）をお勧めします。この論文には、Google でのシステム導入から得られた多くの事例や教訓が説明されています。

　次のセクションでは、3 つの主要な領域についての有益なテストを説明します。**図 6-6** では、これらの各領域と、次に説明するテストの例をいくつか見ることができます。

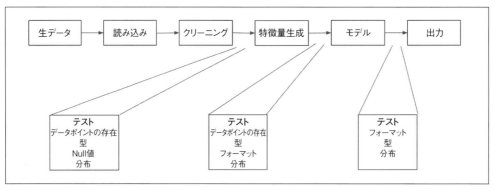

図6-6　テスト対象となる3つの重要な領域

　パイプラインはデータの取り込みから始まるので、最初にその部分をテストする必要があります。

6.2.2.1　データの取り込みのテスト

　データは通常、ディスクまたはデータベースにシリアル化されています。データをストレージからパイプラインに移動する際には、データの整合性と正確性を検証する必要があります。まず、読み込むデータポイントが必要なすべての特徴量を持っているか検証するテストを最初に作成します。

　以下は、パーサが正しい型（DataFrame）を返すこと、重要な列がすべて定義されていること、そして特徴量がすべて Null ではないことを検証するテストです。この章で説明するテスト（および追加のテスト）は、本書の GitHub リポジトリ（https://github.com/hundredblocks/ml-powered-applications）の tests フォルダにあります[†]。

[†]　訳注：本書のテストは Python 標準の unittest ではなく、pytest が使われている。テストを実行するには、リポジトリの tests フォルダで、「pytest ファイル名」を実行する。

```python
def test_parser_returns_dataframe():
    """
    パーサが正常に実行され、DataFrame を返すことをテストする
    """
    df = get_fixture_df()
    assert isinstance(df, pd.DataFrame)


def test_feature_columns_exist():
    """
    必要なすべての列が存在することを検証する
    """
    df = get_fixture_df()
    for col in REQUIRED_COLUMNS:
        assert col in df.columns


def test_features_not_all_null():
    """
    すべての特徴量で値が欠落してないことを検証する
    """
    df = get_fixture_df()
    for col in REQUIRED_COLUMNS:
        assert not df[col].isnull().all()
```

　また、各特徴量の型をテストして、それが Null ではないことを検証しても良いでしょう。最後に、平均値、最小値、最大値をテストすることで、これらの値の分布や範囲についての仮定を確認できます。最近では、特徴量の分布を直接テストするための、Great Expectations（https://github.com/great-expectations/great_expectations）といったライブラリが登場しています。

　次に、簡単な平均値テストの書き方を見てみましょう。

```python
ACCEPTABLE_TEXT_LENGTH_MEANS = pd.Interval(left=20, right=2000)

def test_text_mean():
    """
    テキスト長の平均値が探査の期待値と一致していることを検証する
    """
    df = get_fixture_df()
    df["text_len"] = df["body_text"].str.len()
    text_col_mean = df["text_len"].mean()
    assert text_col_mean in ACCEPTABLE_TEXT_LENGTH_MEANS
```

　こうしたテストにより、ストレージやデータソース API でどのような変更が行われても、モデルが最初に学習したのと同じ種類のデータにアクセスしていることを確認できます。取り込むデータの一貫性が確認できたら、パイプラインの次のステップであるデータ処理に進みましょう。

6.2.2.2　データ処理のテスト

パイプラインの最初に送られるデータが期待通りのものであることをテストした後、クリーニングと特徴量生成が期待通りに動作するかをテストします。まず、前処理関数のテストを作成し、意図した通りに実行されることを確認します。また、データ取り込みのテストと同様のテストを作成し、モデルに入力するデータが想定通りであることに焦点を当てます。

これは、処理パイプラインの後にデータポイントの存在、型、特徴量をテストすることを意味します。以下は、生成された特徴量の存在、その型、最小値、最大値、平均値のテスト例です。

```python
def test_feature_presence(df_with_features):
    for feat in REQUIRED_FEATURES:
        assert feat in df_with_features.columns

def test_feature_type(df_with_features):
    assert df_with_features["is_question"].dtype == bool
    assert df_with_features["action_verb_full"].dtype == bool
    assert df_with_features["language_question"].dtype == bool
    assert df_with_features["question_mark_full"].dtype == bool
    assert df_with_features["norm_text_len"].dtype == float
    assert df_with_features["vectors"].dtype == list

    def test_normalized_text_length(df_with_features):
        normalized_mean = df_with_features["norm_text_len"].mean()
        normalized_max = df_with_features["norm_text_len"].max()
        normalized_min = df_with_features["norm_text_len"].min()
        assert normalized_mean in pd.Interval(left=-1, right=1)
        assert normalized_max in pd.Interval(left=-1, right=1)
        assert normalized_min in pd.Interval(left=-1, right=1)
```

このテストにより、追加のテストを作成しなくても、モデルへの入力に影響を与えるパイプラインの変更に気付くことができます。新しい特徴量を追加したり、モデルへの入力を変更したりする場合にのみ、新しいテストを作成する必要があります。

取り込んだデータとそれに適用する変換の両方を確認できたので、パイプラインの次の部分であるモデルのテストを行います。

6.2.2.3　モデル出力のテスト

前の2つのセクションと同様に、モデルが出力する値の次元と範囲が正しいことを検証するテストを作成します。また、特定の入力に対する予測もテストします。これにより、新しいモデルの予測品質の回帰を積極的に検出し、使用するモデルが常にこれらの入力に対して期待される出力を生成することが保証されます。新しいモデルの集約パフォーマンスが向上した場合、特定の種類の入力ではパフォーマンスが悪化したことに気付けない場合があります。このテストにより、この種の問題をより簡単に検出できます。

次の例では、モデルの予測値の形状とその値をテストしています。3番目のテストは、モデルが特定の不適切な言葉で書かれた質問を低い品質として分類されることを確認することで、回帰を防

いでいます。

```
def test_model_prediction_dimensions(
    df_with_features, trained_v1_vectorizer, trained_v1_model
):
    df_with_features["vectors"] = get_vectorized_series(
        df_with_features["full_text"].copy(), trained_v1_vectorizer
    )

    features, labels = get_feature_vector_and_label(
        df_with_features, FEATURE_NAMES
    )

    probas = trained_v1_model.predict_proba(features)
    # モデルは、入力ごとに 1 つの予測を行う
    assert probas.shape[0] == features.shape[0]
    # モデルは 2 つのクラスの確率を予測する
    assert probas.shape[1] == 2


def test_model_proba_values(
    df_with_features, trained_v1_vectorizer, trained_v1_model
):
    df_with_features["vectors"] = get_vectorized_series(
        df_with_features["full_text"].copy(), trained_v1_vectorizer
    )

    features, labels = get_feature_vector_and_label(
        df_with_features, FEATURE_NAMES
    )

    probas = trained_v1_model.predict_proba(features)
    # モデルの確率は 0 から 1 の間の値をとる
    assert (probas >= 0).all() and (probas <= 1).all()


def test_model_predicts_no_on_bad_question():
    input_text = "This isn't even a question. We should score it poorly"
    is_question_good = get_model_predictions_for_input_texts([input_text])
    # モデルはこの質問を低い品質に分類する
    assert not is_question_good[0]
```

　最初にデータを目視で検査し、パイプラインを通してデータが有用で使用可能であることを確認しました。次に、処理戦略が進化してもこれらの仮定が正しいことを保証するためのテストを作成しました。次は、**図 6-2** の 2 番目の部分である学習手順のデバッグに取り組みます。

6.3　学習のデバッグ：モデルに学習させる

　パイプラインをテストし、それが1つの例で動作することを確認したら、いくつかのことがわかります。パイプラインはデータを取り込み、それを正常に変換します。次に、このデータを適切な形式でモデルに渡します。最後に、モデルはいくつかのデータポイントを取得してそこから学習し、正しい結果を出力します。

　モデルがいくつかのデータポイントで機能し、学習セットから学習できるかを確認する時が来ました。このセクションでは、多くのサンプルでモデルの学習を行い、**すべての学習データに適合させる**ことに焦点を当てます。

　そのために、学習セット全体をモデルに渡して、そのパフォーマンスを測定します。または、データが大量にある場合は、集約パフォーマンスを見ながらモデルに与えるデータの量を徐々に増やすこともできます。

　学習データセットのサイズを徐々に大きくする利点の1つは、モデルのパフォーマンスに対する追加データの効果を測定できることです。数百のサンプルから始めて、数千のサンプルに移行してから、データセット全体を渡すようにします（データセットが1000サンプルよりも小さい場合は、そのままデータセット全体を使用します）。

　各ステップで、モデルにデータを適合させ、**同じデータ**でのパフォーマンスを評価します。データから学習する能力がモデルにある場合、学習データでのパフォーマンスは比較的安定しているはずです。

　モデルのパフォーマンスを解釈するには、例えば、いくつかのサンプルに自分でラベルを付け、予測値を真のラベルと比較することで、許容可能な誤差レベルの推定値を生成することをお勧めします。また、ほとんどの課題では、どのようにしてもなくせない誤差があり、その課題の複雑さを考慮すると、これが最高のパフォーマンスを表します。このようなメトリクスと比較した通常の学習パフォーマンスの例については、**図6-7**を参照してください。

　データセット全体でのモデルパフォーマンスは、1つのサンプルだけを使った場合よりも悪くなるはずです。なぜなら、学習セット全体を記憶するのは1つのサンプルよりも難しいからです。それでも、以前に定義した境界内に留まります。

　学習セット全体をモデルに与えることができて、モデルのパフォーマンスが製品目標を検討する際に定義した要件に達しているならば、次のセクションに進んでください。そうでない場合は、次のセクションでモデルが学習セットでうまく機能しない一般的な理由をいくつか説明します。

6.3.1　課題の難易度

　モデルのパフォーマンスが予想よりも大幅に低い場合、課題が難しすぎる可能性があります。課題の難易度を評価するには、次のことを考慮してください。

- データの量と多様性
- 生成した特徴量がどの程度予測に寄与するか
- モデルの複雑さ

　それぞれをもう少し詳しく見てみましょう。

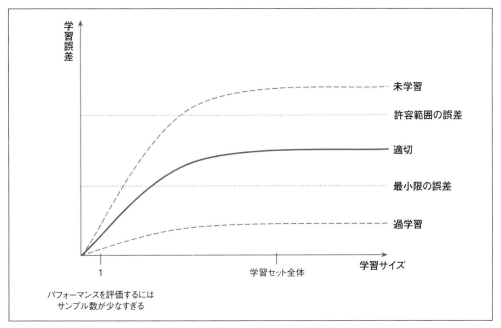

図6-7　データセットサイズの関数としての学習精度

6.3.1.1　データの質、量、多様性

　問題が多様で複雑になるほど、学習するために必要なデータが多くなります。モデルがパターンを学習するためには、持っているデータの種類ごとに多くの例が必要です。例えば、猫の写真を100の品種のいずれかに分類する場合、単純に猫と犬を区別する場合よりも多くの写真が必要になります。実際、クラスが多いほど誤分類の機会が増えるため、必要なデータ量はクラスの数に応じて指数関数的に増加します。

　さらに、データが少ないほど、ラベルのエラーや欠損値の影響が大きくなります。これが、データセットの特徴量やラベルを検査および検証に時間を費やす価値がある理由です。

　最後に、ほとんどのデータセットには**外れ値**が含まれています。これは、他のデータセットとは根本的に異なり、モデルで処理するのが非常に難しいデータポイントです。学習セットから外れ値を削除すると、手元の作業を単純化してモデルのパフォーマンスを向上させることができますが、それは必ずしも正しいアプローチとは限りません。モデルが本番環境で同様のデータポイントに遭遇する可能性があると思われる場合は、外れ値を維持して**データとモデルの改善に集中する**ことで、モデルが外れ値にも適合できるようにする必要があります。

　データセットが複雑であるほど、モデルがデータセットから学習しやすくなるようにデータを表現する方法に取り組むことが有益です。これが何を意味するのか見てみましょう。

6.3.1.2　データ表現

　モデルに与えた表現だけを使って、気になるパターンを検出するのはどの程度簡単でしょうか。モデルが学習データでうまく機能しない場合、データの表現力を豊かにする特徴量を追加して、モデルの学習を助ける必要があります。

　これは、以前は無視することにしていた、予測可能な新しい特徴量の存在を示唆しています。ML エディタの例では、モデルの最初の反復において問題の本文テキストのみを考慮していましたが、データセットをさらに調査した結果、質問のタイトルは質問の良し悪しについて非常に参考になることが多いことに気付きました。この特徴量をデータセットに組み込むことで、モデルのパフォーマンスが向上しました。

　多くの場合、既存特徴量の反復や、創造的な方法での組み合わせにより、新しい特徴量が生成できます。「**4.4　特徴量とモデルの情報をデータから取り出す**」では、特定のビジネスケースに関連する特徴量を生成するために、曜日と月の日を組み合わせる例を見ました。

　場合によっては、モデルに問題があります。次に、このケースを見てみましょう。

6.3.1.3　モデルのキャパシティ

　多くの場合、データ品質の向上と特徴量の改善が最大の利点をもたらします。モデルがパフォーマンス低下の原因である場合、それは多くの場合、そのモデルが目前の課題に適していないことを意味することがあります。「**5.1.2　パターンからモデルへ**」で見たように、特定のデータセットや特定の課題には特定のモデルが必要です。課題に適していないモデルは、いくつかのサンプルを過学習できたとしても、うまく機能しません。

　予測特徴量を多く持っていると思われるデータセットであるにも関わらずモデルがうまく機能しない場合は、適切な種類のモデルを使っているかを自問することから始めます。可能であれば、より単純なバージョンのモデルを使用して、モデルの検査を簡単に行えるようにします。例えば、ランダムフォレストモデルがまったくパフォーマンスを発揮していない場合、同じ課題に決定木を試し、その分割を可視化して、予測に寄与すると思われる特徴量を使用しているかを調べます。

　一方で、使用しているモデルが単純すぎる場合もあります。最も単純なモデルから始めるのは、素早く反復するのに適していますが、そのモデルではまったく扱えない課題も存在します。それらに取り組むには、モデルに複雑さを加える必要があるかもしれません。モデルが課題に適応していることを確認するために、「**2.2.2　巨人の肩に立つ**」で説明した先行技術を確認することをお勧めします。同様の課題の例を見つけて、どのモデルが使用されたかを調べます。そこで使用されたモデルを使うことが、良い出発点になるはずです。

　モデルが課題に適していると思われる場合、そのパフォーマンスの低さは学習手順が原因である可能性があります。

6.3.2　最適化の問題

　まず、少数のサンプルにモデルが適合できることを検証して、次にデータがパイプラインを前から後に流れることを確認しました。しかし、データセット全体を使ってモデルを適切に適合させることができるかは、まだわかりません。モデルが重みを更新するために使用する方法は、現在の

データセットに対しては不適切であるかもしれません。このような問題は、ニューラルネットワークのような複雑なモデルで発生し、ハイパーパラメータの選択が学習パフォーマンスに大きな影響を与える可能性があります。

　ニューラルネットワークのような勾配降下法を用いて適合させるモデルを扱う場合、TensorBoard（https://www.tensorflow.org/tensorboard）のような可視化ツールを使用すると、学習時に生じる問題を明らかにできます。最適化処理中の損失をプロットすると、最初は急速に減少し、その後徐々に減少していくのがわかります。図6-8では、学習の進行に伴う損失関数（ここでは交差エントロピー）を表示したTensorBoardダッシュボードの例を示します。

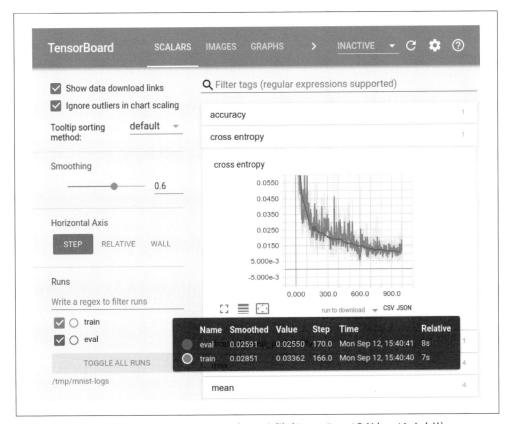

図6-8　TensorBoardダッシュボードのスクリーンショット例（TensorBoardのドキュメントより）

　このような曲線を用いると、損失が非常にゆっくりと減少していること、つまりモデルの学習が遅すぎる可能性があることを示すことができます。このような場合、学習率を上げて同じ曲線をプロットし、損失がより速く減少するかどうかを確認できます。一方、損失曲線が非常に不安定に見える場合は、学習率が大きすぎることが原因である可能性があります。

　損失に加えて、重みの値や活性化を可視化することで、ネットワークが適切に学習できていないことを特定できます。図6-9では、学習が進むにつれて重みの分布が変化しているのを確認でき

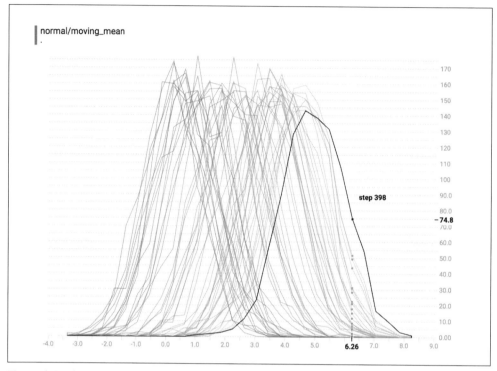

図6-9　学習が進むにつれて変化する重みのヒストグラム

ます。もし分布が数エポックの間安定していたなら、それは学習率を上げるべきサインかもしれません。もし分布の変化が大きすぎる場合は、逆に学習率を下げます。

　モデルを学習データにうまく適合させることは、ML プロジェクトの重要なマイルストーンの 1 つではありますが、それが最後のステップではありません。ML プロジェクトの最終的な目標は、これまで目にしたことのないデータに対してうまく機能するモデルを構築することです。そのために、初めて見たデータに対しても一般化できるモデルが必要であるため、次は一般化について説明します。

6.4　一般化のデバッグ：モデルの有用性を高める

　一般化は図 6-2 最後の部分であり、これまで目にしたことのないデータに対して ML モデルをうまく機能させることに焦点を当てています。「5.1.3　データセットの分割」では、初めて見るデータに対してモデルが一般化する能力を評価するために、学習用、検証用、テスト用にデータ分割を行うことの重要性を確認しました。「5.2　モデルの評価：正解率の向こう側」では、モデルパフォーマンスを分析し、モデルを改善できる可能性のある追加の特徴量を特定する方法を取り上げました。ここでは、複数の反復を経ても検証セットでのパフォーマンスが向上しない場合に行うべき推奨事項について説明します。

6.4.1　データリーク

データリークについては、「5.1.3.4　データリーク」ですでに説明済みですが、ここでは一般化との関係について説明します。モデルのパフォーマンスは多くの場合、当初は学習セットよりも検証セットの方が悪くなることがあります。モデルが適合するように学習したデータよりも、以前に見たことのないデータで予測を行うことの方が難しいので、これは当然の結果です。

> 検証損失と学習中の学習損失を見ると、検証パフォーマンスは学習パフォーマンスよりも優れているように見えるかもしれません。これは、モデルが学習を行うにつれて学習損失がエポックにわたって蓄積されていくのに対し、検証損失はエポックが完了した後、最新のモデルを使用して計算されるためです。

検証のパフォーマンスが学習のパフォーマンスよりも優れている場合、データリークが原因である可能性があります。学習データのサンプルが検証データのサンプルに関する情報を含んでいる場合、モデルはこの情報を活用して検証セットで良いパフォーマンスを発揮することができます。検証のパフォーマンスに違和感がある場合は、モデルが使用している特徴量を検査して、データリークがないかを確認してください。このようなデータリークの問題を修正することで、検証パフォーマンスは低下しますが、より良いモデルとなります。

データリークは、実際にはモデルが一般化できていないにも関わらず、あたかも一般化できていると見せかける可能性があります。その他の場合、検証セットのパフォーマンスから、モデルが学習時にだけ機能しているように見えることがあります。この場合、モデルは過学習している可能性があります。

6.4.2　過学習

「5.1.5.1　バイアス‐バリアンストレードオフ」で、モデルが学習データに適合できていない場合、そのモデルは未学習であると言います。また、**未学習**の反対は**過学習**であり、これはモデルが学習データに**過剰**に適合している場合を指します。

過剰な適合とはどういう意味でしょうか。これは、例えば、文章の良し悪しと相関する一般化可能な傾向を学習するのではなく、学習セット内の個々の例に存在する、他のデータが持たない特定のパターンを拾い上げることを意味します。これらのパターンは学習セットで高いスコアを得るのに役立ちますが、学習セットには入っていないサンプルを分類するのには役に立ちません。

図 6-10 は、架空のデータセットに対する過学習と未学習の例を示しています。過学習したモデルは、学習データに完全に適合していますが、基礎となる傾向を正確に近似していません。したがって、データに含まれていないポイントを正確に予測することはできません。未学習のモデルは、データの傾向をまったく把握していません。妥当な適合と名付けたモデルは、過学習モデルと比較して学習データではパフォーマンスが低下しますが、初めて見るデータに対しては良い結果が得られます。

モデルがテストセットよりも学習セットで非常に優れたパフォーマンスを発揮する場合、たいていは過学習であることを意味します。モデルは学習データの特定の詳細を学習していますが、見たことのないデータに対しては機能しません。

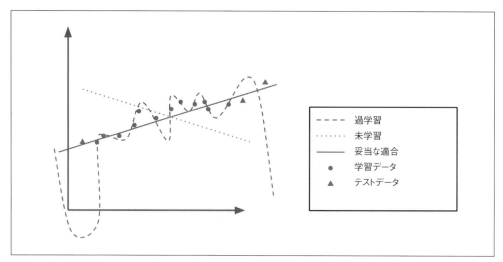

図6-10　過学習と未学習

　過学習は、モデルが学習データを学習しすぎることが原因なので、データセットから学習する能力を減らすことで、過学習を防ぐことができます。これにはいくつかの方法があり、次のセクションで説明します。

6.4.2.1　正則化

　正則化は、情報を表現するモデルの能力にペナルティを追加します。正則化は、モデルが多くの無関係なパターンに焦点を当てる能力を制限し、より少ない、より予測可能な特徴量を選択するように促します。

　モデルを正則化する一般的な方法は、重みの絶対値にペナルティを課すことです。例えば、線形回帰やロジスティック回帰などのモデルの場合、L1 と L2 の正則化は、大きな重みに対してペナルティを課す項を損失関数に追加します。この項は、L1 の場合重みの絶対値の和であり、L2 の場合は重みの二乗和です。

　正則化の方法が異なれば、効果も異なります。L1 正則化は、有益でない特徴量をゼロに設定することで、有益な特徴量を選択するのに役立ちます（詳細は、Wikipedia の「Lasso（statistics）」のページ（https://en.wikipedia.org/wiki/Lasso_(statistics)）を参照）。いくつかの特徴量の中から 1 つだけを利用するようモデルに促すことで、それらが相関している場合に L1 正則化は有用です。

　また、正則化の方法は、モデル固有にすることもできます。ニューラルネットワークでは、正則化手法としてドロップアウトを使用することがあります。ドロップアウトは、学習中にネットワーク内のニューロンの一部をランダムに無視します。これにより、単一のニューロンが過度に影響力を持つことを防ぎ、ネットワークが学習データのさまざまな側面を記憶できるようになります。

　ランダムフォレストなどのツリーベースのモデルでは、ツリーの最大深度を減らすと各ツリーがデータを過学習する能力を低下させることになります。その結果、モデルの正則化に寄与します。モデルで使用するツリーの数を増やすことも、正則化に役立ちます。

　モデルが学習データを過学習するのを防ぐもう1つの方法は、データ自体を過学習しにくくすることです。これは、**データ拡張**（**Data Augmentation**）と呼ばれるプロセスによって実行できます。

6.4.2.2　データ拡張

　データ拡張は、既存のデータポイントをわずかに変更することで、新しい学習データを作成するプロセスです。目的は、より多様な入力をモデルに与える、既存のものとは異なるデータポイントを人為的に生成することです。拡張戦略は、データの種類によって異なります。**図6-11** では、画像に対していくつかの拡張例を見ることができます。

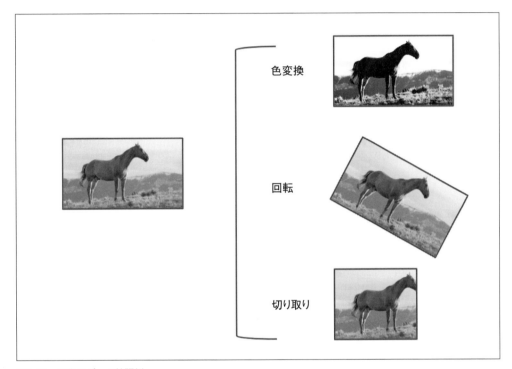

図6-11　画像のデータ拡張例

　データ拡張は、学習セットの均質性を低下させ、より複雑なものにします。これにより、学習データの適合は難しくなりますが、学習中にモデルにより広範囲のデータを与えることができます。データ拡張を行うと、学習セットのパフォーマンスは低くなりますが、検証セットのパフォーマンスや本番で見たことのないデータに対するパフォーマンスは高くなります。この戦略は、拡張を使用して学習セットを実際の例に類似させることができる場合に、特に効果的です。

　筆者はかつて、ハリケーンの後に浸水した道路を衛星画像から検出しようとするエンジニアを手伝ったことがあります。彼は、浸水していない都市のラベル付きデータしか入手できなかったため、このプロジェクトは困難を極めました。ハリケーンの画像はかなり暗くて質が低いため、モデ

ルパフォーマンスを向上させるために、学習用の画像を暗くぼやけたものにするための拡張パイプラインを構築しました。これにより、道路の検出が困難になったため、学習のパフォーマンスは低下しました。一方で、拡張処理によって、モデルが検証セットで遭遇するような画像が加わったため、検証セットでのモデルのパフォーマンスが向上しました。データの拡張により、学習セットが現実のデータに類似したものとなり、モデルがより堅牢なものになりました。

　前述の方法を使用しても、検証セットでモデルのパフォーマンスが低下する場合は、データセット自体を反復処理する必要があります。

6.4.2.3　データセットの再設計

　学習セットと検証セットの分割が難しい場合、モデルが未学習に陥り、検証セットでパフォーマンスが出ないことがあります。モデルが学習セットでは簡単なサンプルだけを使い、検証セットでは難しいサンプルに直面する場合、モデルは難しいデータポイントから学習することができないことになります。同様に、いくつかのカテゴリのサンプルが学習セットに十分に含まれていないと、モデルがそれらのサンプルからの学習ができなくなります。モデルが集約メトリクスを最小化するように学習した場合、少数派のクラスを無視して、多数を占めるクラスに適合する危険があります。

　拡張戦略が役立つ場合もありますが、学習データの分割を再設計して学習データをより代表的なものにすることが、多くの場合で最善の方法です。その際、データリークを慎重に制御し、分割の難易度を可能な限りバランスの取れたものにする必要があります。新しいデータ分割ですべての簡単なサンプルを検証セットに割り当てると、検証セットのモデルパフォーマンスは人為的に高くなりますが、本番での結果には影響しません。データ分割の品質が適正ではないかもしれないという懸念を軽減するために、k- 分割交差検証（https://en.wikipedia.org/wiki/Cross-validation_(statistics)#k-fold_cross-validation）により k 個の異なる分割を行い、各分割でのモデルのパフォーマンスを測定します。

　学習セットと検証セットのバランスを取り、それらが同じような複雑さであることを確認できれば、モデルのパフォーマンスは向上するはずです。それでもパフォーマンスが十分でない場合は、取り組んでいる課題が本当に難しいだけなのかもしれません。

6.4.3　手元の課題を考える

　課題が複雑すぎるため、一般化が十分にできない場合があります。例えば、現在のデータでは目的の予測ができないことがあります。取り組んでいる課題が現在の ML にとって適切な難易度であることを確認するために、現在の最先端技術を調査および評価する方法を説明した「2.2.2　巨人の肩に立つ」をもう一度参照することをお勧めします。

　さらに言うと、データセットが利用可能であることは、必ずしもその課題が解決可能であることを意味しません。ランダムな入力からランダムな出力を正確に予測するという実現不可能な課題を考えてみましょう。学習セットを記憶することで、学習セット上で良好なパフォーマンスを発揮するモデルを構築することはできますが、このモデルはランダム入力から他のランダム出力を正確に予測することはできません。

　モデルが一般化できていない場合、課題が難しすぎる可能性があります。将来のデータを予測す

るのに役立つ、意味のある特徴量を学習するための十分な情報が学習セットに含まれていないかもしれません。もしそうであれば、その問題は ML にはあまり向いていないと考えられます。より良い枠組みを見つけるために、「**1 章　製品目標から ML の枠組みへ**」に立ち戻ることをお勧めします。

6.5　まとめ

　この章では、モデルを動作させるために従うべき 3 つの連続したステップを取り上げました。まず、データを検査してテストを作成することで、パイプラインの配線をデバッグします。次に、モデルが学習能力を持っていることを検証するために、モデルをテストでうまく機能させます。最後に、モデルが一般化され、見たことのないデータで有用な出力を生成できることを確認します。

　このプロセスは、モデルのデバッグ、構築の高速化、モデルの堅牢化に役立ちます。最初のモデルを構築、学習、デバッグしたら、次のステップでは、そのパフォーマンスを判断し、モデルを反復するかデプロイします。

　「**7 章　分類器を使用した提案の生成**」では、学習済みの分類器を用いて、ユーザに実用的な推奨事項を提供する方法について説明します。次に、ML エディタのモデル候補を比較し、推奨事項を強化するためにどのモデルを使うべきかを決定します。

7章
分類器を使用した提案の生成

　MLを進歩させる最良の方法は、第Ⅲ部の冒頭で紹介した**図7-1**のループを繰り返すことです。まず、モデリングの仮説を立て、モデリングパイプラインを繰り返し、詳細なエラー分析を行って次の仮説を立てます。

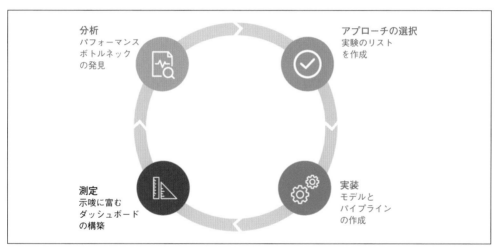

図7-1　MLのループ

　前の章では、このループのいくつかのステップについて説明しました。「**5章　モデルの学習と評価**」では、モデルの学習とスコア付けについて説明しました。「**6章　ML問題のデバッグ**」では、モデルをより速く構築し、ML関連のエラーをトラブルシューティングする方法についてアドバイスしました。この章では、まず学習済みの分類器を用いてユーザに提案を提供する方法を紹介し、次にMLエディタに用いるモデルを選択し、最後に両者を組み合わせて動作するMLエディタを構築することで、ループを完成させます。

　「**2.3　MLエディタの計画**」では、MLエディタの計画概要を説明しました。これは、質問を高スコアと低スコアのカテゴリに分類するモデルを学習させて、ユーザがより良い質問を書けるようにガイドするというものです。このようなモデルを使用して、ユーザに文章作成のアドバイスを提

供する方法を見てみましょう。

7.1　モデルから提案を抽出

　ML エディタの目的は、作成された文章に対して提案を提供することです。質問の良し悪しを分類することは、ユーザに現在の質問の質を提示することになるため、これが最初の一歩となります。我々はこれをさらに進めて、ユーザに実用的な提案を提供することで、ユーザが質問の内容を改善できるようにしたいと考えています。

　このセクションでは、そうした提案を提供する方法を説明します。最初は、特徴量の集約メトリクスを使用して、推論時にモデルを使用しないシンプルなアプローチから始めます。次に、よりパーソナライズされた提案を生成するために、モデルスコアと摂動に対する感度の両方を使用する方法を説明します。この章で紹介した各手法を ML エディタに適用した例は、本書の GitHub リポジトリ（https://github.com/hundredblocks/ml-powered-applications）にある generating_recommendations.ipynb ノートブックで確認できます。

7.1.1　モデルを使わずにどこまでできるか

　うまく機能するモデルの学習は、ML ループを複数回繰り返すことで実現されます。各反復作業は、先行技術の調査、潜在的なデータセットの反復、モデルの結果の検証を通じて、より良い特徴量のセットを作成するのに役立ちます。ユーザに提案を提供するために、この反復作業を活用します。このアプローチは、必ずしもユーザが作成する質問に対してモデルを実行する必要はなく、代わりに一般的な推奨を行うことに焦点を当てます。

　これを行うには、特徴量を直接使用するか、学習済みのモデルを組み込んで関連する特徴量を選択します。

7.1.1.1　特徴量統計の使用

　予測に関与する特徴量が特定できると、モデルを使用せずに直接ユーザに伝達できます。特徴量の平均値がクラスごとに大きく異なる場合は、この情報を直接示すことで、ユーザは自分の入力を目標とするクラスの方向に誘導できます。

　早い段階で特定していた ML エディタ向け特徴量の 1 つは、疑問符でした。データを調べると、高スコアの質問には疑問符が少ない傾向があることがわかっています。この情報を利用して提案を生成するために、作成された質問に含まれる疑問符の割合が高スコアの質問よりもはるかに多い場合に、ユーザに警告するルールを作ることができます。

　各ラベルの特徴量平均値は、pandas を使用して数行のコードで可視化できます。

```
class_feature_values = feats_labels.groupby("label").mean()
class_feature_values = class_feature_values.round(3)
class_feature_values.transpose()
```

　このコードを実行すると、**表 7-1** に示す結果が得られます。この結果から、生成した特徴量の多くは、True と False でラベル付けされた高スコアの質問と低スコアの質問とで大きく異なる値

を持っていることがわかります。

表7-1　クラス間の特徴量の違い

Label	False	True
num_questions	0.432	0.409
num_periods	0.814	0.754
num_commas	0.673	0.728
num_exclam	0.019	0.015
num_quotes	0.216	0.199
num_colon	0.094	0.081
num_stops †	10.537	10.610
num_semicolon	0.013	0.014
num_words	21.638	21.480
num_chars	822.104	967.032

　特徴量統計の使用は、堅実な提案を提供するためのシンプルな方法です。これは「**1.3.2　最も単純なアプローチ：人手のアルゴリズム**」で最初に構築したヒューリスティックなアプローチに多くの点で似ています。

　クラス間で特徴量の値を比較する場合、特定の方法の分類に最も貢献する特徴量を特定するのは困難な場合があります。これをより正確に行うために、特徴量の重要度を使用できます。

7.1.2　全体的な特徴量の重要度抽出

　まず、「**5.3　特徴量の重要度評価**」でモデル評価の中で特徴量の重要度を生成する例を示しました。特徴量の重要度は、特徴量を使用した提案の優先順位付けにも利用できます。ユーザに提案を提示する際には、学習済み分類器にとって最も予測に寄与する特徴量を優先させるべきです。

　以下に、30個の特徴量を使用する質問分類モデルにおける、特徴量の重要度分析の結果を表示しました。上位の特徴量はそれぞれ下位の特徴量よりも重要度が高くなっています。最初にこれらの上位特徴量に基づいて行動するようユーザを誘導することで、質問をモデルに従ってより早く改善することができます。

```
Top 5 importances:

num_chars: 0.053
num_questions: 0.051
num_periods: 0.051
ADV: 0.049
ADJ: 0.049

Bottom 5 importances:
```

---

†　訳注：num_stops は、文章に含まれるストップワードの数。ストップワードとは、非常に一般的な単語であるため、自然言語処理では取り除かれる単語のこと。The, a などの冠詞、in, of などの前置詞、he, she などの代名詞などさまざまな単語がストップワードとして扱われる。

```
X: 0.011
num_semicolon: 0.0076
num_exclam: 0.0072
CONJ: 0
SCONJ: 0
```

特徴量の統計情報と特徴量の重要度を組み合わせることで、より実用的で焦点を絞った提案が可能になります。前者のアプローチは各特徴量に対して目標値を提供し、後者のアプローチは表示する最も重要な特徴量の小さなサブセットに優先順位を付けます。これらのアプローチは、推論時にモデルを実行する必要がなく、最も重要な特徴量について特徴量統計と照らし合わせて入力をチェックするだけなので、提案を迅速に提供することができます。

「5.3　特徴量の重要度評価」で見たように、複雑なモデルでは、特徴量の重要度を抽出するのは困難です。特徴量の重要度を公開しないモデルを使用する場合は、大規模なサンプルのブラックボックス説明可能性ツールを利用して、その値を推論することができます。

特徴量の重要度と特徴量統計には別の欠点があります。それは、常に正確な提案を提供できるとは限らないということです。提案はデータセット全体で集約された統計量に基づいているため、個々のサンプルには適用できません。特徴量統計は「副詞を多く含む問題はより高い評価を受ける傾向がある」などの一般的な提案のみを提供します。しかし、副詞の割合が平均以下で高スコアを獲得している質問のサンプルも存在します。このような提案はこうした質問には役立ちません。

次の2つのセクションでは、個々のサンプルレベルで機能する、より粒度の高い提案を提供する方法について説明します。

7.1.3　モデルスコアの活用

「5章　モデルの学習と評価」では、分類器が各サンプルに対してスコアを出力する方法を説明しました。サンプルは、そのスコアがあるしきい値を超えているかどうかに基づいてクラスが割り当てられます。モデルのスコアが十分に調整されていれば（調整についての詳細は「5.2.4　検量線（Calibration Curve）」を参照してください）、入力されたサンプルが与えられたクラスに属する確率の推定値としてスコアを使用することができます。

scikit-learn のモデルで、クラスの代わりにスコアを表示するには、predict_proba メソッドを使用して、対象のクラスを渡します。

```
# probabilities は、クラスごとに1つの確率を含む配列
probabilities = clf.predict_proba(features)

# positive_probs には、ポジティブクラスのスコアのみが含まれる
positive_probs = clf[:, 1]
```

十分に調整されているなら、ユーザにスコアを提示することで、提案に従った修正による改善が追跡できるため、ユーザはより高いスコアを得られるようになります。スコアのような迅速なフィードバック方法は、ユーザがモデルによって提供された提案に対する信頼感を高めるのに役立ちます。

　調整されたスコアに加えて、学習済みのモデルを使用して、特定のサンプルを改善するための提案を提供することもできます。

7.1.4　個別の特徴量の重要度抽出

　学習済みモデルにブラックボックス説明可能性ツールを加えることで、個々のサンプルに対する提案を生成できます。「**5.3　特徴量の重要度評価**」では、入力された特徴量にわずかな摂動を繰り返し加え、モデルの予測スコアの変化を観察することで、ブラックボックス説明可能性ツールがどのようにして特定サンプルの特徴量の重要性を推定するかを見ました。このことから、このようなツールは提案を提供するための優れた手段となります。

　LIME（https://github.com/marcotcr/lime）パッケージを使用して、サンプルの説明を生成してみましょう。次のコード例では、まず表形式説明器をインスタンス化し、テストデータの中から説明を生成するサンプルを渡します。本書のGitHubリポジトリ（https://github.com/hundredblocks/ml-powered-applications）にあるgenerating_recommendations.ipynbノートブックでは説明をリスト形式で表示します。

```
from lime.lime_tabular import LimeTabularExplainer

explainer = LimeTabularExplainer(
    train_df[features].values,
    feature_names=features,
    class_names=["low", "high"],
    discretize_continuous=True,
)

idx = 8
exp = explainer.explain_instance(
    test_df[features].iloc[idx, :],
    clf.predict_proba,
    num_features=10,
    labels=(1,),
)

print(exp_array)
exp.show_in_notebook(show_table=True, show_all=False)
exp_array = exp.as_list()
```

　このコードを実行すると、**図7-2**で示されるプロットと、下のコードで示される特徴量の重要度のリストが得られます。図の左側はモデルの予測確率です。図の中央には、特徴量が予測への貢献度によってランク付けされています。

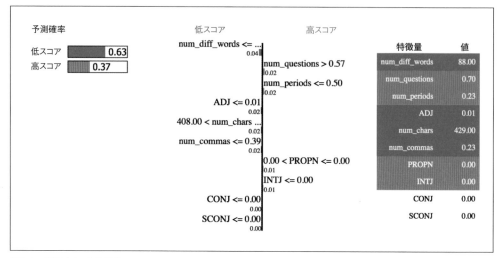

図7-2　提案としての説明

　この値は、以下のコンソール出力の値と同じです。この出力の各行は特徴量の値とモデルのスコアへの影響を表しています。例えば、`num_diff_words` の特徴量の値が 88.00 よりも低いという事実により、モデルのスコアが約 0.038 低下しました。このモデルによれば、質問の長さをこの数値以上にすると、品質が向上します。

```
[('num_diff_words <= 88.00', -0.038175093133182826),
 ('num_questions > 0.57', 0.022220445063244717),
 ('num_periods <= 0.50', 0.018064270196074716),
 ('ADJ <= 0.01', -0.01753028452563776),
 ('408.00 < num_chars <= 655.00', -0.01573650444507041),
 ('num_commas <= 0.39', -0.015551364531963608),
 ('0.00 < PROPN <= 0.00', 0.011826217792851488),
 ('INTJ <= 0.00', 0.011302327527387477),
 ('CONJ <= 0.00', 0.0),
 ('SCONJ <= 0.00', 0.0)]
```

　その他の使用例については、本書 GitHub リポジトリ（https://github.com/hundredblocks/ml-powered-applications）の generating_recommendations.ipynb ノートブックを参照してください。

　ブラックボックス説明可能性ツールは、個々のモデルの正確な提案を生成できますが、欠点があります。こうしたツールは、入力特徴量を摂動して推定値を生成し、各摂動された入力に対してモデルを実行するため、これらの説明変数を使用して提案を生成することは、説明した方法よりも時間がかかります。例えば、LIME が特徴量の重要性を評価するために使用する摂動のデフォルトの数は 500 です。このため、モデルを一度だけ実行する方法よりも 2 桁遅く、モデルをまったく実行する必要のない方法よりもずっと遅くなります。筆者のラップトップ PC では、質問例で LIME を実行するのに 2 秒強かかります。このような遅延があると、ユーザが入力している間に提案を提供するのは難しいので、手動で質問を送信する操作が必要になります。

　多くの ML モデルと同様に、ここで見た推奨方法は、精度と待ち時間のトレードオフを示しています。製品としての適切な推奨値は、その要件に依存します。

　ここで取り上げたすべての提案生成手法は、モデルの反復処理中に生成された特徴量に依存しており、その一部は学習済みモデルも活用しています。次のセクションでは、ML エディタの異なるモデルオプションを比較して、どのモデルが提案に最も適しているかを決定します。

7.2　モデルの比較

　「**2.1　成功度合いの測定**」では、製品の成功を判断するための重要な指標を取り上げました。「**5.1.5　パフォーマンスの評価**」では、モデルを評価する方法について説明しました。こうした方法を使用して、モデルと特徴量の繰り返しの比較から、最もパフォーマンスの高いモデルを特定することもできます。

　このセクションでは、主要なメトリクスの一部を選択し、モデルパフォーマンスと提案の有用性の観点から ML エディタの 3 回の繰り返しを評価します。

　ML エディタの目的は、前述の手法を用いて提案を提供することです。提案を行うために、モデルは次の要件を満たしている必要があります。予測された確率が質問の質に対する有意な推定値となるように、十分に調整されていること。「**2.1　成功度合いの測定**」で説明したように、モデルが高精度であること。提案の基礎となる特徴量がユーザにとって理解しやすいものであること。最後に、ブラックボックス説明可能性ツールを使って提案が提供できるように、十分に高速であること。

　それでは、ML エディタのためのいくつかのモデリング手法を説明し、その性能を比較してみましょう。これらの性能比較のためのコードは、本書の GitHub リポジトリ（https://github.com/hundredblocks/ml-powered-applications）にある comparing_models.ipynb ノートブックを参照してください。

7.2.1　バージョン1：レポートカード

　「**3章　最初のエンドツーエンドパイプライン構築**」では、完全にヒューリスティックに基づいたエディタの最初のバージョンを構築しました。この最初のバージョンでは、読みやすさのためにルールをハードコード化し、構造化された形式でユーザに結果を表示しました。このパイプラインを構築したことで、一連の測定値ではなく、明確な提案を提供することに集中するようアプローチを修正することができました。

　この最初のプロトタイプは、取り組む問題に対する感覚を養うために作られたものなので、他のモデルとは比較しません。

7.2.2　バージョン2：より強力だが不明瞭

　ヒューリスティックベースのバージョンを構築し、Stack Overflow のデータセットを調査した後、最初のモデリングアプローチに落ち着きました。学習したシンプルなモデルは、本書のGitHub リポジトリ（https://github.com/hundredblocks/ml-powered-applications）の train_simple_model.ipynb ノートブックを参照してください。

　このモデルでは、「**4.3.2.1　ベクトル化（Vectorizing）**」で説明した方法を使用してテキストを

ベクトル化することで生成した特徴量と、データ探索中に見つけ出し手動で作成した特徴量の組み合わせを使用しています。最初にデータセットを調べた際に、いくつかのパターンがあることに気が付きました。

- 質問が長いほど、スコアが高い
- 特に英語の用法に関する質問は、スコアが低い
- 少なくとも1つの疑問符を含む質問は、スコアが高い

　テキストの長さ、**句読点**や**略語**などの単語の存在、疑問符の頻度を数えることで、これらの仮定をエンコードする特徴量を作成しました。

　これらの特徴量に加えて、TF-IDF を使用して入力された質問をベクトル化しました。単純なベクトル化スキームを使用することで、モデルの特徴量の重要度を個々の単語に結び付けることができます。これにより、先に説明した方法を使用して単語レベルの提案を行うことができます。

　この最初のアプローチは、0.62 の精度で許容可能な集約パフォーマンスを示しました。ただし、**図 7-3** に示されているように、その調整には多くの課題がありました。

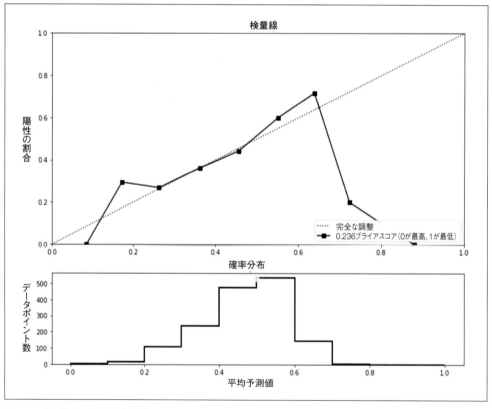

図7-3　バージョン2モデルの調整

　このモデルの特徴量の重要性を調べると、手動で作成した特徴量の中で予測に寄与しているものは質問の長さだけであることに気付きました。他の生成した特徴量には予測力がありませんでした。さらにデータセットを調査すると、予測に寄与すると思われる特徴量がいくつか見つかりました。

- 句読点の使用を制限すると、高得点が予測される
- 感情的で非難するような質問は、より低スコアになると思われる
- 説明的で形容詞を多く使用した質問は、高スコアになると思われる

　これらの新しい仮説をエンコードするために、新しい特徴量を生成しました。つまり、句読点の数を追加し、動詞や形容詞などの品詞カテゴリごとに、そのカテゴリに属する単語数を追加し、質問の感情をエンコードする特徴量を追加しました。これらの特徴量の詳細については、本書のGitHub リポジトリの second_model.ipynb ノートブックを参照してください。

　この修正したモデルの精度は 0.63 で、全体としてはわずかなパフォーマンス向上が見られました。調整は前のモデルと比べて改善されませんでした。このモデルの特徴量の重要度を表示することで、このモデルは手動で作成した特徴量のみに依存しており、これらの特徴量がある程度の予測力を持っていることがわかりました。

　モデルがそうした理解可能な特徴量に依存していると、ベクトル化された単語レベルの特徴量を使用する場合よりも、ユーザに提案の理由を説明するのが簡単になります。例えば、このモデルで最も重要な単語レベルの特徴量は「are」と「what」です。これらの単語が質問の品質と相関している理由は推測できますが、質問中任意の単語の出現を減らしたり増やしたりすることをユーザに推奨しても、明快な提案とはなりません。

　こうしたベクトル化された表現の持つ制限に対処し、手動で作成した特徴量が予測に寄与することを認識するために、ベクトル化された特徴量を一切使用しない、より単純なモデルを構築することを試みました。

7.2.3　バージョン3：理解可能な提案

　3 番目のモデルには、前述の特徴量（句読点と品詞の数、質問の感情、質問の長さ）のみが含まれています。したがって、ベクトル化された表現を使用した場合には 7,000 以上の特徴量があるのに対し、30 の特徴量のみを使用しています。詳細については、本書の GitHub リポジトリにある third_model.ipynb ノートブックを参照してください。ベクトル化された特徴量を削除し、手動の特徴量を残すことで、ML エディタはユーザに説明可能な特徴量のみを利用します。ただし、それはモデルのパフォーマンスを低下させる可能性があります。

　集約パフォーマンスとしては、このモデルは前のモデルよりも性能が悪く、精度は 0.597 でしたが、以前のモデルよりも大幅かつ適切に調整されています。図 7-4 では、他のモデルが苦戦している 0.7 を超える確率であっても、モデル 3 がほとんどの確率に対してよく調整されていることがわかります。ヒストグラムは、このモデルが他のモデルよりもそうした確率を予測することが多いことを示しています。

　生成されるスコアの幅が広がり、点数の調整が改善しているため、ユーザをガイドするためのス

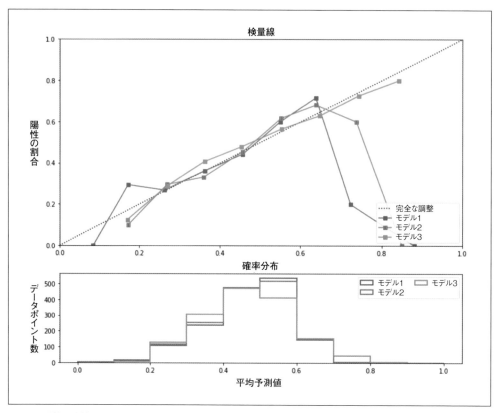

図7-4　調整の比較

コア表示には最適なモデルとなっています。また、明確な提案を行う場合、このモデルは説明可能な特徴量にのみ依存しているため、最良の選択でもあります。最後に、他のモデルよりも依存している特徴量が少ないため、実行速度も最速です。

　モデル3はMLエディタに最適な選択であるため、初期バージョンとしてデプロイすべきモデルです。次のセクションでは、このモデルを使用して、ユーザに文章作成の提案を示す方法について簡単に説明します。

7.3　文書作成提案の生成

　MLエディタは、これまでに説明した4つの方法のいずれかを利用して提案を生成することができます。実際、これらの方法はすべて、本書のGitHubリポジトリ（https://github.com/hundredblocks/ml-powered-applications）にある generating_recommendations.ipynb ノートブックとして紹介しています。使用するモデルはいずれも高速なので、ここでは最も複雑なアプローチであるブラックボックス説明可能性ツールについて説明します。

　まず、質問を受け取り、学習済みモデルに基づいて文書作成アドバイスを提供する提案機能全体を見てみましょう。この機能は次のようなものです。

```python
def get_recommendation_and_prediction_from_text(input_text, num_feats=10):
    global clf, explainer
    feats = get_features_from_input_text(input_text)
    pos_score = clf.predict_proba([feats])[0][1]

    exp = explainer.explain_instance(
        feats, clf.predict_proba, num_features=num_feats, labels=(1,)
    )
    parsed_exps = parse_explanations(exp.as_list())
    recs = get_recommendation_string_from_parsed_exps(parsed_exps)
    return recs, pos_score
```

入力に対してこの関数を呼び出すと、提案が生成されます。そして、この提案をユーザに提示して、ユーザが質問を反復処理できるようにします。

```python
>>> recos, score = get_recommendation_and_prediction_from_text(example_question)
>>> print("%s score" % score)
0.4 score
>>> print(*recos, sep="\n")
Increase question length
Increase vocabulary diversity
Increase frequency of question marks
No need to increase frequency of periods
Decrease question length
Decrease frequency of determiners
Increase frequency of commas
No need to decrease frequency of adverbs
Increase frequency of coordinating conjunctions
Increase frequency of subordinating conjunctions
```

この関数を分解してみましょう。この関数は入力文字列として質問を引数として受け取ります。さらに、提案の決定に使用する重要な特徴量の数を任意引数として受け取ります。この関数は、与えられた質問の品質を表すスコアと提案を返します。

関数の本体に入ると、最初の行は2つのグローバルに定義された変数、つまり学習済みモデルと「**7.1.4　個別の特徴量の重要度抽出**」で定義したような LIME 説明器のインスタンスを参照しています。次の2行は入力テキストから特徴量を生成し、これらの特徴量を分類器に渡して予測させます。そして、説明を生成するために LIME を用いて exp を生成します。

最後の2つの関数呼び出しは、この説明を人間が読める提案に変換します。この作業をどのように行うのか、関数の定義を見てみましょう。まずは、parse_explanations から説明します。

```python
def parse_explanations(exp_list):
    global FEATURE_DISPLAY_NAMES
    parsed_exps = []
    for feat_bound, impact in exp_list:
        conditions = feat_bound.split(" ")

        # 提案として定式化するのが難しいため
```

```
                # 二重に制限された条件は無視する。例えば、1 <= a < 3
                if len(conditions) == 3:
                    feat_name, order, threshold = conditions

                    simple_order = simplify_order_sign(order)
                    recommended_mod = get_recommended_modification(simple_order, impact)

                    parsed_exps.append(
                        {
                            "feature": feat_name,
                            "feature_display_name": FEATURE_DISPLAY_NAMES[feat_name],
                            "order": simple_order,
                            "threshold": threshold,
                            "impact": impact,
                            "recommendation": recommended_mod,
                        }
                    )
            return parsed_exps
```

　この関数は長いのですが、比較的単純な目的を達成しています。これは LIME によって返された特徴量の重要度のリストを受け取り、提案で使用できる構造化された辞書を生成します。この変換の例を次に示します。

```
# exps は LIME の説明のフォーマットを持つ
>>> exps = [('num_chars <= 408.00', -0.03908691525058592),
 ('DET > 0.03', -0.014685507408497802)]

>>> parse_explanations(exps)

[{'feature': 'num_chars',
  'feature_display_name': 'question length',
  'order': '<',
  'threshold': '408.00',
  'impact': -0.03908691525058592,
  'recommendation': 'Increase'},
 {'feature': 'DET',
  'feature_display_name': 'frequency of determiners',
  'order': '>',
  'threshold': '0.03',
  'impact': -0.014685507408497802,
  'recommendation': 'Decrease'}]
```

　この関数では、LIME が作成するしきい値を、特徴量を増やすべきか減らすべきかの推奨に変換していることに注目してください。これは get_recommended_modification 関数を用いて行います。

```
def get_recommended_modification(simple_order, impact):
    bigger_than_threshold = simple_order == ">"
    has_positive_impact = impact > 0
```

```
if bigger_than_threshold and has_positive_impact:
    return "No need to decrease"
if not bigger_than_threshold and not has_positive_impact:
    return "Increase"
if bigger_than_threshold and not has_positive_impact:
    return "Decrease"
if not bigger_than_threshold and has_positive_impact:
    return "No need to increase"
```

　説明が提案に変換されたら、あとは適切な形式で表示するだけです。これは次のように
get_recommendation_and_prediction_from_text の最後の関数呼び出しによって行われます。

```
def get_recommendation_string_from_parsed_exps(exp_list):
    recommendations = []
    for feature_exp in exp_list:
        recommendation = "%s %s" % (
            feature_exp["recommendation"],
            feature_exp["feature_display_name"],
        )
        recommendations.append(recommendation)
    return recommendations
```

　このエディタを使って繰り返し実験してみたい場合は、本書の GitHub リポジトリ（https://
github.com/hundredblocks/ml-powered-applications）に ある generating_recommendations.
ipynb ノートブックを参照にしてください。ノートブックの最後に、質問を何回か変更してスコア
を上げるためにモデルの提案に従った例を示しました。この例をここで再現して、ユーザの質問作
成をガイドするために、提案がどのように使用されるかを示します。

```
// 最初の試み
>>> get_recommendation_and_prediction_from_text(
    """
モデルの作り方を知りたい
    """
)


0.39 score
質問の長さを増やす
語彙の多様性を増やす
疑問符の数を増やす
ピリオドの数を増やす必要はない
ストップワードの数を減らす必要はない

// 最初の 3 つの提案に従う
>>> get_recommendation_and_prediction_from_text(
    """
機械学習製品の構築について学びたい。
製品に焦点を当てた優れたリソースはあるか？
推薦教科書はあるか？
```

```
"""
)
```

```
0.48 score
質問の長さを増やす
語彙の多様性を増やす
副詞の数を増やす
疑問符の数を減らす必要はない
コンマの数を増やす
```

```
// もう一度提案に従う
>>> get_recommendation_and_prediction_from_text(
"""
ML についてもっと詳しく、特に ML 製品の構築方法について知りたい。
そうした製品を作ろうとするとき、いつも同じ課題に直面する。
どのようにしてモデルを改良するのか？
モデルを具体的なアプリケーションで使用するためのベストプラクティスは何か？
製品に焦点を当てた良いリソースはありますか？
お勧めの教科書はあるか？
"""
)
```

```
0.53 score
```

　これで、質問を受け付けてユーザに実用的な提案を提供するパイプラインが完成しました。この
パイプラインは決して完璧なものではありませんが、エンドツーエンドの ML エディタとして機
能します。パイプラインの改善に挑戦したいのであれば、現在のバージョンを操作して、対処すべ
きエラーモードを特定することをお勧めします。興味深いことに、モデルは何度でも繰り返すこと
ができますが、このエディタを改善するための最も有望なのは、ユーザにとってより明確な新しい
特徴量を生成することだと筆者は考えます。

7.4　まとめ

　この章では、学習済みの分類モデルから提案を生成する方法について説明しました。これらの方
法を念頭に置いた上で、ML エディタのさまざまなモデリングアプローチを比較し、ユーザがより
良い質問をするための支援を行うという我々の製品目標を最適化するモデルを選択しました。そし
て、ML エディタのためのエンドツーエンドのパイプラインを構築し、それを利用して提案を提供
しました。

　我々が採用したモデルにはまだ改善の余地があり、より多くの反復サイクルの恩恵を受けること
ができます。「Ⅲ部　モデルの反復」で説明した概念を使って練習したいのであれば、このサイク
ルを自分で実行することをお勧めします。全体として、「Ⅲ部　モデルの反復」の各章は ML の反
復ループの1つの側面を表しています。ML プロジェクトを進めるためには、モデルをデプロイす
る準備ができたと考えられるまで、このセクションで説明したステップを繰り返し実行します。

　「Ⅳ部　デプロイと監視」では、モデルのデプロイに伴うリスク、それを軽減する方法、および
モデルのパフォーマンス変動を監視して対応する方法について説明します。

第Ⅳ部
デプロイと監視

　モデルを構築して検証したら、ユーザがそのモデルにアクセスできるようにします。MLモデルを公開するには、さまざまな方法があります。最も単純なケースは小さなAPIを構築することですが、すべてのユーザに対してモデルが正しく動作することを保証するためには、多くのAPIが必要になります。

　この後で説明するシステムと、本番環境に付随するシステムについては、図Ⅳ-1 を参照してください。

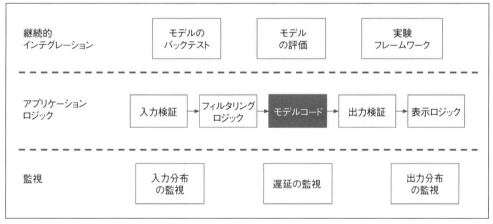

図Ⅳ-1　典型的な本番モデルパイプライン

　本番のMLパイプラインは、データやモデルのエラーを検知し、それらを適切に処理できる必要があります。理想的には、エラーを事前に予測し、対応した更新モデルをデプロイする戦略を用意する必要があります。もしこれが難しそうだと感じても、心配には及びません。詳しくこの第Ⅳ部で説明します。

8章　モデルデプロイ時の考慮点

デプロイの前に、常に最終的な検証を行うべきです。目標は、モデルの悪用や不正利用の可能性を徹底的に調査し、予測を行い、保護機能を構築するために最善を尽くすことです。

9章　デプロイオプションの選択

モデルをデプロイするためのさまざまな方法とさまざまなプラットフォームについて考えます。また、その中から何を採用すべきか、その選択方法を説明します。

10章　モデルの保護手段の構築

この章では、モデルを稼働させる堅牢な本番環境を構築する方法を学びます。これには、モデルのエラー検出と対処、モデルパフォーマンスの最適化、再学習の体系化が含まれます。

11章　監視とモデルの更新

この最終章では、監視の重要なステップに取り組みます。モデルを監視する理由、モデルを監視するための最良の方法、監視の結果をデプロイ戦略に活用する方法について説明します。

8章
モデルデプロイ時の考慮点

　前の章では、モデルの学習と一般化のパフォーマンスについて説明しました、これらはモデルをデプロイするために必要なステップですが、ML製品の成功を保証するには不十分です。

　モデルをデプロイするには、ユーザに影響を与える可能性のあるエラーモードを掘り下げなくてはなりません。データから学習する製品を構築する際には、以下のような点を考慮する必要があります。

- 使用するデータはどのように収集されたものか
- このデータセットから学習することで、モデルはどのような仮定を立てているか
- このデータセットは有用なモデルを作成するのに十分代表的なものか
- 悪用される可能性はあるか
- モデルの目的と範囲は何か

　データ倫理はこれらの疑問に答えることを目的としており、使用する手法は常に進化しています。より深く掘り下げたい場合は、O'Reillyから提供されているMike Loukidesらによる「倫理とデータサイエンス」（Ethics and Data Science）に関する包括的なレポート（https://www.oreilly.com/library/view/ethics-and-data/9781492043898/）を参照してください。

　この章では、データの収集と使用に関するいくつかの懸念事項と、モデルが誰にでも良好に機能し続けることを確認するための課題について説明します。この章の最後は、モデルの予測をユーザへのフィードバックに変換するためのヒントに関する実践的なインタビューで締めくくります。

　まずデータを見て、最初に所有権の問題を取り上げ、次に偏りの問題に移ります。

8.1　データに関する懸念点

　このセクションでは、データを保存、使用、生成する際に留意すべきヒントを説明します。まず、データの所有権とデータの保存に伴う責任について説明します。次に、データセットが持つ偏りの一般的な原因と、モデルを構築する際にこの偏りを考慮する方法について説明します。最後に、そうした偏りがもたらす悪影響の例と、なぜ偏りを軽減することが重要なのかについて説明します。

8.1.1　データの所有権

　データの所有権とは、データの収集と使用に関連する要件を指します。ここでは、データの所有権に関して考慮すべき重要な点をいくつか紹介します。

- **データの収集**：モデルの学習で使用するデータセットを収集し、使用することを法的に許可されているか
- **データの使用と許可**：データが必要な理由と使用方法をユーザに明確に説明し、同意を得たか
- **データの保存**：データをどのように保存し、誰がアクセスでき、いつ削除するか

　ユーザからデータを収集することで、製品体験のパーソナライズや調整に役立てることができますが、同時に道徳的責任と法的責任の両方が伴います。ユーザから提供されたデータを安全に保管するという道徳的な義務はこれまでにも存在していましたが、新しい規制によって法的な義務が課せられるようになりました。例えば、EU では GDPR 規制により、データの収集と処理に関する厳しいガイドラインが定められています。

　大量のデータを保存している組織にとって、データ侵害は重大な責任リスクとなります。このような違反は、組織の信頼を損なうだけでなく、法的措置につながることも少なくありません。したがって、収集するデータの量を制限することで、法的リスクを制限することができます。

　ML エディタでは、利用者の同意を得て収集されたオンラインで公開されているデータセットを使用します。もし、サービスを改善するために、サービス利用状況の記録など追加のデータが必要となる場合は、データ収集ポリシーを明確に定義して利用者と共有する必要があります。

　データの収集と保存に加えて、収集したデータを使用することでパフォーマンスが低下する可能性がないかを検討することが重要です。データセットは、使用するのに適したケースもあれば、そうでないケースもあります。その理由を探りましょう。

8.1.2　データの偏り（バイアス）

　どのようなデータを収集するのか、その決定の結果がデータセットです。この決定は、偏った世界観を示すデータセットにつながります。データセットから学習する ML モデルは、この偏りを内包します。

　例えば、過去のデータを使用してモデルの学習を行い、性別を含む情報に基づいてその人が企業の CEO になる可能性を検討することで、リーダーシップスキルを予測したとします。Pew Research Center がまとめたファクトシート「女性リーダーに関するデータ」（The Data on Women Leaders、https://oreil.ly/vTLkH）によると、フォーチュン 500 社の CEO のほとんどは男性でした。このデータを使ってモデルの学習を行うと、男性であることがリーダーシップの貴重な予測因子となります。男性であることと CEO であることは、選択されたデータセットでは社会的な理由から相関関係があり、その結果女性がそうした役割として考慮される機会が少なくなりました。盲目的にこのデータでモデルの学習を行い、それを使用して予測することにより、単に過去の偏りを強化することになります。

　データを根拠のある真実として考えたくなることがあります。実際には、ほとんどのデータセットは、より大きな文脈を無視した近似的な測定値の集まりです。あらゆるデータセットには偏りが

あるという仮定から始め、この偏りがモデルにどのように影響するかを推定する必要があります。次に、データセットをより代表的なものにすることでデータセットを改善し、モデルを調整して既存の偏りを伝播する能力を制限することができます。

データセットのエラーと偏りの一般的な原因のいくつかを次に示します。

- **測定誤差または破損したデータ**：各データポイントは、生成に使用された方法に起因する不確かさを伴います。ほとんどのモデルはそのような不確かさを無視するため、系統的な測定誤差を伝播する可能性があります。
- **表現**：ほとんどのデータセットは、母集団の代表的ではない集合です。初期の顔認識データセットの多くは、ほとんどが白人男性の画像でした。そのため、モデルはある種のグループではうまく機能しましたが、別のグループではうまく機能しませんでした。
- **アクセス**：ある種のデータセットは、他のデータセットよりも見つけるのが困難です。例えば、英語のテキストは、他の言語よりもオンラインで収集するのが容易です。こうしたアクセスの容易性から、最先端の言語モデルのほとんどは英語データのみで学習されています。その結果、英語の話者は、英語以外の話者と比較して優れた ML を使ったサービスを使用できるようになります。英語製品のユーザ数が増えると他言語のモデルよりさらに優れたものになるため、この格差はしばしば自己補強的なものとなります。

テストセットは、モデルのパフォーマンスを評価するために使用されます。このため、テストセットができるだけ正確で代表的なものとなるように、特別な注意を払う必要があります。

8.1.2.1　テストセット

データが代表的であることは、あらゆる ML 課題で重要です。「**5.1.3　データセットの分割**」では、モデルのパフォーマンスを評価するために、異なるセットにデータを分割する利点を説明しました。その際、包括的かつ代表的で、現実的なテストセットを作成しなければなりません。これは、テストセットが本番環境でのパフォーマンスの代わりとして機能するからです。

テストセットの設計では、モデルと相互作用する可能性のあるすべてのユーザについて考えます。すべてのユーザが同じように適切な体験ができるように、テストセットにはあらゆる種類のユーザを代表する例を含めてください。

製品の目標が組み込まれるようにテストセットを設計します。診断モデルを構築する際には、例えばすべての性別に対して適切に機能することを確認すべきです。それが当てはまるかどうかを評価するためには、テストセットにすべての性別を含める必要があります。多様な視点を集めることは、この取り組みに役立ちます。可能ならば、モデルをデプロイする前に、モデルの検証、対話、そしてフィードバックを共有する機会をさまざまなユーザに与えてください。

偏りに関して、最後に指摘があります。モデルは多くの場合、過去の世界の状態を表す履歴データを使って学習を行います。このため、偏りはほとんどの場合、すでに偏りから不利益を被っている人々に影響を与えます。したがって、偏りを排除することは、それを最も必要としている人々に対してシステムをより公平なものにするための取り組みです。

8.1.3　構造的偏り

　構造的偏りとは、制度的・構造的政策によって、一部の集団に対する不当な差別を指します。そのような集団はしばしば履歴データセットにおいて過大または過小に評価されていることがあります。例えば、犯罪逮捕者データベースで一部の集団が社会的要因により過去過大に評価されていた場合、そのデータを学習したMLモデルは、この偏りをコード化し、現代の予測に反映させてしまいます。

　これは悲惨な結果をもたらし、一部の人々を疎外してしまう可能性があります。具体的な例としては、J. Angwinらによる犯罪予測MLの偏りに関するProPublica[†]レポート「Machine Bias」（https://oreil.ly/6UE3z）を参照してください。

　データセットの偏りを除去または制限するのは困難です。モデルが民族や性別など特定の特徴量に対して偏らないようにする場合、モデルが予測に使用する特徴量のリストから問題の特徴量を削除する方法が考えられます。

　実際には、ほとんどのデータセットにはその特徴量と強く相関している他の特徴量が多数含まれているため、単にその特徴量を削除するだけでは、偏りを防ぐことはできません。例えば、米国では、郵便番号（つまり住所）と所得は民族性と高い相関関係があります。特徴量を1つだけ削除しても、検出は困難になりますが、モデルの偏りは残っているかもしれません。

　その代わりに、どのような公平性の制約を適用しようとしているかを明示すべきです。例えば、M.B. Zafarらの論文「公正性の制約：公正な分類のためのメカニズム」（Fairness Constraints: Mechanisms for Fair Classification、https://arxiv.org/abs/1507.05259）で概説されているアプローチに従うことができます。p％ルールとは、「特定の機微な属性値を持ち肯定的な結果となる被験者の割合と、同じ結果となるもののその値を持たない被験者の割合が、p対100以下にならないこと」と定義されています。このような規則を使用することで、偏りを定量化してより適切に対処できますが、モデルに偏りをもたらす特徴量を追跡する必要があります。

　MLでは、データセットのリスク、偏り、エラーを評価するだけでなく、モデルを評価する必要があります。

8.2　モデリングにおける懸念点

　望ましくない偏りをモデルが持ってしまうリスクを、最小限に抑えるにはどうすればよいでしょうか。

　モデルがユーザに悪影響を与える方法は複数あります。まずフィードバックループの問題に取り組み、次に母集団の中の小さなセグメントに対して目立たないエラーが発生するリスクを探ります。そして、MLの予測をユーザに適切に提示することの重要性を説明し、悪意のある誰かがモデルを悪用するリスクを取り上げて、このセクションを終わります。

[†]　訳注：ProPublicaは、米国の独立系非営利報道機関

8.2.1 フィードバックループ

MLを活用するほとんどのシステムでは、ユーザがモデルの提案に従うと、将来も同じ提案を行う可能性が高くなります。この現象をチェックせずに放置しておくと、モデルが自己補強フィードバックループに入る可能性があります。

例えば、ユーザに動画を提案するモデルで、最初のバージョンが犬よりも猫の動画を提案する可能性がわずかに高かったとしましょう。ユーザは平均的に犬の動画よりも猫の動画を多く視聴することになります。過去の提案内容とクリック数のデータセットを使用して2番目のバージョンの学習を行うと、最初のモデルの偏りがデータセットに組み込まれ、2番目のモデルは猫の動画を優先するようになります。

コンテンツ提案モデルは1日に複数回更新されることが多いため、最新バージョンのモデルが猫の動画だけを提案するようになるまで、それほど時間はかかりません。この例を図8-1で見ることができます。最初に猫の動画の人気が高いため、モデルは徐々により多くの猫の動画を提案するように学習し、最終的に右の状態に達して猫の動画のみを提案するようになります。

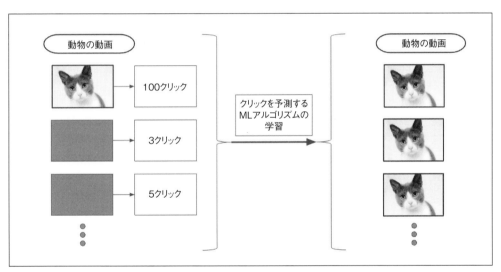

図8-1　フィードバックループの例

インターネットが猫の動画で埋め尽くされることは悲劇とは思えないかもしれませんが、このメカニズムがいかにネガティブな偏りを急速に拡大し、疑いを持たないユーザに不適切なコンテンツや危険なコンテンツを提案するか想像できます。実際、ユーザがクリックする確率を最大化しようとするモデルは、クリックベイトコンテンツ[†]、つまりクリックしたくなるもののユーザに何の価値も提供しないコンテンツを提案するようになります。

また、フィードバックループは、非常にアクティブな少数のユーザに有利になるような偏りを持ち込む傾向があります。動画サイトが提案アルゴリズムを学習するために各動画のクリック数を使

[†] 訳注：クリックベイト（clickbait）の bait は、釣り餌のこと。扇情的なタイトルやサムネイル画像を使って思わずクリックしたくなるように仕向けたサイトのこと。中身は単なる広告であったりタイトルとは関係のない内容であったりする。

用する場合、クリック数の大部分を占める最もアクティブなユーザに対して過剰に適合してしまうリスクがあります。他のユーザには、個々の好みに関係なく同じ動画が提案されることになります。

　フィードバックループの悪影響を制限するには、このようなループを作成する可能性が低いラベルを選択します。クリック数は、ユーザが動画を開いたかどうかを測定するだけで、動画を楽しんだかどうかを測定するものではありません。クリック数を最適化の目標として使用すると、関連性を気にすることなく、より目を引くコンテンツを提案することになります。目標とする指標をユーザの満足度と相関性の高い視聴時間に置き換えることで、このようなフィードバックループを緩和できます。

　それでも、あらゆる種類のエンゲージメント†を最適化する提案アルゴリズムは、実質的に無制限のメトリクスを最大化することを目的としているだけなので、常にフィードバックループに陥る危険性があります。例えば、より魅力的なコンテンツを促進するために視聴時間を最適化するアルゴリズムがあったとしても、このメトリクスを最大化するには、すべてのユーザが1日中動画を視聴していなければなりません。このようなエンゲージメントメトリクスを使用することは、利用率の向上に役立つかもしれませんが、それが常に最適化する価値のある目標であるかは疑問です。

　フィードバックループが発生するリスクに加えて、モデルはオフライン検証メトリクスでは適切なスコアを得ているにも関わらず、本番では予想以上に低いパフォーマンスを示すこともあります。

8.2.2　包括的モデルパフォーマンス

　「**5.2　モデルの評価：正解率の向こう側**」では、データセットのさまざまなサブセットのパフォーマンスを判断する評価メトリクスを各種取り上げました。この種の分析は、異なる種類のユーザに対してモデルが同等に機能することを確認するのに役立ちます。

　これは、モデルの新しいバージョンを学習させた後、それをデプロイするかを決定する際に特に重要です。集約パフォーマンスだけを比較すると、データの一部のセグメントのパフォーマンスが著しく低下していることに気付かない可能性があります。

　このようなパフォーマンス低下に気付かないと、壊滅的な製品障害につながります。2015年には、自動で写真にタグ付けを行うシステムがアフリカ系アメリカ人ユーザの写真をゴリラとして分類しました（この2015年のBBCの記事（https://www.bbc.com/news/technology-33347866）を参照）。これは驚くべき失策であり、代表的な入力セットでモデルを検証しなかった結果です。

　この種の問題は、既存のモデルを更新する際に発生することがあります。例えば、顔認識モデルの更新を考えてみましょう。最初のモデルの正解率は90％でしたが、新しいモデルの正解率は92％でした。この新しいモデルを導入する前に、異なるユーザのサブセットでパフォーマンスをベンチマークする必要があります。新しいモデルは全体としてパフォーマンスがわずかに向上したものの、40歳以上の女性の写真では正解率が非常に悪いことを発見し、デプロイを取りやめるかもしれません。その場合、より多くの代表的な例を学習データに追加して、すべてのカテゴリで優れたパフォーマンスを発揮できるようモデルを再学習させる必要があります。

　このようなベンチマークを省略すると、かなりの割合の対象ユーザでモデルが機能しなくなる可

---

†　訳注：エンゲージメント（engagement）は、さまざまな意味で用いられ、一般的には「婚約」や「交戦」の意味を持つ。歯車の噛み合わせと言う意味から、ここでは「つながり」「かかわり」「関係性」などと解釈するのが良いと思われる。

能性があります。ほとんどのモデルは、あらゆる入力に対して機能することはありませんが、予想されるすべての入力に対して機能することを検証することが重要です。

8.2.3 コンテキストの考慮

ユーザは、ある情報が ML モデルの予測であることを常に認識しているわけではありません。可能な限り予測のコンテキストをユーザと共有し、ユーザが予測を活用するか否かを十分な情報に基づいて判断できる必要があります。そのためには、モデルが何を学習したのかを説明するのも良い方法です。

「モデルの免責事項」の業界標準はまだ存在しませんが、この分野の活発な研究により、モデルカード（M. Mitchell らによる記事「モデルカードによるモデルの説明」（Model Cards for Model Reporting、https://arxiv.org/abs/1810.03993）を参照）のような、透明性の高いモデル説明のための文書化システムなどの有望な形式が提案されています。提案されたアプローチでは、モデルはどのように学習を行ったのか、どのデータでテストされたのか、どのような使用目的なのか等のメタデータがモデルに付属します。

我々のケーススタディでは、ML エディタが特定の質問データセットに基づいてフィードバックを提供します。これを製品としてデプロイする場合、モデルがどのような入力に対して適切に機能するかといった免責事項を含めることになるでしょう。こうした免責事項は、例えば「この製品は、質問のより良い言い回しを推奨しようとしています。この製品は Stack Exchange の質問をもとに開発されたので、そのコミュニティで好まれる特定の形式を反映する可能性があります。」といったシンプルなものになります。

良識あるユーザに情報を提供し続けることは重要です。それでは、あまり友好的ではないユーザから生じる潜在的な課題を見てみましょう。

8.2.4 敵対者

ML プロジェクトの中には、何者かがモデルを欺こうとするリスクを考慮する必要があります。詐欺師は、疑わしいクレジットカード取引を検出するモデルを騙そうとするかもしれません。あるいは、学習済みモデルの挙動から、その基礎となっている学習データの本来はアクセスを許されていない情報、例えば機密性の高いユーザ情報などを収集しようとするかもしれません。

8.2.4.1 モデルを欺く

多くの ML モデルは、詐欺師からアカウントや取引を守るために使用されています。詐欺師は、これらのモデルを騙して正当な利用者であると誤認させることで、このモデルを欺こうとします。

例えば、オンラインプラットフォームへの不正ログインを防止する場合、ユーザの出身国（多くの大規模な攻撃は、同じ地域の複数のサーバを使用しています）を含む一連の特徴量を検討したいと思うかもしれません。このような特徴量に基づいてモデルの学習を行うと、詐欺師が居住する国の非詐欺的なユーザに対して偏りが生じるリスクがあります。さらに、このような特徴量だけに頼ると、悪意のある行為者が場所を偽ってシステムを騙すことが容易になります。

敵対者から防御するためには、定期的にモデルを更新することが重要です。攻撃する者が既存の

防御パターンを学習し、それらを回避する行動を行うので、この新しい行動を詐欺的なものとして迅速に分類できるようにモデルを更新します。そのためには、活動のパターン変化を検知できる監視システムが必要となります。これについては、「**11章　監視とモデルの更新**」で詳しく説明します。多くの場合、攻撃者からの防御には、攻撃者の行動をより適切に検出するための新しい特徴量を生成する必要があります。特徴量の生成については、「**4.4　特徴量とモデルの情報をデータから取り出す**」を参照してください。

　モデルに対する最も一般的な攻撃は、モデルを騙して間違った予測をさせることを目的としたものですが、他の種類の攻撃も存在します。一部の攻撃は、学習済みモデルを使用して、学習を行ったデータから情報を得ることを目的としています。

8.2.4.2　モデル弱点への攻撃

　単にモデルを欺くだけではなく、攻撃者はモデルを使って個人情報を知ることができます。モデルは学習したデータを反映しているので、その予測値を使って元のデータセットのパターンを推測することができます。この考え方を説明するために、2つのサンプルを含むデータセットで学習を行った分類モデルを考えてみましょう。それぞれのサンプルは異なるクラスのもので、両方のサンプルは1つの特徴量だけが異なります。攻撃者にこのデータセットで学習したモデルにアクセスさせ、任意の入力に対する予測を観察させた場合、攻撃者は最終的にこの特徴量がデータセットの中で唯一予測可能なものであると推論することができます。同様に、攻撃者は学習データ内の特徴量の分布を推測することができます。これらの分布から、しばしば機密情報や個人情報が判明することがあります。

　不正なログイン検出の例で、郵便番号がログイン時の必須フィールドの1つであるとします。攻撃者は、多くの異なるアカウントでログインを試み、異なる郵便番号をテストして、どの値でログインに成功するかを観察できます。そこから、学習セットの郵便番号の分布を推定し、このWebサイトの顧客の地理的分布を推定することができます。

　このような攻撃の効率を制限する最も簡単な方法は、特定のユーザが実行できるリクエストの数を制限し、それによって特徴量の値を探索する能力を制限することです。洗練された攻撃者は、このような制限を回避するために複数のアカウントを作成するかもしれないので、これは銀の弾丸（特効薬）ではありません。

　敵対者は、このセクションで説明したような懸念する必要のある悪質な利用者だけではありません。自分の製品をより広いコミュニティと共有することを選択した場合、それが危険な用途に使われる可能性があるかどうかを自問する必要があります。

8.2.5　不正利用の懸念とデュアルユース

　デュアルユースとは、ある目的のために開発された技術が、別の目的にも利用できることを指します。MLは似たような種類のデータセットに対して優れたパフォーマンスを発揮するため（**図2-3を参照**）、MLモデルはしばしばデュアルユースの問題を抱えています。

　自分の声を友人の声のように変えるモデルを作った場合、同意なしに他人になりすますために悪用される可能性はないでしょうか。それを構築するとして、ユーザがそのモデルの適切な使用法を

確実に理解できるように、適切なガイダンスやリソースをどのように含めれば良いでしょうか。

　同様に、顔を正確に分類できるモデルは監視について 2 つの意味を持ちます。本来は玄関の呼び鈴をインテリジェントにするために使われるかもしれませんが、都市全体のカメラネットワークで個人を自動的に追跡するためにも利用できます。モデルは与えられたデータセットを使用して構築されますが、他の類似したデータセットで再学習するとリスクが生じる可能性があります。

　現在のところ、デュアルユースを検討する上での明確なベストプラクティスはありません。製品が非倫理的な用途に悪用される可能性があると考えているのであれば、その目的で複製することを困難にしたり、コミュニティと思慮深く話し合うことをお勧めします。最近、OpenAI は最も強力な言語モデルをリリースしないことを決定しました。それは、オンラインで偽情報の拡散をより簡単にするかもしれないという懸念があったからです（OpenAI の発表記事「より良い言語モデルとその意味」（Better Language Models and Their Implications、https://openai.com/blog/better-language-models/）を参照してください）。これは比較的斬新な決定でしたが、今後このような懸念†が頻繁に提起されても、驚くべきことではなくなりました。

　次のセクションではこの章の締めくくりとして、現在 Textio のエンジニアリングディレクターである Chris Harland へのインタビューを紹介します。彼は、モデルをユーザにリリースし、モデルを有用にするために適切なコンテキストで結果を提示する豊富な経験を持っています。

8.3　Chris Harland インタビュー：リリース実験

　Chris は物理学の博士号を持ち、コンピュータビジョンを利用してレシートの画像から構造化された情報を抽出する経費精算ソフトをはじめとする、さまざまな ML プロジェクトに従事してきました。Microsoft では検索チームに所属し、そこで ML エンジニアリングの価値に気付きました。その後 Textio 社に入社し、ユーザがより説得力のある職務記述書を書くための拡張的な文章作成製品を開発しています。Chris と筆者は、ML 製品のリリースに関する経験と、Chris 精度メトリクスを越えて結果を検証する方法について話し合いました。

Q Textio は ML を使用してユーザに直接アドバイスします。それは他の ML 課題とどのように異なっているのですか？

A いつ金を買うか、Twitter で誰をフォローするかなどの予測だけに焦点を当てている場合は、ある程度のばらつきを許容できます。文章作成のためのアドバイスを行う場合、提案により多くのテキストが作成されることになるため、同じとはなりません。

さらに 200 語書くようにアドバイスしたら、モデルは一貫性を持ち、その提案内容にユーザが従い続けられるようにしなければなりません。ユーザが 150 語書いたなら、モデルは内容を変更せず、書かれた分を減らして単語数を提案しなければなりません。

アドバイスには明快さも求められます。「ストップワードを 50 ％削除してください」とい

---

†　訳注：2020 年に IBM は、大量監視、人種プロファイリング、基本的人権と自由の侵害の懸念があるとして顔認識 AI 事業からの撤退を表明した（https://www.ibm.com/blogs/policy/facial-recognition-sunset-racial-justice-reforms/）。また、Amazon や Microsoft も警察に対する顔認識技術の提供を中止することを発表した（https://www.aboutamazon.com/news/policy-news-views/we-are-implementing-a-one-year-moratorium-on-police-use-of-rekognition）。

うのはわかりにくいですが、「この3つの文章の長さを短くしてください」というのは、ユーザにとってずっと実用的です。より人間が理解しやすい特徴量を使用しながら、パフォーマンスを維持することが、ここでの課題となります。

MLのライティング支援とは本質的に、特徴量空間の中を我々のモデルに従って、最初のポイントからより良いポイントまでユーザを誘導することです。その途中で、悪いポイントを通過してしまうこともあり、ユーザを苛立たせることもあります。製品としては、こうした制約を念頭に置いて構築しなければなりません。

Q アドバイスを行うための良い方法とはどのようなものでしょうか？

A 人間へのアドバイスに関して言えば、再現率よりも適合率の方がずっと重要です。再現率とは、すべての潜在的に関連する領域と多少の無関係な領域（無数にあります）に対してアドバイスする能力のことであり、適合率とは、潜在的な他の領域を無視して、いくつかの有望な領域に対してアドバイスをすることです。

誤ったアドバイスのコストは非常に高いため、適合率が最も重要です。また、ユーザは、モデルが以前に与えた提案から学習し、これから行う入力に適用することができるので、提案の適合率はさらに重要になります。

また、さまざまな要因を表面化させるため、ユーザが実際にそれらを利用しているかどうかを測定します。利用していない場合は、その理由を理解する必要があります。実際の例として、「アクティブとパッシブの比率」という特徴量は十分に活用されていませんでした。これは、提案内容が十分に実行可能でないことが原因であることがわかったため、変更を推奨する単語自体を強調することで改善しました。

Q ユーザへアドバイスするための新しい方法や新しい特徴量を見つけるにはどうすればいいですか？

A トップダウンアプローチとボトムアップアプローチのどちらも重要です。

トップダウンの仮説調査は、ドメイン知識に基づくものであり、基本的には過去の経験と特徴量とのマッチングです。これは、例えば製品チームやセールスチームから得られることがあります。トップダウンの仮説とは、「雇用に結び付くリクルートメールには、何らかの不可解な側面があると考えられる」というようなものです。トップダウンにおける課題とは、その特徴量を抽出するための実用的な方法を見つけることです。そうして初めて、その特徴量が予測に寄与するかどうかを検証することができます。

　ボトムアップは、分類パイプラインをよく観察して、何が予測に使えるか理解することを目的としています。単語ベクトル、トークン、品詞注釈など、テキストの一般的な表現があり、それをモデルのアンサンブルに与えて、良いテキスト、悪いテキストとして分類するとしたら、どの特徴量が分類に最も役立つのでしょうか。モデルの予測からこれらのパターンを識別するのに最も適しているのは、多くの場合ドメインの専門家です。そこで課題となるのは、これらの特徴量を人間が理解できるようにする方法を見つけることです。

Q モデルが十分に良くなったことをどのように判断しますか？

A 入手可能な少量のテキストデータセットの力を過小評価すべきではありません。多くのユースケースでは、自らのドメイン内に存在する1,000個のドキュメントを使用するだけで十分であることが判明しています。そのような小さなデータセットにラベルを付ける機能を持つことには価値があります。その後で、それ以外のデータを使ったテストに進みます。

製品を改善するためのアイデアの大部分は、最終的には効果がありません。そのため、実験を簡単に行えるようにしておくことで新機能についての不安を多少減らすことができるはずです。

最後に、良くないモデルを構築してしまうことは問題ではなく、最初に行うべきことです。良くないモデルを修正することで、問題に対してはるかに堅牢になり、製品の進化が速くなります。

Q モデルが本番環境に移行した後、モデルが動作している様子をどのように確認しますか？

A 本番環境では、モデルの予測をユーザに明確に示し、ユーザが予測を上書きできるようにします。特徴量の値、予測、および上書きをログに記録して、それらを監視し、後で分析できるようにします。モデルがスコアを生成する場合、このスコアを提案の使用状況と比較する方法を見つけることで、追加のシグナルにできます。例えば、電子メールが開封されるかどうかを予測している場合、ユーザの行動という真実のデータにアクセスして、モデルを改善することは非常に価値のあることです。

顧客の成功が最終的な成功メトリクスです。これは最後に入手できるものであり、他の多くの要因に影響を受けます。

8.4　まとめ

この章では、最初にデータの使用と保存に関する懸念事項について説明しました。次に、データセットに偏りが生じる原因と、それを特定して削減するためのヒントについて掘り下げました。そして、モデルが実際に直面する課題と、モデルをユーザに公開することに関連するリスクを軽減する方法を調べました。最後に、エラーに強くなるようにシステムを設計する方法を検討しました。

これらは複雑な問題であり、あらゆる潜在的な不正や悪用に取り組むために、MLには多くの課題がまだ残っています。その第一歩は、すべてのエンジニアがこれらの懸念を認識し、自分たちのプロジェクトの中で注意を払うことです。

これでモデルをデプロイする準備が整いました。まず、「9章　デプロイオプションの選択」のさまざまなデプロイオプション間のトレードオフを探ります。次に、「10章　モデルの保護手段の構築」でモデルのデプロイに関連するリスクのいくつかを軽減する方法を説明します。

9章
デプロイオプションの選択

　前の章では、製品のアイデアから ML の実装に至るプロセスと、それをデプロイする準備が整うまでアプリケーションを反復処理する方法について説明しました。

　この章では、さまざまなデプロイの選択肢と、それぞれの間のトレードオフについて説明します。デプロイアプローチには、それぞれ適した要件があります。どれを選択するか検討する際には、レイテンシー、ハードウェアおよびネットワーク要件、プライバシー、コスト、複雑さの問題などの複数の要素を考慮する必要があります。

　モデルをデプロイするのは、ユーザに対してモデルを公開するためです。ここでは、目的を達成するための一般的なアプローチに加え、モデルをデプロイする際のアプローチを決定するためのヒントを説明します。

　最も簡単にモデルをデプロイして予測を提供する、Web サーバを起動する方法から始めます。

9.1　サーバサイドデプロイ

　サーバサイドデプロイでは、クライアントからのリクエストを受け入れ、推論パイプラインを実行して結果を返す Web サーバを構成します。この場合、モデルをアプリケーションのエンドポイントとして扱うので、Web の開発方法論に適合します。ユーザはこのエンドポイントにリクエストを送り、結果を待ちます。

　サーバサイドモデルには、ストリーミングとバッチという 2 つの一般的な処理形式があります。ストリーミングでは、リクエストをすぐに処理します。バッチは実行頻度が低く、一度に多数のリクエストを処理します。まずはストリーミングを見てみましょう。

9.1.1　ストリーミングアプリケーションとAPI

　ストリーミングアプローチでは、ユーザがリクエストを送信するエンドポイントとしてモデルを考えます。ここでユーザとは、アプリケーションのエンドユーザであったり、モデルの予測に依存する内部サービスであったりします。例えば、Web サイトのトラフィックを予測するモデルは、予測されたユーザの量に合わせてサーバ数を調整する内部サービスによって使用されます。

　ストリーミングアプリケーションにおいて、リクエストは「**2.4.1　シンプルなパイプラインから始める**」で説明した推論パイプラインと同じ手順を通ります。手順を振り返ってみましょう。

1. リクエストの検証。渡されたパラメータの値を確認する。加えて、ユーザがこのモデルを実行するための正しい権限を持っているかどうかをチェックする。

2. 必要なデータの収集。例えば、ユーザに関連する情報など、必要となる可能性のある追加データを他のデータソースに問い合わせる。

3. データの前処理。

4. モデルの実行。

5. 結果の後処理。結果が許容範囲内であることを確認する。モデルの信頼度を説明するなど、ユーザが理解できるよう説明を追加する。

6. 結果の送信。

この一連の手順は**図 9-1** で確認できます。

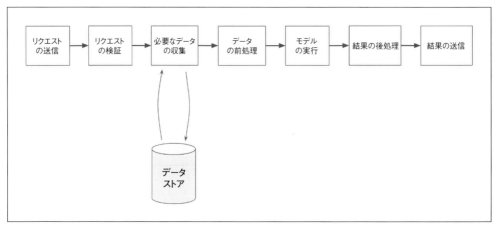

図9-1　ストリーミングAPIワークフロー

このアプローチは迅速に実装できますが、各ユーザが個別の推論呼び出しを行うため、ユーザ数に比例したインフラストラクチャーの拡張が必要になります。トラフィックがサーバの処理能力を超えて増加すると、処理が遅れたり失敗することがあります。したがって、このようなパイプラインをトラフィックパターンに適応させるには、新しいサーバを簡単に起動およびシャットダウンできる必要があり、ある程度の自動化が必要になります。

ただし、MLエディタのような一度に数人のユーザしかアクセスすることを想定していないシンプルなプロトタイプには、ストリーミング的なアプローチが適しています。MLエディタをデプロイするには、Flask のような軽量な Python Web アプリケーションを使用することで、モデルを提供する API を数行のコードで簡単に作成できます。

プロトタイプのデプロイコードは本書の GitHub（https://github.com/hundredblocks/ml-powered-applications）リポジトリにあるので、ここでは概要のみ説明します。Flask アプリケーションは、受け取ったリクエストをモデルに送信し、Flask で処理する API と、ユーザがテキストを入力して結果を表示するための HTML で構成されたシンプルな Web サイトの 2 つの部分で構

成されています。このような API を定義するにはコードはあまり必要ありません。ここでは、ML
エディタ v3 の大部分を担う 2 つの関数を確認します。

```python
from flask import Flask, render_template, request

@app.route("/v3", methods=["POST", "GET"])
def v3():
    return handle_text_request(request, "v3.html")

def handle_text_request(request, template_name):
    if request.method == "POST":
        question = request.form.get("question")
        suggestions = get_recommendations_from_input(question)
        payload = {"input": question, "suggestions": suggestions}
        return render_template("results.html", ml_result=payload)
    else:
        return render_template(template_name)
```

　v3 関数は route を定義し、ユーザが /v3 ページにアクセスした際に表示する HTML を指定し
ます。関数 handle_text_request を呼び出して、表示する内容を決定します。ユーザが最初に
ページにアクセスしたとき、リクエストタイプは GET であるため、関数は HTML テンプレート
を表示します。この HTML ページのスクリーンショットを**図 9-2** に示します。ユーザが［Get
recommendation］ボタンをクリックすると、リクエストタイプは POST になるため、handle_
text_request は質問データを取得してモデルに渡し、モデルの出力を返します。

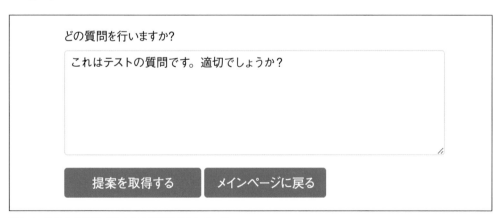

図9-2　モデルを使用するための単純なWebページ

　強いレイテンシー制約が存在する場合には、ストリーミングを使います。モデルが必要とする情
報が予測時にのみ利用可能であり、モデルの結果がすぐに必要となる場合は、ストリーミングアプ
ローチが適しています。例えば、配車サービスアプリケーションで特定の旅程の料金を予測するモ
デルは、ユーザの位置情報と現在のドライバーの空き状況を必要としますが、これはリクエスト時
にのみ利用できます。また、このようなモデルは、ユーザがサービスを利用するかどうかを判断す

るためにユーザに予測を表示する必要があるため、結果を即座に返す必要があります。

　他のいくつかのケースでは、予測を計算するために必要な情報が事前に入手可能です。その場合、受け取ったリクエストをそれぞれ処理するよりも、まとめて一度に処理する方が簡単な場合があります。これは**バッチ予測**と呼ばれます。

9.1.2　バッチ予測

　バッチアプローチでは、推論パイプラインを一度に複数のサンプルで実行できるジョブとみなします。バッチジョブは、多くのサンプルでモデルを実行し、必要なときに使用できるように予測値を保存します。モデルの予測が必要になる前に、予測を行うための特徴量を入手できる場合は、バッチジョブが適しています。

　例えば、チームの各営業担当者向けに、最も可能性の高い見込み客のリストを提供するモデルを構築するとします。これは、**リードスコアリング**と呼ばれる一般的な ML の問題です。このようなモデルの学習を行うには、過去のメール記録や市場動向などの特徴量を利用できます。こうした特徴量は、営業担当者がどの見込み客にコンタクトするかを決定する、つまり予測が必要となる前に利用できます。これは、夜間のバッチジョブで見込み客のリストを計算し、その結果が必要となる朝までに準備ができることを意味します。

　同様に、朝、仕事を始める前に読むべき最も重要なメッセージを優先付けする ML アプリケーションは、強いレイテンシーの要件を持っていません。このアプリケーションのための適切なワークフローは、朝までにすべての未読メールをバッチ処理し、ユーザが必要なときのために優先順位を付けたリストを保存することです。

　バッチアプローチはストリーミングアプローチと同じ数の推論を実行する必要がありますが、リソースをより効率的に利用することが可能です。予測はあらかじめ決められた時間に行われ、バッチの開始時には予測数がわかっているため、リソースの割り当てや並列化が容易になります。さらに、事前に計算された結果を取得するだけで済むため、バッチアプローチは推論時間を短くできます。これはキャッシュと同様のメリットをもたらします。

　図 9-3 は、このワークフローの 2 つの側面を示しています。バッチ処理時で、すべてのデータポイントの予測を計算し、生成した結果を保存します。推論時には、事前に計算された結果を取得します。

　ハイブリッドアプローチを使用することも可能です。可能な限り多くのケースを事前計算し、推論時に事前計算された結果を取得するか、それらが利用できないもしくは古くなっている場合はその場で計算します。できるものは事前に計算済みなので、このアプローチでは可能な限り迅速に結果が得られます。一方、バッチパイプラインとストリーミングパイプラインの両方を維持する必要があり、システムの複雑さが大幅に増加します。

　サーバ上にアプリケーションをデプロイする一般的な方法として、ストリーミングとバッチを説明しました。これらのアプローチはどちらも、顧客のために推論を実行するためのホスティングサーバを必要とするため、製品の人気が上がると、コストも上がります。さらに、そのようなサーバは、アプリケーションの主な障害点となります。予測の需要が突発的に増加した場合、サーバはすべてのリクエストに対応できない可能性があります。

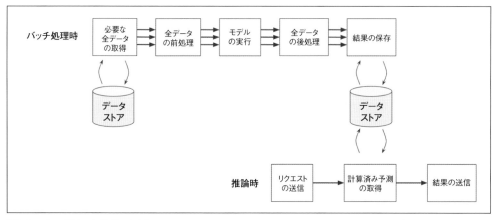

図9-3　バッチワークフローの例

　リクエストを作成するクライアントのデバイス上で、直接リクエストを処理する方法もあります。ユーザのデバイス上でモデルを実行することで推論コストが削減できます。また、クライアントが必要なコンピューティングリソースを提供しているので、アプリケーションの人気に関係なく一定のサービスレベルを維持することができます。これを**クライアントサイドデプロイ**と呼びます。

9.2　クライアントサイドデプロイ

　クライアント側にモデルをデプロイする目的は、すべての計算をクライアントで実行し、モデルを実行するためのサーバの必要性を排除することです。コンピュータ、タブレット、最新のスマートフォン、そしてスマートスピーカー、スマートドアベルなど一部のコネクテッドデバイスには、モデルを実行するのに十分な計算能力があります。

　このアプローチでは、デバイス上に配置された**学習済みモデル**を使って推論を行いますが、モデルの学習はデバイス上で行いません。モデルはこれまでと同様の方法で学習を行い、推論のためにデバイスに配置します。モデルはアプリケーションに含まれているか、Web ブラウザから読み込まれます。アプリケーションにモデルをパッケージ化するワークフローの例については、**図 9-4**を参照してください。

　ポケットサイズのデバイスは強力なサーバと比較して計算能力が劣るため、使用できるモデルの複雑さは制限されます。一方で、モデルをデバイスで実行することにはさまざまな利点があります。

　まず、あらゆるユーザに対して推論を実行するインフラストラクチャーを構築しなくても良くなります。さらに、デバイスとサーバ間で転送するデータ量を減らせます。これにより、ネットワークの待ち時間が短縮されると共に、ネットワークにアクセスできなくてもアプリケーションを使えます。

　そして、推論に必要なデータに機密情報が含まれている場合、このデータをリモートサーバに転送する必要がなくなります。機密性の高いデータがサーバにないので、不正な第三者がこのデータにアクセスするリスクを減らすことができます（これが深刻なリスクとなる理由については「**8.1**

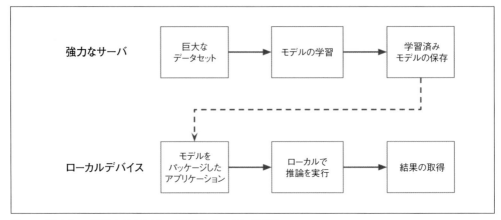

図9-4 デバイスで推論を行うモデル（学習はサーバ上で行う）

データに関する懸念点」を参照してください）。

図 9-5 は、サーバサイドモデルとクライアントサイドモデルで予測値を取得するためのワークフローを比較したものです。サーバサイドのワークフローで最も遅延が長いのは、サーバへのデータ転送にかかる時間であることがわかります。クライアント側モデルはほとんど遅延がないものの、ハードウェアの制約により、サーバよりも処理が遅くなることがわかります[†]。

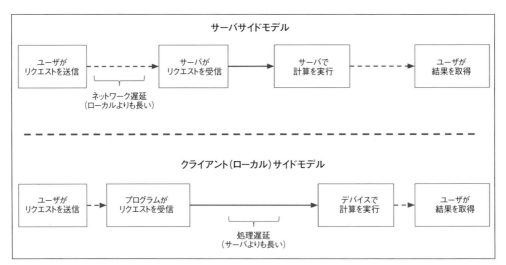

図9-5 サーバサイドモデルとクライアントサイドモデルの比較

[†] 訳注：IoT の盛り上がりと共に、エッジコンピューティングの考え方も広まっている。これはネットワーク上、物理的に最もデバイス寄り（エッジ）に、サーバ機能の一部を分散配置する方式で、ここで言うサーバサイドモデルとクライアントサイドモデルの中間に位置する。処理能力に劣るデバイスを補助すると共に、ネットワーク遅延の軽減や機密情報の集中配置による弊害を避けられる一方で、サーバ機能の分散配置によるサーバ管理や処理の複雑化が問題となる。

　サーバサイドデプロイと同様に、アプリケーションをクライアントにデプロイする方法は複数あります。次のセクションでは、モデルをネイティブにデプロイする方法と、ブラウザを介して実行する方法について説明します。これらの方法は、アプリストアや Web ブラウザにアクセスできるスマートフォンやタブレットには適していますが、マイクロコントローラなどのコネクテッドデバイスには適していません。

9.2.1　デバイスへのデプロイ

　ノートパソコンやスマートフォンに搭載されているプロセッサは、通常、ML モデルを実行するように最適化されていない†ため、推論パイプラインの実行速度が遅くなります。クライアント側のモデルを高速に実行し、電力をあまり消費しないようにするためには、可能な限りモデルを小さくする必要があります。

　モデルサイズを小さくするには、よりシンプルなモデルを使用したり、モデルパラメータ数を削減したり、計算の精度を下げるなどの手段が考えられます。例えば、ニューラルネットワークでは、重みを剪定（ゼロに近い値を持つものを削除）したり、量子化（重みの精度を下げる）することがあります。また、モデルが使用する特徴量の数を減らして効率をさらに高めることもできます。最近では、モデルのサイズを縮小しモバイルデバイスでのデプロイを容易にするのに役立つツールとして、TensorFlow Lite（https://www.tensorflow.org/lite）などのライブラリが提供されています。

　このような要件のため、ほとんどのモデルはデバイス上に移植されることで若干パフォーマンスが低下します。スマートフォンなどのデバイス上で実行するには複雑すぎる最先端のモデルに依存した製品など、モデルのパフォーマンス低下に耐えられない場合は、サーバ上にデプロイする必要があります。一般的に、デバイス上で推論を実行するのにかかる時間が、サーバにデータを転送して処理するのにかかる時間よりも大きい場合は、モデルをクラウドなどのサーバ上で実行することを検討すべきです。

　スマートフォンの予測キーボードのように、タイピングを速くするための提案を提供するようなアプリケーションでは、インターネットへのアクセスを必要としないローカルモデルを持つことは、精度の損失を上回る価値をもたらします。同様に、撮影した植物の写真から種類を特定するスマートフォンアプリケーションは、ハイキング中でも使用できるようにオフラインで動作する必要があります。このようなアプリケーションは、予測精度を犠牲にしてでも、デバイス上にモデルをデプロイする必要があります。

　翻訳アプリケーションは、ローカルで機能することで利益を得られる ML 製品の一例です。このようなアプリケーションは、ネットワークに接続できない海外で利用される可能性があります。サーバ上でのみ動作するような複雑な翻訳モデルほど正確でなくても良いので、ローカルで動作する翻訳モデルが求められます。

　ネットワークの懸念に加えて、クラウドでモデルを実行するとプライバシーのリスクが高まります。ユーザデータをクラウドに送信して一時的にでも保存すると、攻撃者がそのデータにアクセス

---

†　訳注：Apple の iPhone で使用されている A シリーズ CPU のように、機械学習処理を専用に行うためのコアを搭載しているものもある。

できる可能性が高くなります。写真にフィルタを重ねるような害のないアプリケーションを考えてみましょう。多くのユーザは、自分の写真が処理のためにサーバに送信され、無期限に保存されることに抵抗を感じるかもしれません。写真がデバイスの外に出て行かないことをユーザに保証できれば、プライバシーへの意識が高い現代では重要な差別化要因となります。「**8.1　データに関する懸念点**」で見たように、機密データを危険にさらすことを避ける最善の方法は、写真がデバイスの外に送られたり、サーバに保存されないようにすることです。

　一方で、剪定、量子化、モデルの単純化は時間のかかるプロセスです。デバイス上へのデプロイは、レイテンシー、インフラストラクチャー、プライバシーなどの面でメリットが十分にある場合にのみ価値のあるものとなります。ML エディタでは、Web ベースのストリーミング API に限定します。

　最後に、モデルを特定の種類のデバイスで動作するように特別な最適化を行うと、最適化プロセスがデバイスによって異なるため、時間がかかる場合があります。デバイス間の共通性を利用して必要な作業を削減するなど、モデルをローカルに実行するために必要となる作業が増加します。そのため、この分野ではブラウザ上で動作する ML が注目されています。

9.2.2　ブラウザへのデプロイ

　ほとんどのスマートデバイスではブラウザが使えます。これらのブラウザは、高速なグラフィック処理をサポートするように最適化されていることがよくあります。そのため、ブラウザを利用してクライアントに ML を実行させるライブラリへの関心が高まっています。

　これらのフレームワークの中で最も人気があるのが TensorFlow.js（https://www.tensorflow.org/js）です。Python など異なる言語で学習したモデルであっても、ほとんどの微分可能なモデルを、JavaScript を使ってブラウザ上で学習と推論を実行できます。

　これにより、ユーザは追加のアプリケーションをインストールすることなく、ブラウザ上でモデルを操作できます。さらに、モデルは JavaScript を使用してブラウザ内で実行されるため、計算はユーザのデバイス上で行われます。インフラストラクチャーが必要となるのは、モデルの重みを含む Web ページを提供することだけです。そして、TensorFlow.js は WebGL をサポートしているため、クライアントのデバイス上で GPU が利用可能であれば、それを活用して計算を高速化できます。

　JavaScript フレームワークを使用すると、これまでのアプローチほど多くのデバイス固有作業を必要とせずに、モデルをクライアント側にデプロイできます。このアプローチには、ネットワーク帯域のコストが増加するという欠点があります。これは、クライアントがアプリケーションをインストールするときではなく、ページを開くたびにモデルをダウンロードする必要があるためです。

　使用するモデルが数メガバイト以下であり、高速にダウンロードできるのであれば、クライアント上で JavaScript を使用してモデルを実行するのはサーバのコストを削減する有効な方法です。ML エディタのサーバコストが問題になった場合は、TensorFlow.js などのフレームワークを使用してモデルをデプロイするのが、最初に検討すべき方法の 1 つです。

　ここまでは、学習済みのモデルをデプロイするためだけのクライアントについて検討してきましたが、クライアント上でモデルの学習を行うこともできます。次のパートでは、これがどのような

場合に有用なのかを探ります。

9.3　連合学習（Federated Learning）：ハイブリッドアプローチ

これまでに、学習済みのモデルをデプロイするさまざまな方法（理想的には前の章のガイドラインに従う）について説明し、現在、デプロイ方法を選択しているところです。すべてのユーザにモデルを提供するためのさまざまな解決策を検討してきましたが、各ユーザに異なるモデルを持たせたい場合はどうすれば良いのでしょうか。

図 9-6 は、全ユーザに共通の学習モデルを持つ上側のシステムと、各ユーザがわずかに異なるバージョンのモデルを持つ下側のシステムの違いを示しています。

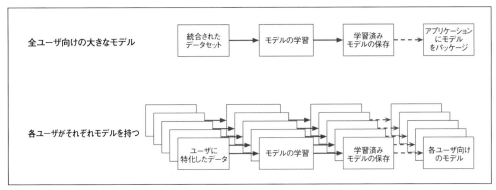

図9-6　大きな1つのモデル対多くの個人向けモデル

コンテンツの推奨、作成文章へのアドバイス、ヘルスケアなど多くのアプリケーションでは、モデルの最も重要な情報源はユーザに関するデータです。ユーザ固有の特徴量を生成してモデルで活用することもできますし、各ユーザが独自のモデルを持つこともできます。これらのモデルはすべて同じアーキテクチャを共有することができますが、各ユーザのモデルは、個々のデータを反映した異なるパラメータ値を持ちます。

このアイデアは、OpenMined（https://www.openmined.org/）などのプロジェクトで最近注目を集めているディープラーニングの一分野である連合学習の中核をなすものです。連合学習では、各クライアントは独自のモデルを持ちます。各モデルは、ユーザのデータから学習し、集約された（匿名化された）更新をサーバに送信します。サーバはすべての更新を活用してモデルを改善し、この改善されたモデルを個々のクライアントに戻します。

各ユーザは、他のユーザに関する集約情報の恩恵を受けながら、自分のニーズに合わせてパーソナライズされたモデルを受け取ります。連合学習では、ユーザのデータがサーバに転送されることがなく、サーバは集約されたモデルの更新のみを受信するため、ユーザのプライバシーを向上させます。これは、各ユーザのデータを収集し、すべてをサーバに保存するという従来の方法でモデルの学習を行うのとは対照的です。

連合学習は ML にとって非常に興味深い手法ですが、複雑さが増加してしまいます。個々のモデルのパフォーマンスが良好であり、サーバに返送されるデータが適切に匿名化されていることを

確認することは、単一のモデルを学習するよりも複雑です。

　連合学習は、すでに実用的なアプリケーションとして使用されています。例えば、A. Hard らによる記事「モバイルキーボード予測のための連合学習」（Federated Learning for Mobile Keyboard Prediction、https://arxiv.org/abs/1811.03604）で紹介されているように、Google の GBoard では、スマートフォンユーザに次の入力単語の予測を提供するために連合学習を使用しています。文章の書き方はユーザ間で多様であるため、すべてのユーザに対応できる独自のモデルを構築することは困難であることがわかっています。ユーザレベルでモデルを学習することで、GBoard はユーザ固有のパターンを学習し、より良い予測を提供することができます。

　モデルをサーバ上、デバイス上、あるいはその両方にデプロイする複数の方法について説明しました。アプリケーションの要件に基づいて、それぞれのアプローチとそのトレードオフを考慮する必要があります。本書の他の章と同様に、シンプルなアプローチから始めて、それが必要であることを確認してから、より複雑なアプローチに移行することをお勧めします。

9.4　まとめ

　ML を利用したアプリケーションを提供する方法は複数あります。ストリーミング API を提供して、入力を受け取ったタイミングでモデルの処理を行うことができます。一方、複数のデータポイントを一度に定期的に処理するバッチワークフローを使用することもできます。あるいは、モデルをアプリケーションにパッケージ化するか、Web ブラウザを介して提供することで、クライアント側にモデルをデプロイすることもできます。そうすることで推論コストやインフラストラクチャーの必要性は減りますが、デプロイプロセスはより複雑になります。

　適切なアプローチは、レイテンシー要件、ハードウェア、ネットワークおよびプライバシーへの配慮、推論コストなど、アプリケーションのニーズによって異なります。ML エディタのようなシンプルなプロトタイプの場合、ストリーミング API や簡単なバッチワークフローから始めて、そこから繰り返しを行います。

　ただし、モデルのデプロイとは、単にモデルをユーザに公開するだけではありません。「**10章 モデルの保護手段の構築**」では、エラーを軽減するためにモデルの周りにセーフガードを構築する方法、デプロイプロセスをより効果的なものにするためのエンジニアリングツール、モデルが本来あるべきパフォーマンスを発揮しているかどうかを検証するためのアプローチについて説明します。

10章
モデルの保護手段の構築

データベースや分散システムを設計する場合、ソフトウェアエンジニアはフォールトトレランス、つまりコンポーネントの一部が故障してもシステムが動作し続ける能力について考慮します。ソフトウェアでは、システムの特定の部分に障害が起きるかどうかではなく、いつ障害が発生するかが問題なのです。MLにも同じ原則が適用できます。どれだけ優れたモデルであってもエラーは発生するため、そうしたエラーを適切に処理できるシステムを設計する必要があります。

この章では、エラーを防止または軽減するためのさまざまな方法を取り上げます。まず、受信および生成するデータの品質を検証し、この検証を利用してユーザに結果を表示する方法を決定します。次に、多くのユーザに効率的にサービスを提供できるように、モデリングパイプラインをより強固にする方法を説明します。その後、ユーザのフィードバックを活用し、モデルがどのように機能しているかを判断するためのオプションを見ていきます。この章の最後には、デプロイのベストプラクティスについてChris Moodyへインタビューを行います。

10.1　エラーにまつわるエンジニアリング

ここでは、MLパイプラインがエラーを起こす可能性の高い場合をいくつか取り上げましょう。注意深い読者は、これらの例が「6.2　配線のデバッグ：可視化とテスト」で見たデバッグのヒントに似ていることに気付くでしょう。実際、本番環境でユーザにモデルを公開するには、モデルのデバッグと同じような課題が発生します。

バグやエラーはどこにでも発生する可能性がありますが、特に3つの領域の検証が最も重要です。つまり、パイプラインへの入力、モデルの信頼性、そして生成される出力です。それぞれを順番に説明します。

10.1.1　入出力のチェック

モデルは、特定の特徴量を示す特定のデータセットを学習しました。学習データは特定の数の特徴量を持ち、これらの特徴量のそれぞれは特定の型を持ちます。さらに各特徴量は、モデルが正確に予測できるよう学習したデータの特定の分布に従います。

「2.1.3　データの鮮度と分布の変化」で見たように、本番データが学習データと異なると、モデルがうまく機能しない可能性があります。これを支援するために、パイプラインへの入力を確認す

る必要があります。

10.1.1.1　入力チェック

　一部のモデルでは、データ分布の小さな違いに直面しても、実行に支障はないかもしれません。しかし、モデルが受け取るデータが学習データと大きく異なっている場合や、いくつかの特徴量が欠落しているか予期しない種類のデータを受け取ると、期待したパフォーマンスを発揮できないかもしれません。

　以前にも見たように、誤った入力が与えられた場合でも（入力が正しい形状と型である限り）、モデルは実行できます。モデルは出力を生成しますが。その出力はひどく不正確であるかもしれません。**図10-1** で示した例を考えてみましょう。パイプラインは、最初に文をベクトル化し、ベクトル化された表現に分類モデルを適用することで、文を2つのトピックのいずれかに分類します。パイプラインがランダムな文字列を受け取った場合でも、それをベクトルに変換し、モデルは予測を行います。この予測に意味はありませんが、モデルの結果を見るだけではそれを知る術がありません。

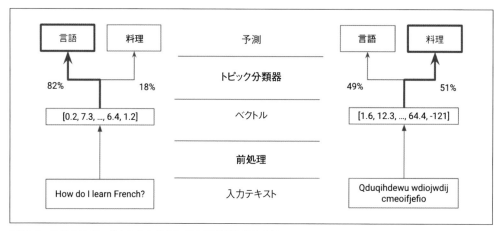

図10-1　モデルはランダムな入力に対しても予測値を出力する

　モデルに不適切な出力を行わせないために、不適切な入力はモデルに渡す前に検出する必要があります。

　このチェックは「**6.2.2　ML コードのテスト**」のテストと同様の領域を対象とします。重要度の高い順に、次のようになります。

1. 必要な特徴量がすべて揃っていることを確認
2. すべての特徴量の型を確認
3. 特徴量の値を検証

　特徴量の分布は複雑であるため、特徴量の値を単独で検証することは困難です。この検証を行う簡単な方法は、特徴量の妥当な範囲を定義し、値がその範囲内であることを確認することです。

チェックとテスト

　このセクションでは、「6.2.2　MLコードのテスト」で見たような入力テストとは対照的に、入力チェックについて説明します。この違いは微妙ですが、重要です。テストは、既知の事前定義された入力が与えられた場合に、コードが期待通りに動作するかを検証します。テストは通常、コードやモデルが変更されるたびに実行され、パイプラインが正常に動作するかを検証します。このセクションで説明する入力チェックはパイプラインの一部であり、入力の品質に基づいてプログラムの制御フローを変更します。入力チェックが失敗した場合は、別のモデルを実行したり、モデルを使用しない方法に切り替えたりします。

　入力チェックがエラーとなった場合、モデルを実行すべきではありません。何をすべきかはユースケースによって異なります。欠落しているデータが情報の核心部分である場合、エラーの発生源を示したエラーを返すべきです。一方、結果を提供できると考えられる場合には、モデル呼び出しをヒューリスティックに置き換えることができます。ヒューリスティックへ立ち戻ることができるという選択肢を与えてくれることからも、MLプロジェクトの開始時にはヒューリスティックを構築すべきなのです。

　図10-2で、このロジックの例を見ることができます。どの経路をたどるかは、入力チェックの結果に依存します。

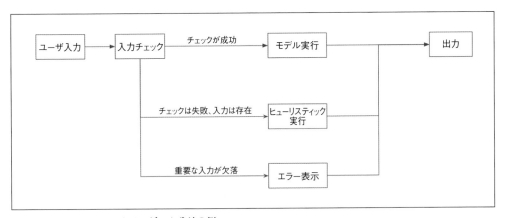

図10-2　入力チェックによるロジック分岐の例

　MLエディタで、特徴量や型の欠落をチェックする制御フローの例を示します。入力の品質に応じて、エラーを返すかヒューリスティック処理を行います。一部を掲載しましたが、すべてのコードは本書の GitHub リポジトリ（https://github.com/hundredblocks/ml-powered-applications）を参照してください。

```
def validate_and_handle_request(question_data):
    missing = find_absent_features(question_data)
    if len(missing) > 0:
        raise ValueError("Missing feature(s) %s" % missing)

    wrong_types = check_feature_types(question_data)
    if len(wrong_types) > 0:
        # データが誤っていても、質問の長さがわかっている場合は、
        # ヒューリスティックを実行する
        if "text_len" in question_data.keys():
            if isinstance(question_data["text_len"], float):
                return run_heuristic(question_data["text_len"])
        raise ValueError("Incorrect type(s) %s" % wrong_types)

    return run_model(question_data)
```

モデルの入力を検証することで、エラーの原因を絞り込み、データ入力の問題点を特定できます。次に、モデルの出力を検証します。

10.1.1.2　モデル出力

モデルが予測を行ったら、それをユーザに表示するかどうかを判断する必要があります。予測がモデルの許容範囲から外れている場合には、それを表示しないことを検討する必要があります。

例えば、画像から被写体の年齢を予測する場合、出力値は0歳から100歳を少し超えるあたりの間であるべきです（もし本書を西暦3000年に読んでいるのであれば、この許容範囲は自由に調整してください）。モデルがこの範囲外の値を出力したのであれば、それは表示しない方が無難です。

ここで言う許容範囲とは、もっともらしい結果だけで定義されるものではありません。また、どのような結果が**ユーザにとって有用**であるかは、サービスを提供する側の考え方にも依存します。

MLエディタでは、行動可能な提案のみを提供したいと考えています。ユーザの入力はすべて削除されるべきであるとモデルが提案した場合、これはまったく役に立たないどころか侮辱的な提案と言えます。ここでは、モデルの出力を検証し、必要に応じてヒューリスティックに戻す例を示します。

```
def validate_and_correct_output(question_data, model_output):
    # 型と範囲を確認し、それぞれに応じたエラーを発生させる
    try:
        # モデルの出力が正しくない場合、値エラー（value error）を発生させる
        verify_output_type_and_range(model_output)
    except ValueError:
        # ヒューリスティックを実行するが、ここで別のモデルを実行することも可能
        run_heuristic(question_data["text_len"])

    # エラーが発生しなかった場合、モデルの結果を返す
    return model_output
```

　モデルがエラーになる場合、ヒューリスティックを使うか、以前に構築した単純なモデルに戻すこともできます。異なるモデルでは相関のないエラーとなる可能性があるので、以前のモデルを試してみることには、しばしば価値があります。

　図10-3の簡単な例で説明します。左側は複雑な決定境界を持つ、よりパフォーマンスの良いモデル。右側は、パフォーマンスの低い単純なモデルです。パフォーマンスの低いモデルはより多く誤りますが、それは決定境界の形状が異なるためであり、複雑なモデルとは異なります。このため、単純なモデルは、複雑なモデルが誤る例でも正解する場合があります。メインのモデルが失敗したときに、なぜ単純なモデルをバックアップとして使用することが合理的であるのか、その直感的な理由がここにあります。

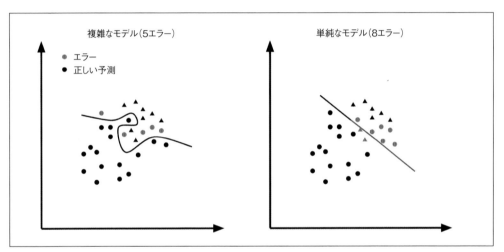

図10-3　より単純なモデルでは、異なるエラーが発生する

　より単純なモデルをバックアップとして使用する場合は、同様の方法でその出力を検証し、ヒューリスティックに戻るか、チェックが成功しない場合はエラーを表示する必要があります。

　手始めにモデルの出力が妥当な範囲にあることを確認するのは良い方法ですが、それだけでは十分ではありません。次のセクションでは、モデルの周辺に構築できる追加の保護手段について説明します。

10.1.2　モデルがエラーとなる場合の対応

　誤った入力と誤った出力を検出して、修正するための保護手段を構築します。しかし、いくつかのケースでは、モデルへの入力が正しく、モデルの出力がまったく誤っていたとしても合理的である場合があります。

　画像から被写体の年齢を予測する例に戻ると、モデルによって予測された年齢がもっともらしい人間の年齢であることを確認するのは開始点としては良いのですが、理想的には、この特定の被写体の正しい年齢を予測したいと考えています。

　モデルが100％正しいということはありませんし、多少のミスは許容されることが多いのです

が、可能な限りモデルの誤りを検出することを目指すべきです。検出した誤りに対して、難しい入力であるとフラグを立てられるため、ユーザがより適切な入力（例えば、より明るい写真）を提供できるようになります。

　エラーを検出するには、主に2つの方法があります。最も単純なのは、出力が正確かどうかを推定するためにモデルの信頼度を追跡することです。2つ目は、メインのモデルでエラーとなる可能性の高い例を検出するための追加モデルを構築することです。

　最初の方法に関して言うと、分類モデルはモデルの出力に対する信頼度の推定値となる確率を出力できます。この確率が十分に調整されていれば（「5.2.4　検量線（Calibration Curve）」を参照）、結果をユーザに表示するか否かをその確率を用いて決定できます。

　あるサンプルに高い確率が割り当てられたにも関わらず、モデルが誤っている場合があります。このような場合には、2番目の方法の出番です。モデルを使用して難しい入力を除外します。

10.1.2.1　モデルによるフィルタリング

　モデルの信頼度スコアは、常に信頼できるとは限らないことに加えて、もう1つの大きな欠点があります。このスコアを取得するためには、予測値が使用されるかどうかに関わらず、推論パイプライン全体を実行する必要があります。これは、例えばGPU上で実行する必要のあるような複雑なモデルを使用する場合には、特に無駄な作業です。モデルを実行せずに、あるサンプルに対してどれくらいのパフォーマンスを発揮するかを推定できるのが理想的です。

　これがモデルによるフィルタリングの背後にある考え方です。一部の入力はメインのモデルが処理できないような難しさを持つことがわかるならば、事前にそれらを検出しておき、その入力に対してはモデルを実行しません。フィルタリングを行うモデルは、入力テストのML版で、特定のサンプルに対してメインのモデルがうまく動作するかを予測するために学習を行った二項分類器です。このようなモデルの中心となる仮定は、メインのモデルでは予測が困難なデータポイントにはある種の傾向が存在するというものです。難しい入力に十分な共通点があるなら、フィルタリングモデルは、学習により簡単な入力と難しい入力を分離できます。

　フィルタリングモデルで捉えたい入力の種類を次に示します。

- メインのモデルが良好に機能するような入力と、質的に異なる入力
- メインのモデルが学習したが、うまく機能しなかった入力
- メインのモデルを欺くために意図された、敵対的な入力

　図10-4 は、図10-2 を更新して、フィルタリングモデルを加えたロジックになっています。フィルタリングモデルは、入力チェックに合格した場合に実行されます。これは、「モデルの実行」に進む可能性のある入力のみをフィルタで除外する必要があるためです。

　フィルタリングモデルの学習を行うには、2つのカテゴリ、つまりメインのモデルが成功したものと失敗したもののサンプルを含むデータセットを収集する必要があります。これは学習データを使用することができるので、追加のデータ収集は必要ありません。

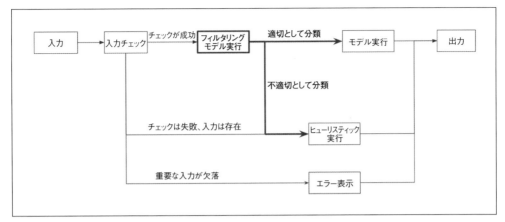

図10-4 入力チェックにフィルタリングステップを追加する（太字部分）

図 10-5 では、学習済みモデルとその結果を利用して、これを行う方法を示しています。モデルが正しく予測したいくつかのデータポイントと、モデルが失敗したいくつかのデータポイントをサンプリングします。そして、フィルタリングモデルの学習を行い、元のモデルが失敗したデータポイントを予測させます。

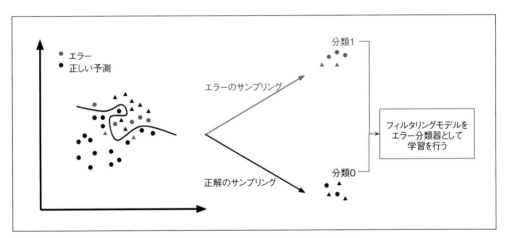

図10-5 フィルタリングモデル用学習データの取得

学習済みの分類器があれば、フィルタリングモデルの学習は比較的簡単です。以下の関数にテストセットと学習済み分類器を与えて実行します。

```
def get_filtering_model(classifier, features, labels):
    """
    二項分類データセットの予測誤差を取得する
    :param classifier: 学習済み分類器
    :param features: 入力特徴量
```

```
    :param labels: 正解のラベル
    """
    predictions = classifier.predict(features)
    # エラーを1、正解を0とするラベルを作成
    is_error = [pred != truth for pred, truth in zip(predictions, labels)]

    filtering_model = RandomForestClassifier()
    filtering_model.fit(features, is_error)
    return filtering_model
```

　このアプローチは、受信した電子メールに対していくつかの短い応答を提案する Google のスマートリプライで使用されています（A. Kanan らによる記事「スマートリプライ：電子メールの自動応答提案」（Smart Reply: Automated Response Suggestion for Email、https://www.kdd.org/kdd2016/papers/files/Paper_1069.pdf）を参照してください）。彼らは、トリガーモデルと呼ばれるものを使用して、応答を提案するメインのモデルを実行するかどうかを決定します。このケースでは、メインのモデルの実行に適したメールは約11％しかありませんでした。フィルタリングモデルを使用することで、インフラストラクチャーの必要性を桁違いに減らすことができます。

　フィルタリングモデルは、通常2つの基準を満たす必要があります。計算負荷を軽減することが目的なので、高速で動作すること、そして難しいケースを適切に排除できることです。

　フィルタリングモデルは、すべての難しいケースを見つける必要はありません。推論ごとにフィルタリングモデルを実行するために必要な追加コストを正当化できるだけの検出ができれば十分です。一般的に、フィルタリングモデルが高速であればあるほど、その効果は低くても構いません。その理由を以下に示します。

　1つのモデルのみを使用した平均推論時間が i であるとしましょう。

　フィルタリングモデルを使用した平均推論時間は、$f + i(1 - b)$ となります。ここで f はフィルタリングモデルの実行時間であり、b はフィルタリングモデルがフィルタリングするサンプルの平均的な割合です（b は block の b）。

　フィルタリングモデルを使用した場合の平均推論時間を短縮するには、$f + i(1 - b) < i$ である必要があります。これは $\frac{f}{i} < b$ と変換できます。

　これは、モデルがフィルタリングするケースの割合は、その推論速度とより大きなモデルの速度の比よりも高くなる必要があることを意味します。

　例えば、フィルタリングモデルが通常のモデルよりも20倍高速であるなら（$\frac{f}{i}$ = 5％）、本番で効果的であるためには、5％以上のケースを除外できれば良いことになります（5％ < b）。

　もちろん、フィルタリングモデルの精度が良いことも確認する必要があります。つまり、除外する入力の大部分が、実際にメインのモデルにとって難しすぎるものでなければなりません。

　これを行う1つの方法は、フィルタリングモデルがブロックしたであろういくつかのサンプルを意図的に通過させ、それらに対してメインのモデルがどのように動作したかを調べることです。これについては「**11章　監視とモデルの更新**」で詳しく説明します。

　フィルタリングモデルは推論モデルとは異なり、難しいケースを予測するため特別に学習しているので、メインのモデルの確率出力に依存するよりも正確にこれらのケースを検出できます。した

がって、フィルタリングモデルを使用することは、結果が悪化する可能性を減らし、リソース使用量を改善するのに役立ちます。

　これらの理由から、既存の入出力チェックにフィルタリングモデルを追加することで、本番パイプラインの堅牢性を大幅に向上させることができます。次のセクションでは、多くのユーザに対してMLアプリケーションをスケールさせる方法や、複雑な学習プロセスを整理する方法について説明することで、パイプラインを堅牢にするための方法に取り組みます。

10.2　パフォーマンスのためのエンジニアリング

　モデルを本番環境にデプロイする際にパフォーマンスを維持することは、特に製品の人気が高まりモデルの新バージョンが定期的にデプロイされるようになると、重要な課題となります。このセクションでは、まず大量の推論要求をモデルが処理できるようにする方法について説明します。次に、更新したモデルの定期的デプロイを容易にする機能について説明します。最後に、学習パイプラインの再現性を高めることで、モデル間のパフォーマンスのばらつきを減らす方法について説明します。

10.2.1　多数のユーザにスケールさせる

　多くのソフトウェアワークロードは水平方向にスケーラブルです。つまり、追加のサーバを起動することは、リクエストの数が増えた際に応答時間を合理的に保つための有効な戦略です。MLでもこの点に違いはありません。新しいサーバを起動してモデルを実行し、追加のリクエストを処理できるからです。

ディープラーニングモデルを使用する場合、許容可能な時間内に結果を提供するためにGPUが必要になることがあります。複数台のGPU対応マシンを必要とするほどのリクエストがあると予想される場合は、アプリケーションロジックとモデル推論を2台の異なるサーバで実行する必要があります。

ほとんどのクラウドプロバイダーでは、GPUインスタンスは通常のインスタンスよりも桁違いに高価であることが多いため、1台の安価なインスタンスでアプリケーションをスケールアウトし、GPUインスタンスで推論のみを行うことで、計算コストを大幅に削減することができます。この戦略を使用する際には、多少の通信オーバーヘッドが発生することを念頭に置き、これがユースケースに悪影響を与えないことを確認する必要があります。

　リソースの割り当てを増やすだけでなく、キャッシュを使っても増加するトラフィックを効率的に処理することができます。

10.2.1.1　MLのキャッシュ

　キャッシュとは、関数呼び出しの結果を保存しておくことで、将来同じパラメータを持つ関数を呼び出す際に、保存された結果を使って関数の実行を高速化することです。キャッシュはエンジニアリングパイプラインを高速化するための一般的な手法であり、MLでは非常に有用です。

推論のキャッシュ

　LRU（Least Recently Used）キャッシュは、モデルへの最新の入力とそれに対応する出力を追跡するシンプルなキャッシュ手法です。モデルを実行する前に、キャッシュ内の同じ入力を探します。対応する入力が見つかった場合、キャッシュに保存した値を結果として提供します。図10-6はそのようなワークフローの例を示しています。上側は、入力が最初に行われた際のキャッシュ処理を表しています。下側は、同じ入力が再度行われた場合の検索ステップを示しています。

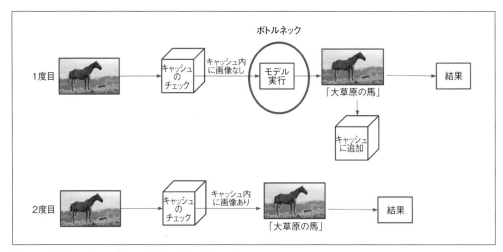

図10-6　画像へのキャプション付けモデルのキャッシュ

　この種のキャッシュ戦略は、ユーザが同じ入力を行うアプリケーションではうまく機能しますが、それぞれの入力が異なる場合には適していません。足跡の画像を読み込み、それがどの動物のものなのかを予測するアプリケーションの場合、同じ画像を受け取ることはほとんどないので、LRUキャッシュは役に立ちません。

　キャッシュを利用する場合は、副作用のない関数だけをキャッシュの対象とすべきです。例えば、run_model（モデル実行）関数がデータベースに結果を保存する場合、LRUキャッシュを使用するとそれぞれの実行で関数呼び出しの結果が保存されず、意図した動作にならない可能性があります。

　次に示すように、Pythonのfunctoolsモジュールは、LRUキャッシュのデフォルト実装（https://docs.python.org/ja/3/library/functools.html）をデコレータとして提供しています。

```
from functools import lru_cache

@lru_cache(maxsize=128)
def run_model(question_data):
    # 実行に時間のかかる推論コードを以下に挿入する
    pass
```

キャッシュは、特徴量の取得、処理、そして推論の実行がキャッシュにアクセスするよりも遅い

場合に最も有用です。キャッシュの配置（例えば、メモリ上かディスク上か）や使用しているモデルの複雑さに応じて、キャッシュの有用性は異なります。

インデックス化によるキャッシュ

　説明したキャッシュ方法は、一意な入力が行われる場合には適していませんが、事前計算可能なパイプラインの他の要素をキャッシュできます。これは、モデルがユーザの入力以外にも依存しているものがある場合に、最も簡単に使用できます。

　テキストや画像などのコンテンツを検索できるシステムを構築しているとしましょう。検索クエリがいろいろと変化することが予想される場合、検索結果をキャッシュすることでパフォーマンスが大幅に向上するとは考えられません。しかし、検索システムが対象としているカタログ内の潜在的なアイテムのリストならどうでしょう。このリストは、我々がオンライン小売業者であろうと、文書の索引作成プラットフォームであろうと、事前に入手できます。

　これは、カタログ内のアイテムにのみ依存するモデリングの側面を事前に計算できることを意味します。この計算を事前に実行できるモデリングアプローチを選択すれば、推論を大幅に高速化できます。

　このため、検索システムを構築する際の一般的なアプローチは、まずインデックス化されたすべての文書を意味のあるベクトルに埋め込むことです（ベクトル化の方法については「**4.3.2.1　ベクトル化（Vectorizing）**」を参照してください）。埋め込みが作成されると、それをデータベースに格納します。これは**図10-7**の上側で図示されています。ユーザが検索クエリを送信すると、推論時にベクトル化され、データベース内で検索が行われ、最も類似した埋め込みを探し出し、対応する結果を返します。これは**図10-7**の下側に図示されています。

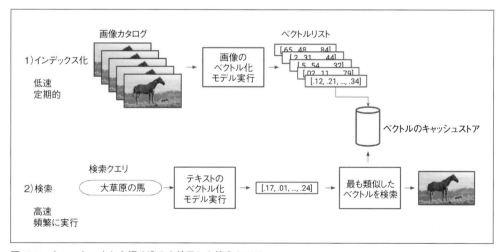

図10-7　キャッシュされた埋め込みを使用した検索クエリ

　このアプローチでは、ほとんどの計算が事前に行われるため、推論が大幅に高速化されます。埋め込みは、Twitter（Twitterブログのこの記事（https://oreil.ly/3R5hL）を参照）やAirbnb（M.

Haldar らによる記事「Airbnb 検索へのディープラーニングの応用」（Applying Deep Learning To Airbnb Search、https://arxiv.org/abs/1810.09591）を参照）などの企業で、大規模な本番パイプラインで有効に利用されています。

　キャッシュはパフォーマンスを向上させることができますが、複雑さのレイヤーを追加します。キャッシュのサイズは、アプリケーションのワークロードに応じて調整すべき追加のハイパーパラメータとなります。さらに、モデルや基になるデータが更新されるたびに、古い結果が提供されないようにするためにキャッシュをクリアする必要があります。より一般的には、本番環境で動作しているモデルを新しいバージョンに更新するには、多くの場合で注意が必要です。次のセクションでは、このような更新を容易にするのに役立ついくつかの分野について説明します。

10.2.2　モデルとデータのライフサイクル管理

　キャッシュやモデルを最新の状態に保つのには困難が伴います。多くのモデルでは、パフォーマンスのレベルを維持するために定期的な再学習が必要です。「**11章　監視とモデルの更新**」でモデルをいつ再学習すべきかについて説明しますが、更新したモデルをユーザにデプロイする方法について簡単に説明します。

　学習済みモデルは通常、その種類とアーキテクチャ、および学習したパラメータに関する情報を含むバイナリファイルとして保存されます。ほとんどの本番アプリケーションでは、起動時に学習済みモデルをメモリに読み込み、それを呼び出して結果を提供します。モデルを新しいバージョンに置き換える簡単な方法は、アプリケーションが読み込むバイナリファイルを置き換えることです。これは**図10-8** に示しています。太字のボックスが、新しいモデルによって影響を受ける部分です。

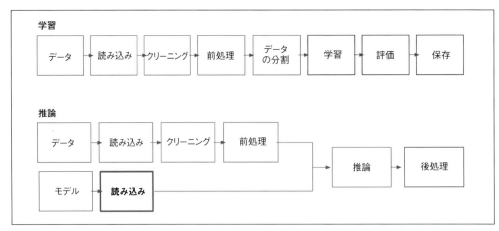

図10-8　モデルの更新デプロイは、単純に見える場合がある

　しかし、実際のところ、このプロセスは多くの場合でもっと複雑なものになります。MLアプリケーションは再現性のある結果を生成し、モデルの更新に対する回復力があり、モデリングやデータ処理の大幅な変更にも対応できる柔軟性を持つことが理想です。これを保証するためには、次に

説明するいくつかのステップが必要です。

10.2.2.1　再現可能性（Reproducibility）

エラーを追跡して再現するには、どのモデルが本番で実行されているかを知る必要があります。そのためには、学習済みモデルとそのモデルの学習に使用したデータセットを保存しておく必要があります。各モデルとデータセットのペアには、一意の識別子を割り当てます。この識別子は、本番でモデルが使用されるたびにログとして記録する必要があります。

図10-9では、MLパイプラインの複雑さを表現するために、読み込みと保存のボックスにこれらの要件を追加しました。

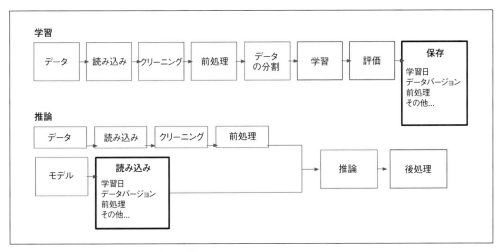

図10-9　保存・読み込み時に重要なメタデータを追加

既存モデルの異なるバージョンを提供できることに加えて、本番パイプラインでは、大幅なダウンタイムなしにモデルを更新できなければなりません。

10.2.2.2　回復力（Resilience）

更新された新しいモデルをアプリケーションが読み込めるようにするには、理想的にはユーザへのサービスを中断することなく新しいモデルを読み込む手段を構築する必要があります。これは、更新されたモデルを提供する新しいサーバを起動して、トラフィックを少しずつ新しいサーバに誘導することで実現しますが[†]、大規模なシステムではすぐに複雑になります。新しいモデルのパフォーマンスが悪い場合は、以前のモデルにロールバックできるようにしたいはずです。これら両方の作業を適切に実行することは困難であり、従来はDevOpsの領域として分類されていました。この領域について詳しく説明しませんが、「**11章　監視とモデルの更新**」で監視について紹介します。

[†]　訳注：このような新旧のサービスが併存し、徐々に切り替わる方式をブルーグリーンデプロイメント（blue-green deployment）と呼ぶ。

本番システムの変更は、データ処理の大規模な変更も含まれる可能性があるため、モデルの更新よりも複雑になりますが、デプロイ可能でなければなりません。

10.2.2.3　パイプラインの柔軟性

モデルを改善する最善の方法は、データ処理と特徴量生成を繰り返し行うことであると、以前紹介しました。これは、モデルの新しいバージョンに対して、多くの場合で追加の前処理ステップや異なる特徴量が必要になることを意味します。

この種の変更は、モデルのバイナリだけでなく、新しいバージョンに変更したアプリケーションにも当てはまります。この理由から、モデルの予測を再現可能にするために、モデルが予測を行った際にはアプリケーションのバージョンもログとして記録する必要があります。

そのため、パイプラインにはもう1つの複雑さが追加されます。これを、**図10-10** に前処理と後処理ボックスとして追加しました。これらのボックスは、再現性があり、変更可能である必要があります。

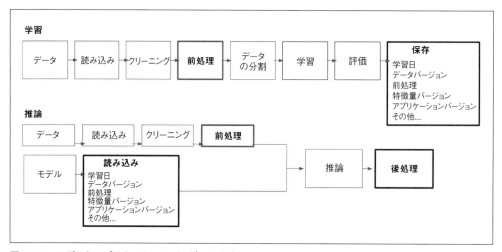

図10-10　モデルとアプリケーションバージョンの追加

モデルのデプロイや更新は困難さが伴います。サービスのインフラストラクチャーを構築する際に最も重要なのは、本番で実行されているモデルの結果を再現できることです。これは、各推論呼び出しを実行したモデル、そのモデルが学習したデータセット、このモデルを提供したデータパイプラインのバージョンが関連付けできることを意味します。

10.2.3　データ処理とDAG

前述のように再現性のある結果を得るためには、学習パイプラインにも再現性があり、決定論的でなければなりません。与えられたデータセット、前処理ステップ、モデルの組み合わせに対して、学習パイプラインは、すべての実行で同じ学習モデルを生成しなければなりません。

モデルを構築するには、多くの連続した変換ステップが必要となるため、パイプラインがさまざ

まな箇所で切れ目を生じることがよくあります。そのため、各パートを正常に実行し、すべての
パートが正しい順序で実行されたことを保証する必要があります。

　この課題を簡単にする方法の1つは、生データから学習モデルへのプロセスを有向非巡回グラ
フ（DAG：Directed Acyclic Graph）として表現することです。この考え方は、人気の高い ML
ライブラリ TensorFlow がベースとしているプログラミングパラダイムであるデータフロープログ
ラミングの中核となっています。

　DAG は、前処理を可視化するための自然な方法です。**図 10-11** では、それぞれの矢印は別の作
業に依存する作業を表しています。このように表現すると、グラフ構造を利用して複雑さを表現
し、各作業をシンプルに保つことができます。

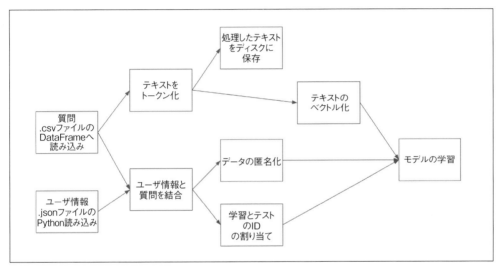

図10-11　アプリケーションDAGの例

　DAG を定義すれば、作成するモデルごとに同じ一連の操作に従うことを保証できます。ML の
ための DAG を定義するツールには、Apache Airflow（https://airflow.apache.org/）や Spotify
の Luigi（https://github.com/spotify/luigi）などのオープンソースプロジェクトが複数ありま
す。どのパッケージも DAG を定義し、DAG の進捗状況や関連するログを監視できるようにする
ための一連のダッシュボードを提供しています。

　ML パイプラインを最初に構築する際、DAG を使用すると不必要に煩雑になります。しかし、
モデルが本番システムで稼働し始めると、再現性が要求されるため、DAG は非常に魅力的です。
モデルを定期的に再学習し、デプロイするようになると、パイプラインの体系化、デバッグ、バー
ジョン管理を支援するツールにより、大幅な時間の節約が可能となります。

　この章の締めくくりとして、モデルのパフォーマンスを保証するために追加できる直接的な方
法、つまりユーザへの質問について取り上げます。

10.3　ユーザからのフィードバック

　この章では、すべてのユーザに正確な結果をタイムリーに提供するためのシステムについて説明しました。結果の品質を保証するために、モデルの予測が正確であるかどうかを検出するための戦術について説明しました。しかし、正確であるかをあれこれ悩むよりも、ユーザに直接尋ねてみてはどうでしょう。

　ユーザからのフィードバックは、明示的にフィードバックを求める方法と暗黙のシグナルを測定する方法で収集することができます。モデルの予測を表示するときに、ユーザが予測の内容を判断して修正する方法を提供することにより、明示的なフィードバックを求めることができます。これは、「この予測は役に立ちましたか？」と尋ねるダイアログのようにシンプルなものでも、もっと微妙なものでも構いません。

　例えば、財務管理アプリケーションの Mint は、アカウントの各取引を自動的にカテゴリ分けします（カテゴリには「旅行」や「食料品」などがあります）。**図 10-12** で描かれているように、各カテゴリはユーザが必要に応じて編集したり修正したりできるフィールドとして表示されます。このようなシステムでは、例えば満足度調査よりも押し付けがましくない方法で、貴重なフィードバックを収集してモデルを継続的に改善できます。

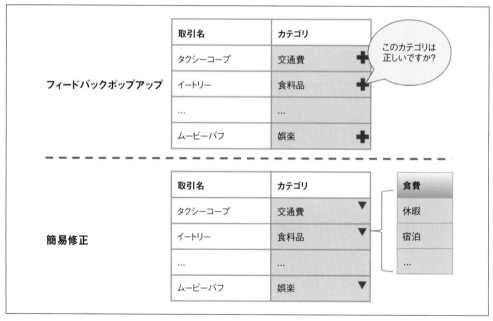

図10-12　ユーザに誤りを直接修正させる

　モデルが予測を行うたびにユーザがフィードバックを行うわけではないので、暗黙のフィードバックを別途収集することは、ML のパフォーマンスを判断するための重要な方法です。このようなフィードバックを得るために、ユーザが行った行動を見ることが必要です。

　暗黙のシグナルは有用ですが、解釈するのが困難です。モデルの品質と相関する暗黙のシグナル

が常に見つかることを期待すべきではありません。例えば、推薦システムでは、ユーザが推奨されたアイテムをクリックすると、その推奨が有効であると合理的に推測できます。これはすべての場合に当てはまるわけではありませんが（人は時々気に入らないものでもクリックします！）、それが多くの場合に当てはまるなら、それは合理的な暗黙のシグナルです。

図10-13 で示すように、この情報を収集することで、ユーザがどれくらいの頻度で結果を有用だと感じたかを推定できます。暗黙のシグナルの収集は有用ですが、このデータを収集して保存することに加えて、「**8章　モデルデプロイ時の考慮点**」で議論したように、負のフィードバックループを引き起こす可能性という追加のリスクを伴います。

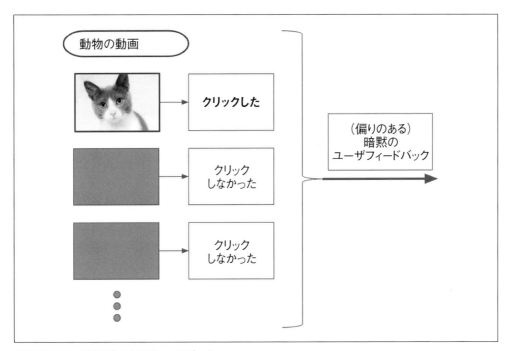

図10-13　ユーザの行動からのフィードバック

　製品に暗黙のフィードバックメカニズムを用意することは、追加のデータを収集するための貴重な方法です。多くのアクションは、暗黙のフィードバックと明示的なフィードバックの組み合わせと考えることができます。

　MLエディタからの提案に「Stack Overflow で質問をする」ボタンを追加したとします。どの提案に対してユーザがこのボタンを押したかを分析することで、質問として投稿するのに十分であった提案の割合を測定できます。このボタンを追加することで、その提案が適切かどうかを直接ユーザに尋ねるのではなく、ユーザがそれに基づいて行動できるようにすることで質問の質に関する「弱いラベル」を提供しています（弱いラベルについては「**1.1.2.1　データの種類**」を参照してください）。

　暗黙的および明示的なユーザからのフィードバックは、学習データの良い情報源ですが、ML製

品のパフォーマンス低下に気付く最初の方法でもあります。エラーはユーザに表示される前に発見されるのが理想的ですが、こうしたフィードバックを監視すると、バグの発見や修正を迅速に行うことができます。この点については「**11章　監視とモデルの更新**」で詳しく説明します。

　モデルのデプロイや更新の戦略は、チームの規模やMLの経験によって大きく異なります。この章で紹介した解決策の中には、MLエディタのようなプロトタイプに対しては複雑すぎるものもあります。一方で、MLに多大なリソースを投入しているチームの中には、複雑なシステムを構築してデプロイプロセスを簡素化し、ユーザに高い品質を保証しているところもあります。次に、Stitch FixのAI Instrumentsチームを率いるChris Moodyへのインタビューを共有し、MLモデルのデプロイに関する彼らの哲学を紹介します。

10.4　Chris Moodyインタビュー： データサイエンティストにモデルをデプロイさせる

　Chris Moodyはカリフォルニア工科大学とUCSC[†]で物理学を専攻した後、現在はStitch Fix[‡]のAI Instrumentsチームを率いています。彼はNLPに強い関心を持っており、ディープラーニング、変分法、ガウス過程にも精通しています。彼はChainer（http://chainer.org/）ディープラーニングライブラリ、超高速Barnes-Hut版t-SNEのscikit-learn（https://scikit-learn.org/stable/modules/generated/sklearn.manifold.TSNE.html）実装などに貢献しました。また、Pythonのスパーステンソル因数分解ライブラリ（https://github.com/stitchfix/ntflib）の数少ない実装者の1人です。また、彼は独自のNLPモデルであるlda2vec（https://github.com/cemoody/lda2vec）を作成しました。

Q Stitch Fixでデータサイエンティストは、モデルのライフサイクルの中でどの部分を担当するのですか？

A Stitch Fixでは、データサイエンティストがモデリングパイプライン全体を管理しています。このパイプラインには、アイデア出し、プロトタイピング、設計、デバッグ、そしてETLや、scikit-learn、PyTorch、Rなどの言語およびフレームワークを使用したモデルの学習が幅広く含まれています。加えて、データサイエンティストには、メトリクスの測定、モデルの健全性チェックなどのシステムを構築する責任もあります。最後に、データサイエンティストはA/Bテストを実行し、エラーやログを監視し、観測した結果に基づき必要に応じて更新したモデルを再デプロイします。これを実現するために、彼らはプラットフォームとエンジニアリングチームが行っている作業を活用します。

Q プラットフォームチームは、データサイエンスの作業を容易にするために何を行うのですか？

---

† 訳注：カリフォルニア大学サンタクルーズ校（University of California, Santa Cruz）のこと。
‡ 訳注：Stitch FixはスタイリストとAIがパーソナライズした服を提案してくれる米国のオンラインファッション購入サイト。どのようにデータとAIを活用して提案を生成しているかは、アニメーションで説明されている（https://algorithms-tour.stitchfix.comを参照）。

Ⓐ プラットフォームチームのエンジニアは、モデリングに適した抽象化を見つけることを目標とします。つまり、彼らはデータサイエンティストが何を行うのかを理解しなければなりません。エンジニアは、特定のプロジェクトで作業するデータサイエンティストのために個別のデータパイプラインを構築するわけではありません。彼らは、データサイエンティストが自らデータパイプラインを構築するためのツールを作成します。より一般的に言うと、データサイエンティストがワークフロー全体を管理できるようにするためのツールです。これにより、エンジニアはプラットフォームの改善に多くの時間を割くことができ、1回限りのツールを構築する時間を減らすことができます。

Ⓠ デプロイされたモデルのパフォーマンスをどのように判断しますか？

Ⓐ Stitch Fixの強みの大部分は、人間とアルゴリズムの連携です。例えば、Stitch Fixはスタイリストに情報を提示する正しい方法を考えるのに多くの時間を費やしています。基本的に、一方の側にモデルを公開するAPIがあり、もう一方の側にスタイリストや商品購入者のようなユーザがいる場合、両者の間の相互作用をどのように設計すべきでしょうか。
一見すると、アルゴリズムの結果をユーザに提示するだけのフロントエンドを構築したくなるかもしれません。残念ながら、これはユーザにアルゴリズムやシステム全体を制御できないと感じさせてしまい、アルゴリズムがうまく機能していないときに不満を溜めてしまう可能性があります。そうではなく、この相互作用をフィードバックループとして考え、ユーザが結果を修正したり調整したりできるようにすべきです。そうすることで、ユーザはアルゴリズムの学習を行い、フィードバックを与えることでプロセス全体に大きな影響を与えることができます。さらに、ラベル付きのデータを収集してモデルのパフォーマンスを判断することができます。
これをうまく行うためにデータサイエンティストは、仕事を簡単にし、モデルを改善する力を与えるために、どのようにしてユーザにモデルを公開すれば良いのかを自問する必要があります。つまり、データサイエンティストは、どのようなフィードバックがモデルにとって最も有用であるかを最もよく知っているので、このプロセスを始めから終わりまで所有することが不可欠なのです。データサイエンティストは、フィードバックループ全体を確認できるため、あらゆるエラーを見つけられます。

Ⓠ モデルの監視やデバッグはどのように行いますか？

Ⓐ エンジニアリングチームが優れたツールを作成すると、監視やデバッグが格段に容易になります。Stitch Fixでは、モデリングパイプラインを取り込み、Dockerコンテナを作成し、引数と戻り値の型を検証し、推論パイプラインをAPIとして公開し、当社のインフラストラクチャー上にデプロイし、その上にダッシュボードを構築する内部ツールを作成しました。データサイエンティストはこのツールを使用して、デプロイ中やデプロイ後に発生したエラーを直接修正できます。データサイエンティストがモデルのトラブルシューティングを担

当するため、我々の構成がシンプルで堅牢なモデルを促進し、エラーの発生をずっと少なくする傾向を持つことがわかりました。パイプライン全体を所有することで、モデルの複雑さよりもインパクトと信頼性を重視した最適化が可能になります。

Q モデルの新しいバージョンのデプロイは、どのように行いますか？

A データサイエンティストは、粒度の細かいパラメータを定義できるカスタムビルドのA/Bテストサービスを使用して実験を行います。テスト結果を分析し、チームがリリース可能と判断した場合に、新しいバージョンを自らの手でデプロイします。

デプロイ時には、カナリアリリースに似た仕組みを使います。つまり、新しいバージョンを1つのインスタンスにデプロイし、パフォーマンスを監視しながら徐々に更新するインスタンスを増やします。データサイエンティストは、各バージョンのインスタンス数と、デプロイが進むにつれて継続的なパフォーマンスメトリクスを表示するダッシュボードを通して状況を監視します。

10.5　まとめ

　この章では、モデルの潜在的なエラーを積極的に検出し、それを軽減する方法を見つけることで、回復力を高める方法を説明しました。これには、決定論的検証戦略とフィルタリングモデル使用の両方が含まれます。また、本番のモデルを最新状態に保つことに伴う課題についても取り上げました。そして、モデルのパフォーマンスを推定する方法を説明しました。最後に、MLを頻繁かつ大規模に導入している企業の実践例と、そのために構築したプロセスを紹介しました。

　「**11章　監視とモデルの更新**」では、モデルのパフォーマンスを監視し、MLアプリケーションの健全性を診断するさまざまなメトリクスを活用する手法を取り上げます。

11章
監視とモデルの更新

他のソフトウェアシステムと同様に、モデルがデプロイされたら、そのパフォーマンスを監視する必要があります。「6.2.2 MLコードのテスト」で行ったように、通常のソフトウェアのベストプラクティスを適用可能です。また、「6.2.2 MLコードのテスト」の場合と同じように、MLモデルを扱う際に考慮すべきことが追加されます。

この章では、MLモデルを監視する際に注意すべき点について説明します。具体的には、次の3つの疑問に答えます。

1. なぜモデルを監視する必要があるのか？
2. どのようにモデルを監視するのか？
3. 監視の結果、どのような行動を取るべきか？

まず、新しいバージョンの導入タイミング決定や、本番環境で問題を表面化させるのに、監視モデルがどのように役立つのかを説明します。

11.1 監視による改善

監視の目的は、システムの健全性を追跡することです。モデルの場合、これはパフォーマンスと予測品質の監視を意味します。

ユーザの振る舞いが変化したことで、突然モデルの生成する結果が劣化した場合でも、優れた監視システムを使用しているなら、できるだけ早く気付き対応できます。監視で捉えることのできる有用で重要な問題をいくつか取り上げます。

11.1.1 更新頻度を知らせる監視

たいていのモデルは、与えられたレベルのパフォーマンスを維持するために定期的に更新する必要があることを「2.1.3 データの鮮度と分布の変化」で取り上げました。モデルがもう最新ではなく、再学習が必要な場合を監視で検出できます。

例えば、ユーザから得られる暗黙のフィードバック（例えば、ユーザが推奨事項をクリックしたかどうか）をモデルの正解率を推定するために利用しているとします。モデルの正解率を継続的に監視していれば、定義された正解率のしきい値を下回ると、すぐに新しいモデルの学習に入れま

す。**図 11-1** はこのプロセスのタイムラインを示しています。精度がしきい値を下回ると、再学習イベントが発生します。

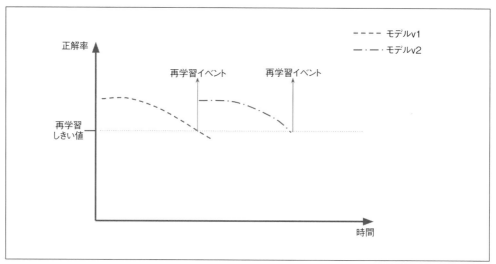

図11-1　再デプロイのタイミングを知るための監視

　更新されたモデルをデプロイする前に、新しいモデルの方が優れていることを検証する必要があります。これを行う方法については、「**11.3　ML の CI/CD**」で説明します。次に、潜在的な不正利用など、監視すべき他の側面にも取り組んでみましょう。

11.1.2　不正利用を検出するための監視

　不正利用防止システムや不正検知システムなどに対して、ごく一部のユーザが意図的にモデルを欺こうとする場合があります。このような場合、攻撃を検知し、攻撃の成功率を推定するためには監視が重要な手段となります。

　監視システムは、異常を検出することで攻撃を検知することができます。例えば、銀行のオンラインポータルへのログイン試行をすべて追跡しているとします。ログイン試行回数が突然 10 倍に増加した場合、監視システムは攻撃の兆候であるとして警告を発するでしょう。

　図 11-2 に見られるように、しきい値を超えた場合にアラートを出すこともできますし、ログイン試行回数の増加率のような、より微妙なメトリクスを含めることもできます。攻撃の複雑さにもよりますが、単純なしきい値よりも微妙な異常を検出するモデルを構築する方が良いかもしれません。

　頻度を監視して異常を検出する以外に、どのようなメトリクスを監視すべきでしょうか？

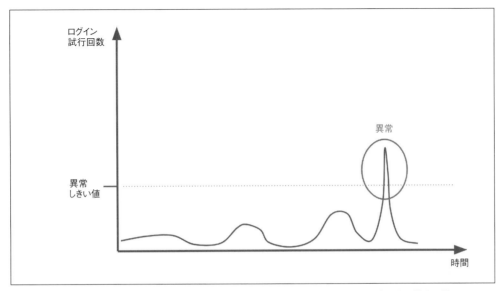

図11-2 監視ダッシュボードに現れた明らかな異常。追加のMLモデルを作成して、自動的に検出可能

11.2 監視対象の選択

　通常、ソフトウェアアプリケーションに対しては、リクエストの処理にかかる平均時間、処理に失敗したリクエストの割合、利用可能なリソースの量などのメトリクスを監視します。これらは本番サービスの状態を追跡し、多くのユーザに影響を及ぼす前に予防的な対策を講じることができるようになります。

　次は、モデルパフォーマンスの低下を検出するために監視対象とすべきメトリクスを取り上げます。

11.2.1 パフォーマンスメトリクス

　データの分布が変化すると、モデルは陳腐化することがあります。これを**図11-3**で図示します。

　分布の変化に関しては、データの入力と出力両方の分布が変化する可能性があります。あるユーザが次に視聴する映画を推測するモデルの例を考えてみましょう。入力として同じユーザの履歴が与えられても、視聴可能な映画の一覧が新しくなれば、モデルの予測は変化するはずです。

- ユーザを満足させる理想的な出力を得るのは困難な場合があるため、**入力分布の変化（特徴量ドリフトとも呼ばれる）を追跡すること**は、出力分布を追跡するよりも簡単である。
- 主要な特徴量の平均や分散のような要約統計量を監視し、これらの統計量が学習データの値から所定のしきい値以上離れた場合にアラートを出すのと同じくらい、**入力分布の監視**は簡単である。
- **分布の変化を監視**することは、困難な場合がある。最初のアプローチとして、モデル出力の分

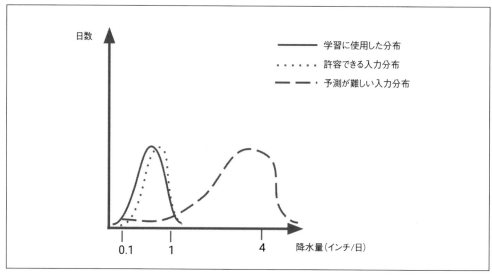

図11-3　特徴量分布が変化する例

布を監視する。入力と同様に、出力の分布が大きく変化することは、モデルのパフォーマンス
が低下していることを示している可能性がある。ただし、ユーザの欲する結果の分布は、推定
が難しい場合がある。

　正解の推定が難しい理由の1つは、モデルの動作によって観測が妨げられることが多いからで
す。なぜそうなるのか、**図11-4** のクレジットカード不正検出モデルの図で考えてみましょう。モ
デルが受け取るデータの分布は左側です。モデルがデータを使用して予測を行い、アプリケーショ
ンコードはその予測に基づいて、不正と予測された取引をブロックします。

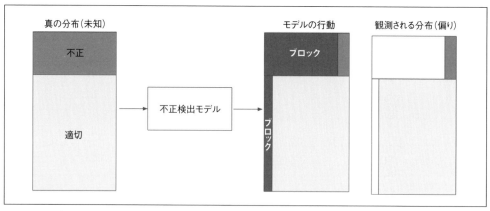

図11-4　モデルの予測に基づいた行動により、観測されるデータ分布が偏ることがある

　一度取引をブロックしてしまうと、それが通過していたら何が起こったかを観察することができません。つまり、ブロックされた取引が本当に不正であったかどうかを知ることができないことを意味します。通過させた取引に対して、ラベルを貼ることしかできません。モデルの予測に基づいて行動したため、ブロックされなかった取引という右側の偏った分布した観察できないのです。

　偏りのあるサンプルにアクセスするだけでは、モデルのパフォーマンスを正しく評価することは不可能です。これは、**反実仮想評価**の考え方の中心であり、モデルを実行しなかった場合に何が起きるかの評価を目的としています。このような評価を実際に行うには、小さなサブセットに対してモデル実行を抑止することで実現できます（Lihong Li らによる論文「検索エンジンのクリックメトリクスの反実仮想推定と最適化」（Counterfactual Estimation and Optimization of Click Metrics for Search Engines、https://arxiv.org/abs/1403.1891）を参照してください）。発生した事象のランダムなサブセットに対して行動を起こさないことで、不正取引に対する偏りのない分布を観察できるようになります。ランダムなデータの真の結果とモデルの予測を比較して、モデルの適合率と再現率の推定ができます。

　このアプローチはモデルの評価方法を提供しますが、その代償として一部の不正なトランザクションを通過させてしまいます。多くの場合、このトレードオフはモデルのベンチマークとの比較を可能にするため、適切であると考えられます。医療分野など、ランダムな予測の出力が受け入れられない場合には、このアプローチを使用すべきではありません。

　「**11.3　ML の CI/CD**」では、モデルを比較し、デプロイするモデルを決定するための戦略について説明しますが、まず、追跡すべき主要なメトリクスの種類を説明します。

11.2.2　ビジネスメトリクス

　本書を通して見てきたように、最も重要なメトリクスは、製品とビジネス目標に関連したものです。これらは、モデルのパフォーマンスを判断するための基準です。他のすべてのメトリクスが良好で、本番システムの残りの部分が正常に機能しているにも関わらず、ユーザが検索結果をクリックしなかったり、提案を採用しないのであれば、その製品は定義上失敗作です。

　そのため、製品メトリクスは綿密に監視する必要があります。検索システムや推薦システムの場合、モデルの予測を見たユーザが実際にクリックした割合である CTR を監視で追跡できます。

　「**10.3　ユーザからのフィードバック**」で説明したフィードバックの例のように、アプリケーションを変更することで製品が成功しているかを簡単に追跡するというメリットを享受できるアプリケーションもあります。「シェアする」ボタンを追加することを検討しましたが、さらに詳細なレベルでフィードバックを追跡することも可能です。もし、ユーザに推奨内容をクリックさせることができるのなら、その推奨が使用されたかどうかを追跡し、このデータを使って新しいバージョンのモデルの学習ができます。**図 11-5** は、左側の集約的なアプローチと右側の粒度の高いアプローチの比較を図示しています。

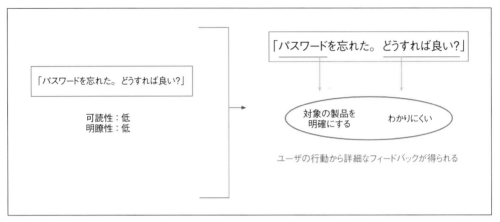

図11-5 単語レベルの提案で、ユーザのフィードバックを収集する機会を増やす

ML エディタのプロトタイプが、このようなデータを十分に収集できるほど頻繁に使われるとは考えていません。そのため、この種の実装は行わないこととします。もし保守まで担当するような製品を作るのであれば、こうしたデータを収集することでユーザが最も有用だと感じた推奨事項について正確なフィードバックが得られるでしょう。

モデルを監視する理由と方法について説明したので、以降は監視によって検出された問題に対処する方法について説明します。

11.3 MLのCI/CD

CI/CD は、継続的インテグレーション（CI：Continuous Integration）と継続的デリバリー（CD：Continuous Delivery）の略です。大まかに言えば、CI は複数の開発者が定期的にコードをマージして中央のコードベースに戻すプロセスであり、CD は新バージョンのソフトウェアをリリースするスピード向上に重点を置いています。CI/CD を実践することで、個人や組織は新機能のリリースでも既存バグの修正でも、アプリケーションを素早く反復して改善できます。

ML の CI/CD では、新しいモデルの導入や既存モデルの更新を容易にすることを目的としています。更新の素早いリリースは簡単です。課題はその品質を保証することです。

ML では、新しいモデルが以前のモデルよりも改善されていることを保証するには、テストが完備しているだけでは不十分であることがわかっています。新しいモデルの学習を行い、それがテスト用に除外しておいたデータで良好に動作することを確認するのは適切な第一歩ですが、これまでに見たように、モデルの品質を判断できるものは実環境でのパフォーマンスしかありません。

新しいモデルをユーザにデプロイするのに先立ち、Schelter etal らによる論文「機械学習モデル管理の課題について」（On Challenges in Machine Learning Model Management、https://oreil.ly/zbBjq）でシャドウモードと呼ばれるモデルが使われることがあります。これは、既存モデルの稼働と並行して、新しいモデルもデプロイするという手法を指しています。推論を実行する際には、両方のモデルの予測が計算されて保存されますが、アプリケーションは既存のモデルの予測値のみを使用します。

　新しいモデルの結果をログに記録し、旧バージョンの結果および利用可能な場合は正解との比較を行うことで、ユーザエクスペリエンスを変更することなく、本番環境で新しいモデルのパフォーマンスを推定できます。このアプローチを使えば、既存モデルよりも複雑になるかもしれない新モデルの推論に対して、実行するために必要となるであろうインフラストラクチャーについてのテストもできます。シャドウモードが提供しない唯一のことは、新しいモデルに対するユーザの応答を監視する機能だけです。そのためには、ユーザ向けにデプロイするしかありません。

　モデルがテストされると、それはデプロイの候補となります。新しいモデルのデプロイは、ユーザに対するパフォーマンス低下というリスクが伴います。このリスクを軽減するためには、ある程度の注意が必要であり、実験を行う方法として考慮すべき問題です。

　図 11-6 では、ここで取り上げた 3 つのアプローチのそれぞれを可視化したものです。テストセット上でモデルを評価する最も安全なものから、最も情報量が多いけれども最も危険である、本番環境での実行までを示しています。シャドウモードは、各推論ステップで 2 つのモデルを実行できるようにするために追加の技術的な作業を必要としますが、モデルの評価はテストセットを使用するのと同じ程度に安全で、本番で実行するのと同じ程度の情報が得られます。

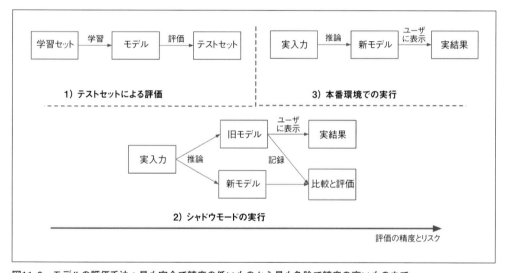

図11-6　モデルの評価手法：最も安全で精度の低いものから最も危険で精度の高いものまで

　本番環境にモデルをデプロイすることはリスクの高いプロセスであるため、新しい結果を一部のユーザにのみ提示し、変更を段階的に拡大する方法があります。これについては、この後説明します。

11.3.1　A/Bテストと実験

　ML では、最適なモデルを使う可能性を最大化しつつ、最適でないモデルの実行によるコストを最小限に抑えるのが、実験のゴールです。実験には多くのアプローチがありますが、最も一般的なのは A/B テストです。

　A/B テストの背後にある原則は単純です。つまり、新しいモデルは一部のユーザにだけ、現在のモデルを残りのユーザに公開します。これは通常、大きな「コントロール」グループに現在のモデルを、小さな「テスト」グループに新しいバージョンを提供することで実現します。実験を十分な時間行った後、両方のグループの結果を比較して、より適切なモデルを選択します。

　図 11-7 には、全母集団からユーザをランダムにサンプリングしてテストセットに割り当てる方法を示しました。推論時に使用するモデルは、割り当てられたグループによって決定されます。

　A/B テストの考え方は単純ですが、コントロールグループとテストグループの選択、十分な時間の定義、モデルパフォーマンスの評価方法、実験を計画する際に考慮すべき懸念点はすべて難しい問題です。

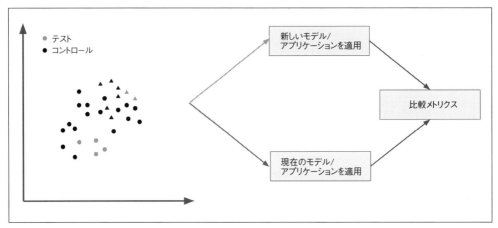

図11-7　A/Bテストの例

　さらに、A/B テストでは、異なるモデルを異なるユーザに提供する機能のために、追加のインフラストラクチャーを構築する必要があります。ここでは、そのための課題について詳しく見ていきましょう。

11.3.1.1　グループと期間の選択

　どのユーザにどちらのサービスを提供するかを決定するには、いくつかの要件があります。結果の違いが集団の違いではなくモデルの違いに起因するように、両グループのユーザは、可能な限り類似していなければなりません。グループ A のすべてのユーザがパワーユーザであるけれども、グループ B のパワーユーザは少数である場合、実験の結果は確実なものとはなりません。

　さらに、テストグループであるグループ B は、統計的に意味のある結論を出すのに十分な大きさである必要がありますが、パフォーマンスの低いかもしれない新しいモデルへの適用を制限するために、可能な限り小さくしなければなりません。テストの期間は同様のトレードオフを示します。期間が短すぎると十分な情報が得られないリスクがあり、長すぎるとユーザを失うリスクがあります。

　この 2 つの制約は十分に難しいのですが、何百人ものデータサイエンティストがいる大企業で、

何十ものA/Bテストを並行して実行している場合について考えてみてください。複数のA/Bテストでパイプラインの同一側面を同時にテストしている可能性があり、個々のテストの効果を正確に判断することが難しくなります。企業がこの規模になると、複雑さに対応するための実験プラットフォームが必要になります。Jonathan Parks の記事「Airbnb 実験プラットフォームのスケーリング」（Scaling Airbnb's Experimentation Platform、https://oreil.ly/VFcxu）で説明されている Airbnb の ERF [†]、A. Deb らの投稿「Uber の実験プラットフォームの裏側」（Under the Hood Uber's Experimentation Platform、https://eng.uber.com/xp/）で説明されている Uber の XP、または Intuit のオープンソース Wasabi の GitHub リポジトリ（https://github.com/intuit/wasabi）を参照してください。

11.3.1.2　優れたバージョンの選択

　A/Bテストは、CTRなどのメトリクスを使用してグループを比較します。ただし、どのバージョンのパフォーマンスが優れているかを見積もるのは、クリック率が最も高いグループを選択するよりも複雑です。

　どのようなメトリクスにも自然な変動があると考えられるので、まず結果が統計的に有意であるかを判断する必要があります。2つの母集団の違いを推定しているので、使用すべき最も一般的な検定は、2標本の仮説検定です。

　実験を有効にするためには、十分な量のデータで実行する必要があります。その正確な量は、測定する変数の値と、検出したい変化の規模によって異なります。実際の例については、Evan Miller の標本サイズ計算機（sample size calculator、https://www.evanmiller.org/ab-testing/sample-size.html）を参考にしてください。

　実験する前に、各グループの大きさと実験の期間を決定することも重要です。A/Bテストの進行中、継続的に有意性をテストし、有意な結果が出たらすぐにテストの成功を宣言すると、有意性検定の誤りが繰り返されます。この種の誤りは、その場しのぎの有意性を探すことで、実験の有意性を著しく過大評価してしまうことが原因です（Evan Miller が How Not To Run an A/B Test（https://www.evanmiller.org/how-not-to-run-an-ab-test.html）という記事で素晴らしい説明をしています）。

多くの実験では、単一メトリクスの比較に焦点を当てていますが、他の影響も考慮しなければなりません。平均 CTR が増加しても、製品の使用をやめるユーザ数が 2 倍になる場合、優れたモデルであると考えるべきではありません。
同様に、A/B テストの結果は、ユーザのさまざまなセグメントを考慮に入れる必要があります。平均 CTR が上昇しても、特定のセグメントの CTR が急落する場合は、新しいモデルを導入しない方がよい場合があります。

　実験を実装するには、ユーザをグループに割り当て、各ユーザの割り当てを追跡し、それに基づいてさまざまな結果を提示する機能が必要です。これには追加のインフラストラクチャーを構築す

---

†　訳注：ERF は、Experimentation Reporting Framework の頭文字。XP は Uber's Experimentation Platform の略称。

る必要があります。

11.3.1.3　インフラストラクチャーの構築

　実験にはインフラストラクチャーの要件も伴います。A/Bテストを実行する最も簡単な方法は、各ユーザのグループとユーザに関連する情報をデータベースなどに保存することです。

　アプリケーションは、与えられたフィールドの値に応じてどのモデルを実行するかを決定する分岐ロジックを持ちます。このシンプルなアプローチは、ユーザがログインしているシステムではうまく機能しますが、ログアウトしたユーザがモデルにアクセスできる場合は、非常に困難になります。

　それは、実験では通常、各グループが独立しており、それぞれに使用するバージョンは1つだけであると仮定するからです。ログアウトしたユーザにモデルを提供する場合、特定のユーザが各セッションで常に同じバージョンを使用することを保証するのは困難です。ほとんどのユーザが複数のバージョンを使用する場合、実験の意味がなくなる可能性があります。

　ブラウザのクッキーやIPアドレスなどの情報を使用して、ユーザを識別することもできます。しかし、繰り返しになりますが、このようなアプローチは新しいインフラストラクチャーを構築する必要があり、リソースに制約のある小規模なチームにとっては困難な場合があります。

11.3.2　異なるアプローチ

　A/Bテストは人気の高い実験方法ですが、A/Bテストの制限に対処するための異なるアプローチも存在します。

　多腕バンディットは、3つ以上の選択肢で継続的にテストできる柔軟なアプローチです。各選択肢のパフォーマンスに基づいて、選択するモデルを動的に更新します。多腕バンディットがどのように動作するかを図11-8で説明します。バンディットはルーティングする各リクエストが成功したか否かに基づいて、それぞれの選択肢がどのように機能しているかを継続的に記録します。左側に示すように、ほとんどのリクエストは単純に現在の最良の選択肢に送られます。右側に示すように、リクエストのごく一部のサブセットは、ランダムな選択肢に送られます。これにより、バンディットはどのモデルがベストであるかの推定値を更新し、新しいモデルのパフォーマンスが向上したかを検出できます。

　コンテキスト多腕バンディットは、特定のユーザごとにどのモデルがより良い選択肢であるかを学習することで、このプロセスをさらに発展させます。詳細については、Stitch Fixによる記事（https://multithreaded.stitchfix.com/blog/2018/11/08/bandits/）を参照してください。

> このセクションでは、モデルを検証するためにどのように実験を行うかについて説明しました。企業では、アプリケーションに加えた重要な変更を検証するために実験手法を使用するケースが増えています。これにより、ユーザがどの機能を有用と感じているか、新機能がどのように動作しているかを継続的に評価できます。

　実験は非常に難しく、エラーが発生しやすいプロセスであるため、複数のスタートアップ企業が「最適化サービス」を提供しています。このサービスの顧客は、自らのアプリケーションをホス

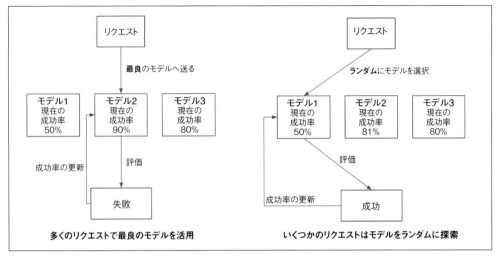

図11-8　多腕バンディットの実践

ティングされた実験プラットフォームに統合し、どのバージョンが最適かを判断できます。専用の実験チームを持たない組織にとって、こうしたサービスの利用は、モデルの新しいバージョンをテストする最も簡単な方法かもしれません。

11.4　まとめ

　全体的に見て、モデルのデプロイと監視はまだ比較的新しい分野です。モデルが価値を生み出していることを確認するための重要な方法ですが、多くの場合、インフラストラクチャーの作業と慎重な製品設計の両面で、多くの努力を必要とします。

　この分野が成熟して Optimizely（https://www.optimizely.com/）のような実験プラットフォームが登場し、最適化作業の一部は容易に実行できるようになりました。理想的には、これにより ML アプリケーションの作成者が、あらゆるユーザに対する改善を継続的に行えるようになります。

　本書で紹介したすべてのシステムを振り返ると、モデルの学習が占める割合はごく一部でした。ML 製品の構築に関わる作業の大部分は、データとエンジニアリングの作業で構成されています。筆者が指導してきたデータサイエンティストの多くは、モデリング手法をカバーするリソースを見つけるのが容易であるのに対し、モデリング以外の仕事に取り組むための資料が整っていないと感じていました。本書はそのギャップを埋めるための手助けとなるよう作成したものです。

　ML アプリケーションを構築するには、統計、ソフトウェアエンジニアリング、製品管理など、さまざまな領域の幅広いスキルが必要となります。プロセスの各部分は、その分野をカバーした複数の書籍が必要となるほど複雑です。そうしたアプリケーションの構築で役立つ幅広いツールセットを提供し、例えば「**まえがき**」の「**推奨リソース**」で概説される推奨事項に従うことで、どのトピックをより深く探求するかを決定できるようにすることが、本書の目的です。

　ML を利用した製品の構築に関わる作業の大部分に自信を持って取り組むためのツールを、本書が提供できたものと思います。製品の目標を ML のアプローチに変換することから始めて、パ

フォーマンスを検証し、デプロイする前にデータを選別し、モデルを反復処理するという、ML 製品ライフサイクルのあらゆる部分を本書ではカバーしました。

　本書を通して学んだか、最も関連のある特定のセクションに集中したかに関わらず、ML を使ったアプリケーションを構築するために必要な知識は身についたものと思います。もし本書が何かを構築するのに役立った場合や、その内容について質問やコメントがある場合は、mlpoweredapplications@gmail.com までメールでご連絡ください。どのように ML が役立ったかについてお知らせいただけることを楽しみにしています。

付録A
コードの実行
（日本語版補遺）

　本書では、サンプルコードを Jupyter ノートブック形式で提供しています。そのため、コードの実行には、Jupyter ノートブックの実行環境を用意する必要があります。ここでは、CentOS 8.3 を使い、Linux 上でノートブックを実行する環境の作成方法を説明します。以降の実行例では、出力の一部を省略しています。

表A-1　ノートブック一覧

ノートブックファイル名	関連する章番号
black_box_explainer.ipynb	5.3.2　ブラックボックス説明可能性ツール
clustering_data.ipynb	4.3.2.3　クラスタリング
comparing_data_to_predictions.ipynb	5.2.1　データと予測の対比
comparing_models.ipynb	7.2　モデルの比較
dataset_exploration.ipynb	4.2.3.4　ML エディタのデータ検査
exploring_data_to_generate_features.ipynb	4.3.2.3　クラスタリング
feature_importance.ipynb	5.3.1　分類器から直接重要度を取得する
generating_recommendations.ipynb	7.1　モデルから提案を抽出
second_model.ipynb	7.2.2　バージョン 2：より強力だが不明瞭
splitting_data.ipynb	5.1.4　ML エディタのデータ分割
tabular_data_vectorization.ipynb	4.3.2.1　ベクトル化（Vectorizing）
third_model.ipynb	7.2.3　バージョン 3：理解可能な提案
top_k.ipynb	5.2.6.5　ML エディタの top-k メソッド
train_simple_model.ipynb	2.4.1　シンプルなパイプラインから始める
vectorizing_text.ipynb	4.3.2.1　ベクトル化（Vectorizing）

A.1　Python実行環境の作成

　最初に Python をインストールします。ここでは、人気の高いディストリビューションである Anaconda を使用します。Anaconda には有償サポート付きの Commercial Edition もありますが、個人利用なら無償で使用できる Individual Edition を使用しましょう。まず、Linux インストーラーをダウンロードします。

```
[python@mlpowered ~]$ curl -O https://repo.anaconda.com/archive/Anaconda3-2020.11-Linux-x86_64.sh
  % Total    % Received % Xferd  Average Speed   Time    Time     Time  Current
                                 Dload  Upload   Total   Spent    Left  Speed
100  528M  100  528M    0     0  7162k      0  0:01:15  0:01:15 --:--:-- 7505k
[python@mlpowered ~]$ ls
Anaconda3-2020.11-Linux-x86_64.sh
[python@mlpowered ~]$
```

　ここでは翻訳時点の最新であるバージョン 2020.11 を指定してダウンロードしていますが、こ
れ以外のバージョンを使用する場合は、https://www.anaconda.com/products/individual から
辿ってインストーラーをダウンロードしてください。Anaconda は、Linux 以外にも Windows と
macOS に対応しています。

　ダウンロードした Linux インストーラーはシェルスクリプトですが、実行可能になっていない
のでシェルを介して実行します。ライセンスを承認したら、インストール場所はデフォルトをその
まま（Home ディレクトリ直下の anaconda3）を受け入れます。

```
[python@mlpowered ~]$ sh ./Anaconda3-2020.11-Linux-x86_64.sh

Welcome to Anaconda3 2020.11

In order to continue the installation process, please review the license
agreement.
Please, press ENTER to continue
>>>
===================================
End User License Agreement - Anaconda Individual Edition
===================================
... （ライセンス表示省略）

Do you accept the license terms? [yes|no]
[no] >>> yes

Anaconda3 will now be installed into this location:
/home/python/anaconda3

  - Press ENTER to confirm the location
  - Press CTRL-C to abort the installation
  - Or specify a different location below

[/home/python/anaconda3] >>>
PREFIX=/home/python/anaconda3
... （デフォルトをそのまま受け入れて、ENTER を押す）
```

　最後に、初期化を行うか選択します。ここではすぐに使用を開始するので、yes を入力し初期化
も行います。

```
installation finished.
Do you wish the installer to initialize Anaconda3
by running conda init? [yes|no]
[no] >>> yes
... （初期化もインストーラーで行うので、yes を指定）

==> For changes to take effect, close and re-open your current shell. <==

If you'd prefer that conda's base environment not be activated on startup,
   set the auto_activate_base parameter to false:

conda config --set auto_activate_base false

Thank you for installing Anaconda3!

...

[python@mlpowered ~]$
```

 Anaconda は、Python 本体だけでなく使用頻度の高いライブラリと、パッケージマネージャー conda コマンドを提供する Python ディストリビューションの 1 つですが、conda コマンドと Python に必要最小限のライブラリをセットにした Miniconda と呼ばれるディストリビューションも用意されています。Anaconda ではなく、Miniconda を使用しても本書のノートブックを実行することが可能です。Miniconda のインストーラーは、https://docs.conda.io/en/latest/miniconda.html を参照してください。Linux への Miniconda のインストールは、Anaconda と同様にダウンロードしたインストーラーシェルスクリプトを実行するだけです。

　インストーラーの実行が終了したら、設定内容を反映させるため一旦シェルを終了して、別のシェルを起動します。新しく起動したシェルでは、プロンプトの前に「(base)」が付加され、Anaconda のデフォルト環境である base が利用可能であることが示されます。この状態では Anaconda インストーラーのデフォルト Python が使われるので、バージョン 2020.11 を使用した実行例ではバージョン 3.8.5 の Python が実行されています。

```
[python@mlpowered ~]$ exit

... （別のシェルを起動する）

(base) [python@mlpowered ~]$
(base) [python@mlpowered ~]$ which python
~/anaconda3/bin/python
(base) [python@mlpowered ~]$
(base) [python@mlpowered ~]$ python --version
Python 3.8.5
(base) [python@mlpowered ~]$
```

> Anaconda インストーラーは必要な設定をホームディレクトリの .bashrc に加えるため、.bashrc
> を起動時に読み込むシェル（bash）以外をログインシェルとして使用している場合には、
> Anaconda を実行する準備が行われません。zsh などの sh 互換シェルを使用している場合は、次
> のように conda.sh を読み込みます。
>
> ```
> % . ~/anaconda3/etc/profile.d/conda.sh
> ```
>
> csh や tcsh などの csh 互換シェルの場合は、別に用意されている conda.csh を使います。
>
> ```
> % source ~/anaconda3/etc/profile.d/conda.sh
> ```

　本書が提供するノートブックは、本書の執筆時点では Python 3.8 に対応していないため、バー
ジョン 3.7 の Python を使用する必要があります。このため、Anaconda の仮想環境を利用して
Python 3.7 が動作する環境を用意します。Anaconda では base と呼ばれるインストール時に作成
される環境とは別に、指定したバージョンの Python やライブラリを使う仮想環境を持つことがで
きます。仮想環境は、conda create コマンドを使って作成しますが、この際 -n オプションで作成
する仮想環境の名前を、続いて必要なパッケージのバージョンを指定します。ここでは Python 3.7
が必要であるため、python=3.7 を指定します。以下の例では、Python 3.7 を使用する "mlpa" とい
う名前の仮想環境を作成しています。-y オプションを使うと、作成途中の確認を省略できます。

```
(base) [python@mlpowered ~]$ conda create -y -n mlpa python=3.7
Collecting package metadata (current_repodata.json): done
Solving environment: done

## Package Plan ##

  environment location: /home/python/anaconda3/envs/mlpa

  added / updated specs:
    - python=3.7
...
#
# To activate this environment, use
#
#     $ conda activate mlpa
#
# To deactivate an active environment, use
#
#     $ conda deactivate

(base) [python@mlpowered ~]$
(base) [python@mlpowered ~]$ conda info -e
# conda environments:
#
base                  *  /home/python/anaconda3
mlpa                     /home/python/anaconda3/envs/mlpa
(base) [python@mlpowered ~]$
(base) [python@mlpowered ~]$ conda activate mlpa
```

```
(mlpa) [python@mlpowered ~]$
(mlpa) [python@mlpowered ~]$ python --version
Python 3.7.9
(mlpa) [python@mlpowered ~]$
```

　作成した仮想環境はそのままでは使用できません。conda activate コマンドを使って有効化する必要があります。仮想環境を有効化すると、コマンドプロントが変化するので、環境が切り替わったことがわかります。上の例ではプロンプトが"(base) [python@mlpowered ~]$ " から"(mlpa) [python@mlpowered~]$ " に変わり、Python 3.7.9 が動作する mlpa 仮想環境が有効になっています。

作成した仮想環境を削除するには、まず conda deactivate コマンドで base 環境に戻り、続いてconda remove -n 仮想環境名 --all コマンドで削除します。

A.2　ノートブックのインストール

本書の GitHub リポジトリをローカルにクローンするため、Git をインストールします。

```
[python@mlpowered ~]$ sudo yum install -y git
Failed to set locale, defaulting to C.UTF-8
Last metadata expiration check: 0:52:22 ago on Sun Feb 14 16:28:57 2021.
Dependencies resolved.
================================================================================
 Package              Arch        Version              Repository      Size
================================================================================
Installing:
 git                  x86_64      2.27.0-1.el8         appstream       164 k
Installing dependencies:
 git-core             x86_64      2.27.0-1.el8         appstream       5.7 M
 git-core-doc
 ...

Complete!
[python@mlpowered ~]$
```

　Git のインストールができたら、リポジトリをクローンします。Git clone を実行したディレクトリに、ml-powered-applications ができていることを確認します。

```
(mlpa) [python@mlpowered ~]$ git clone https://github.com/hundredblocks/ml-powered-applications
Cloning into 'ml-powered-applications'...
remote: Enumerating objects: 763, done.
remote: Total 763 (delta 0), reused 0 (delta 0), pack-reused 763
Receiving objects: 100% (763/763), 76.49 MiB | 4.62 MiB/s, done.
Resolving deltas: 100% (449/449), done.
(mlpa) [python@mlpowered ~]$ ls -l
```

```
total 541544
-rw-rw-r--. 1 python python 554535580 Feb 14 18:05 Anaconda3-2020.11-Linux-x86_64.sh
drwxrwxr-x. 27 python python      4096 Feb 14 18:23 anaconda3
drwxrwxr-x. 10 python python       213 Feb 14 17:26 ml-powered-applications
(mlpa) [python@mlpowered ~]$
```

ノートブックは、ml-powered-applications/notebooks の下に格納されていますが、このままでは実行できません。必要なパッケージのインストーラーが ml-powered-applications/install.sh として提供されているので、それを実行します。

```
(mlpa) [python@mlpowered ~]$ cd ml-powered-applications
(mlpa) [python@mlpowered ml-powered-applications]$ ./install.sh
Collecting beautifulsoup4==4.7.1
  Downloading beautifulsoup4-4.7.1-py3-none-any.whl (94 kB)
     |████████████████████████████████| 94 kB 4.9 MB/s
Collecting bokeh==1.1.0


...


Building wheels for collected packages: en-core-web-lg
  Building wheel for en-core-web-lg (setup.py) ... done
  Created wheel for en-core-web-lg: filename=en_core_web_lg-2.1.0-py3-none-any.whl size=828255075 sh
a256=67323fc39b37f31e1b144fc3d784f2276e99277927954267971b047cd6064b6e
  Stored in directory: /tmp/pip-ephem-wheel-cache-v77tn7jb/wheels/83/c8/3b/6640ce3755cb98381fbf391ba
5fc279eac813321c316d8c7ee
Successfully built en-core-web-lg
Installing collected packages: en-core-web-lg
Successfully installed en-core-web-lg-2.1.0
✓ Download and installation successful
You can now load the model via spacy.load('en_core_web_lg')
(mlpa) [python@mlpowered ml-powered-applications] $
```

A.3 ノートブックの実行

install.sh の実行が終了したら、Jupyter を実行します。

```
(mlpa) [python@mlpowered ml-powered-applications]$
(mlpa) [python@mlpowered ml-powered-applications]$ jupyter notebook
[I 15:18:30.714 NotebookApp] Serving notebooks from local directory: /home/python/ml-powered-
applications
[I 15:18:30.714 NotebookApp] Jupyter Notebook 6.2.0 is running at:
[I 15:18:30.714 NotebookApp] http://localhost:8888/?token=ad12d6bdef3cc06b04b26776108d35fd1e5b3f5081
611af0
[I 15:18:30.714 NotebookApp]  or http://127.0.0.1:8888/?token=ad12d6bdef3cc06b04b26776108d35fd1e5b3f
5081611af0
[I 15:18:30.714 NotebookApp] Use Control-C to stop this server and shut down all kernels (twice to
skip confirmation).
[C 15:18:30.787 NotebookApp]
```

```
To access the notebook, open this file in a browser:
    file:///home/python/.local/share/jupyter/runtime/nbserver-37495-open.html
Or copy and paste one of these URLs:
    http://localhost:8888/?token=ad12d6bdef3cc06b04b26776108d35fd1e5b3f5081611af0
 or http://127.0.0.1:8888/?token=ad12d6bdef3cc06b04b26776108d35fd1e5b3f5081611af0
```

　Jupyter が起動すると、デフォルトのブラウザが立ち上がりノートブックの実行準備が調います。なお、起動した Jupyter を終了させるには、Ctrl-C を 2 回入力します。

　各ノートブックは、ml-powered-application/notebooks の下に *.ipynb ファイルとして配置されています。

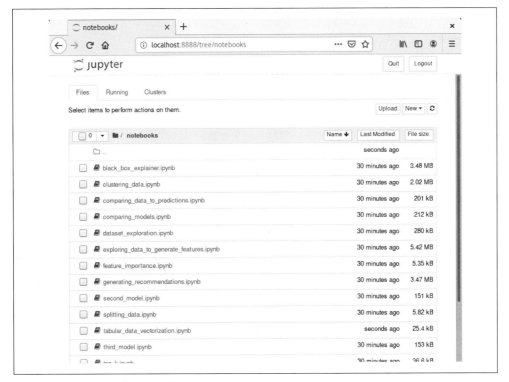

図A-1　Jupyter ノートブックの起動

　*.ipynb ファイルをクリックするとノートブックが開きます。ここでは、tabular_data_vectorization.ipynb を開いたところを例として示しています。

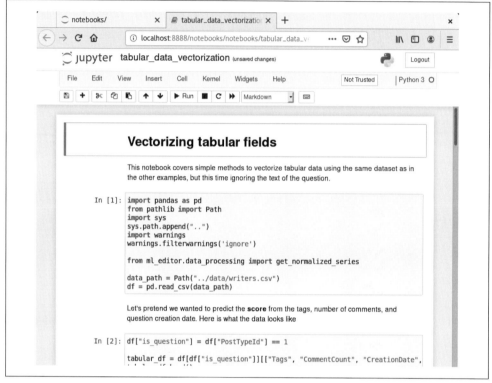

図A-2　ノートブックの実行

　ノートブックは、セルと呼ばれる単位に区切られた、コードまたは Markdown テキストの集合です。キーボードで Shift-Enter を押すとフォーカスの当たっているセルが実行されますが、フォーカスの当たっているセルは、枠で囲まれ他のセルと区別されます。**図 A-3** では最初のコードセルにフォーカスが当たっています。この状態で Shift-Enter を押すと、セルに書かれた `import pandas as pd` から `df = pd.read_csv(data_path)` が実行されます。

　セルの実行とは、Markdown セルの場合 Markdown テキストのフォーマットとブラウザ表示が行われます。コードセルの場合は、そのコードが実行され出力がある場合には出力セルに結果が表示されます。コードセルには、セルの左側に `In[ 番号 ]` のプロンプトが付き、番号はセルの実行順を表します。`In[ 番号 ]` のコードセルの結果は同じ番号の `Out[ 番号 ]` のセルに出力されます。セルのコードが実行中は、プロンプトが `In[*]` になり、実行が終了するとフォーカスが次のセルに移りプロンプトの番号に実行順が改めて割り当てられます。コードセルは上から順に実行する必要はありません。同じセルを（コードを修正しながら）何度でも実行できます。その場合プロンプトの番号は 1 つずつ増えます。

　図 A-4 では、`In[2]` のコードが実行され、その出力が `Out[2]` に行われた後で、直後の Markdown セルにフォーカスが移動している様子が見られます。

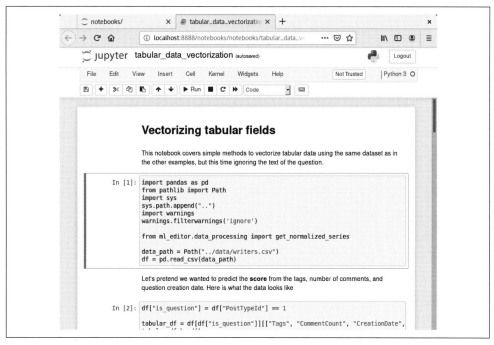

図A-3　コードセルのフォーカス

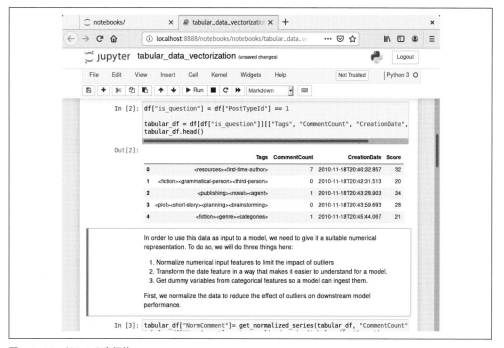

図A-4　コードセルの実行後

A.4　外部サーバでJupyter実行

提供されているコードの中には、ML の重い作業を実行するものも少なくありません。手元の PC で実行すると、非常に時間のかかるノートブックも含まれています。そのため、Jupyter の実行と表示を分離し、実行は強力な CPU を搭載したサーバで行い、表示を手元の PC のブラウザで行うといった方法が考えられます。

例えば、black_box_explainer.ipynb の In[8] セルでは、LIME の説明可能性ツールを実行します。これを Core i5（Dual 1.6 GHz）の PC で実行すると、このセルだけで 50 分程度かかりますが、AWS の c5.xlarge インスタンス（4vCPU、8 GB メモリ）を使用すると 20 分弱で終了します。

そこで、別のサーバで Jupyter を稼働させ、そこを使用する方法を紹介します。

A.5　Anacondaと、ノートブックのインストール

サーバ側の OS は、何らかの Linux ディストリビューションを使用しており、ssh でログインできることを前提とします。

Anaconda とノートブックのインストール方法はローカルで行う場合と変わらないので、ssh でサーバにログインして前述の手順でインストールを行ってください。

A.6　Jupyterの実行と、Jupyterへの接続

Jupyter のデフォルト設定は次のようになっています。

1. ポート 8888 を listen する
2. localhost（127.0.0.1）からの接続のみ受け付ける
3. 接続するためにトークンを必要とする

そのため、サーバで稼働している Jupyter にリモートの PC から接続するには、この設定を変更するかこの設定に合わせた方法で接続しなければなりません。

A.6.1　sshのポートフォワードを利用する

ssh の -L オプションを使うと、ssh を実行する側のポートをサーバ側のポートに転送（フォワード）することができます。例えば -L 8000:localhost:8888 オプションは、

- ssh を実行する側のポート 8000
- ssh で接続した先の localhost:8888

両者を結びつけてくれるため、ssh を実行した側のポート 8000 を使って、ssh の接続先の localhost:8888 にアクセスできます。これにより Jupyter のデフォルト設定 1 および 2 を変更せずにリモートから Jupyter を使うことが可能となります。

ここでは ssh の接続元と接続先のポートを混同しないように 8000 と 8888 を使い分けましたが、接続元のポートも 8888 を使用して問題ありません。

　サーバにログインしたら、仮想環境を activate して、Jupyter を起動します。その際、Jupyter を実行しているサーバではブラウザを使わないので、`--no-browser` オプションを付けます。以下の例では、あらかじめ Anaconda とノートブックをインストールしてある AWS EC2 インスタンスに ssh ログインして、Jupyter を起動しています。

```
(base) [python@mlpowered ~]$ ssh -L 8000:localhost:8888 -i aws.pem ec2-user@ec2-54-250-252-235.ap-
northeast-1.compute.amazonaws.com
(base) [ec2-user@ip-172-31-41-168 ~]$
(base) [ec2-user@ip-172-31-41-168 ~]$ conda activate mlpa
(mlpa) [ec2-user@ip-172-31-41-168 ~]$
(mlpa) [ec2-user@ip-172-31-41-168 ~]$ jupyter notebook --no-browser
[I 11:49:35.053 NotebookApp] ノートブックサーバは cookie secret を /home/ec2-user/.local/share/
jupyter/runtime/notebook_cookie_secret に書き込みます
[I 11:49:35.569 NotebookApp] ローカルディレクトリからノートブックをサーブ：/home/ec2-user
[I 11:49:35.570 NotebookApp] Jupyter Notebook 6.2.0 is running at:
[I 11:49:35.570 NotebookApp] http://localhost:8888/?token=9e7dec5948cfebfa18e482fc11072c5dc838295f
3c715992
[I 11:49:35.570 NotebookApp]  or http://127.0.0.1:8888/?token=9e7dec5948cfebfa18e482fc11072c5dc83829
5f3c715992
[I 11:49:35.570 NotebookApp] サーバを停止しすべてのカーネルをシャットダウンするには Control-C を使っ
てください ( 確認をスキップするには 2 回 )。
[C 11:49:35.574 NotebookApp]

    To access the notebook, open this file in a browser:
        file:///home/ec2-user/.local/share/jupyter/runtime/nbserver-6624-open.html
    Or copy and paste one of these URLs:
        http://localhost:8888/?token=9e7dec5948cfebfa18e482fc11072c5dc838295f3c715992
     or http://127.0.0.1:8888/?token=9e7dec5948cfebfa18e482fc11072c5dc838295f3c715992
```

　起動メッセージの中に、Jupyter にアクセスするための URL が表示されるので、`?token=` 以下をコピーしておきます。
　ssh を起動した側でブラウザを起動し、http://127.0.0.1:8000 にアクセスします。トークンを入力する画面が開くので、コピーしたトークンをペーストしてログインボタンを押します。

A.6.2　待ち受けIPアドレスの変更

　Jupyterのコマンドラインオプションで接続を受け付けるIPアドレスを変更できるため`--ip='0.0.0.0'`を指定すれば、どこからでも接続できるようになります。

```
(mlpa) [ec2-user@ip-172-31-41-168 ~]$ jupyter notebook --no-browser --ip='0.0.0.0'
[I 12:45:12.862 NotebookApp] ローカルディレクトリからノートブックをサーブ：/home/ec2-user
[I 12:45:12.863 NotebookApp] Jupyter Notebook 6.2.0 is running at:
[I 12:45:12.863 NotebookApp] http://ip-172-31-41-168.ap-northeast-1.compute.internal:8888/?token=1c1
bd8f0a2e35c74b80b04524baaa2d7a0d261f4ab456d6b
[I 12:45:12.863 NotebookApp]  or http://127.0.0.1:8888/?token=1c1bd8f0a2e35c74b80b04524baaa2d7a0d261
f4ab456d6b
[I 12:45:12.863 NotebookApp] サーバを停止しすべてのカーネルをシャットダウンするには Control-C を使っ
てください ( 確認をスキップするには 2 回 )。
[C 12:45:12.867 NotebookApp]

    To access the notebook, open this file in a browser:
        file:///home/ec2-user/.local/share/jupyter/runtime/nbserver-4113-open.html
    Or copy and paste one of these URLs:
        http://ip-172-31-41-168.ap-northeast-1.compute.internal:8888/?token=1c1bd8f0a2e35c74b80b0452
4baaa2d7a0d261f4ab456d6b
     or http://127.0.0.1:8888/?token=1c1bd8f0a2e35c74b80b04524baaa2d7a0d261f4ab456d6b
```

　この場合、http:// サーバの IP アドレス :8888 にアクセスして Jupyter と接続しますが、サーバ

側のファイアウォールやセキュリティグループで接続を制限している場合には、8888 ポートにアクセスできるように穴を開ける必要があります。

なお、インターネットからアクセスできるサーバを使用している場合には、待ち受け IP アドレスに「0.0.0.0」を使用すると誰でも接続できる状態になるため、セキュリティグループなどでアクセスを適切に制限する必要があることに留意してください。

A.7　jupyter_notebook_config.py設定ファイル

~/.jupyter/jupyter_notebook_config.py が存在する場合、Jupyter はそこから設定を読み込みます。ここまでに行った待ち受け IP アドレスの設定や、トークンの使用有無、ポートの変更などは設定ファイルを使って変更できます。

設定ファイルは jupyter notebook --generate-config コマンドの実行により、デフォルトの設定が記載されたものが生成されるので、それを使います。

```
(mlpa) [python@mlpowered ~]$ jupyter notebook --generate-config
Writing default config to: /home/python/.jupyter/jupyter_notebook_config.py
(mlpa) [python@mlpowered ~]$
```

設定ファイルには、デフォルトの設定がすべてコメントアウトされた形で記載されています。設定を変更するもののコメントを外し設定を変更します。よく使用するものを以下に紹介します。詳しくは、jupyter_notebook_config.py ファイルに書かれたコメントを参照してください。

表A-2　よく変更するJupyter設定

設定	意味
c.NotebookApp.ip = '0.0.0.0'	指定した IP アドレスからの接続のみ受け付ける。0.0.0.0 はすべて許可する。コマンドラインオプション --ip='0.0.0.0' と同じ。
c.NotebookApp.open_browser = False	Jupyter 起動時にブラウザを実行しない。コマンドラインオプション --no-browser と同じ。
c.NotebookApp.port = 8888	Jupyter の待ち受けポート番号。コマンドラインオプション --port=8888 と同じ。
c.NotebookApp.token = ' 文字列 '	接続時のトークンを文字列にする。空文字列の指定でトークンを使用しない設定となるが、非推奨。

索 引

● 著者紹介

Emmanuel Ameisen (エマニュエル・アーマイゼ)

長年にわたり、データサイエンティストとして活躍。現在は Stripe 社の機械学習エンジニア。Insight Data Science の AI プログラム（米国の企業 Insight が提供している、博士課程修了者（データ分野に限らない）に対するデータサイエンス分野での短期（7 週間）集中研修プログラムのこと）の責任者も務めた。また、Local Motion と Zipcar の予測分析と機械学習ソリューションの実装とデプロイにかかわってきた。フランスのトップ 3 校で人工知能、コンピュータ工学、マネジメントの修士号を取得している。

● 訳者紹介

菊池 彰 (きくち あきら)

日本アイ・ビー・エム株式会社勤務。翻訳書に『ゼロからはじめるデータサイエンス第 2 版』『IPython データサイエンスクックブック第 2 版』『Python データサイエンスハンドブック』『詳説 C ポインタ』『GNU Make 第 3 版』『make 改訂版』（以上オライリー・ジャパン）がある。

● 査読協力

鈴木 駿 (すずき はやお)

電気通信大学 情報理工学研究科 総合情報学専攻 博士前期課程修了。修士（工学）。
現在は株式会社アイリッジにてスマートフォンアプリのバックエンドサーバーの開発を行っている。
監訳書に『入門 Python 3 第 2 版』（オライリー・ジャパン）がある。
Twitter：@CardinalXaro　　Blog：https://xaro.hatenablog.jp/

大橋 真也 (おおはし しんや)

千葉大学理学部数学科卒業、千葉大学大学院教育学研究科修士課程修了
千葉県公立高等学校教諭
大学非常勤講師、Apple Distinguished Educator、Wolfram Education Group、日本数式処理学会、CIEC
（コンピュータ利用教育学会）
現在、千葉県立千葉中学校・千葉高等学校 数学科 教諭
著書に『入門 Mathematica 決定版』（東京電機大学出版局）、『ひと目でわかる最新情報モラル』（日経 BP）などが、訳書に『R クイックリファレンス』、監訳書に『Head First データ解析』、『アート・オブ・R プログラミング』、『RStudio ではじめる R プログラミング入門』、『R によるテキストマイニング』、『R クックブック第 2 版』、技術監修書に『R ではじめるデータサイエンス』（以上すべてオライリー・ジャパン）がある。

機械学習による実用アプリケーション構築

—— 事例を通じて学ぶ、設計から本番稼働までのプロセス

2021年4月21日　初版第1刷発行

著　　者	Emmanuel Ameisen（エマニュエル・アーマイゼ）	
訳　　者	菊池 彰（きくち あきら）	
発 行 人	ティム・オライリー	
制　　作	有限会社はるにれ	
印刷・製本	日経印刷株式会社	
発 行 所	株式会社オライリー・ジャパン	
	〒160-0002　東京都新宿区四谷坂町12番22号	
	TEL　（03）3356-5227	
	FAX　（03）3356-5263	
	電子メール　japan@oreilly.co.jp	
発 売 元	株式会社**オーム**社	
	〒101-8460　東京都千代田区神田錦町3-1	
	TEL　（03）3233-0641（代表）	
	FAX　（03）3233-3440	

Printed in Japan (ISBN978-4-87311-950-2)
落丁、乱丁の際はお取り替えいたします。